高等学校"十四五"生命科学规划教材

U0185139

植物生理学实验指导

主 编 李 玲 何国振

副主编 黄胜琴 曹世江 李桂双 张 娟

编 者（按姓氏拼音排序）

曹世江 程 焱 高 雷 何国振

黄胜琴 李桂双 李 玲 倪 贺

徐 杰 杨丽霞 于 远 张 娟

张盛春 张雪妍 朱建军 庄枫红

高等教育出版社·北京

内容提要

　　本实验教材内容丰富、实用，力求为解决科研与农业生产中的植物问题提供可行的实验方法和方案，涵盖水分生理、矿质营养、光合作用、呼吸作用、植物次生代谢、植物生长物质、种子生理、植物的开花、果实成熟与品质、植物的成熟与衰老、植物对逆境的响应、植物蛋白质的纯化与活性测定12个模块共71个实验内容以及20个综合设计性实验选题。与本书配套的数字课程包括了教学课件、自测题、相关附录，以及部分实验操作视频，以满足不同院校的教学需求。

　　本书可适合师范院校、农林院校和综合性大学等相关专业本科生的实验教材，也可作为相关领域科研工作者的参考书。

图书在版编目（CIP）数据

　　植物生理学实验指导 / 李玲，何国振主编 . -- 北京：高等教育出版社，2021.8
　　ISBN 978-7-04-056191-3

　　Ⅰ . ①植… Ⅱ . ①李… ②何… Ⅲ . ①植物生理学 – 实验 Ⅳ . ① Q945-33

　　中国版本图书馆 CIP 数据核字（2021）第 112476 号

Zhiwu Shenglixue Shiyan Zhidao

策划编辑	王　莉	责任编辑	孟　丽	特约编辑	陈亦君	封面设计	王　洋
责任印制	赵义民						

出版发行	高等教育出版社	网　　址	http://www.hep.edu.cn
社　　址	北京市西城区德外大街4号		http://www.hep.com.cn
邮政编码	100120	网上订购	http://www.hepmall.com.cn
印　　刷	北京中科印刷有限公司		http://www.hepmall.com
开　　本	787mm×1092mm　1/16		http://www.hepmall.cn
印　　张	14		
字　　数	330 千字	版　　次	2021 年 8 月第 1 版
购书热线	010-58581118	印　　次	2021 年 8 月第 1 次印刷
咨询电话	400-810-0598	定　　价	29.00元

数字课程（基础版）

植物生理学实验指导

主编 李 玲 何国振

植物生理学实验指导

　　本数字课程与《植物生理学实验指导》教材一体化设计，紧密配合。数字课程资源包括各实验的教学课件、自测题、相关附录，以及部分实验的操作视频，以便读者根据教学需求选用。

用户名：　　　　　密码：　　　　　验证码：　　　　5360 忘记密码？ 登录 注册

http://abook.hep.com.cn/56191

扫描二维码，下载 Abook 应用

数字课程视频资源目录

前　言

　　植物生理学是揭示植物生命现象本质的科学，也是生命科学、农林等相关专业重要的一门实验科学，其研究技术发展迅速，与其他学科交叉性强。植物生理学课程是高校生物科学类专业的主干课和植物生产类专业的基础课，旨在培养学生关注与解决生产、生活中植物生理学问题的能力，为服务农业现代化和生命科学的发展奠定基础。本书基于学科发展的规律和人才培养的理念，以注重启迪、便于实践为目标，按照模块编排实验内容，考虑到各类学校实际情况以及学科发展现状，选编了科研中使用较多的植物次生代谢成分检测、模式植物开花观察、植物蛋白质纯化与活性测定等实验方法。与之配套的数字课程资源也为使用者提供更多选择与参考。

　　参加本书编写的人员有：华南师范大学李玲、黄胜琴、张盛春、徐杰、高雷、庄枫红、倪贺，广州中医药大学何国振、沈奇，福建农林大学曹世江、于远、程焱，陕西师范大学李桂双，鲁东大学张娟、朱建军，海南师范大学张雪妍，长沙市食品药品检验所杨丽霞。全书由李玲和何国振负责统稿。

　　特别感谢仲恺农业工程学院何生根教授、李红梅教授，华南师范大学王小菁教授、彭长连教授对本书整体布局提出指导性建议，并对全书进行细致修改。在编写过程中，华南师范大学梁山副教授、廖绍安博士、李晓云副研究员参与了数字课程的部分编写，陈容钦帮助查找参考资料，高等教育出版社王莉提出许多宝贵意见和建议。在此一并表示衷心感谢！

　　由于编者水平有限，书中难免有错误和不妥之处，恳请兄弟院校的师生们能及时提出批评，以便于以后修正。

李　玲　何国振

2021 年 3 月于广州

目　录

_____

① 🅔附录15～18，参见本书配套数字课程。

模块 **1** 水分生理

水是生命的源泉,植物的一切生命活动都依赖于水,因此农业生产上有"有收无收在于水"的说法。植物组织的含水量、植物体内细胞或组织之间以及植物与环境之间的水分交换和平衡等,直接影响着植物的生理活动,甚至决定着农作物、林木作物的产量和质量。本模块由植物水分生理的多个实验构成,从不同的视角探索植物水分生理的奥秘。这些实验将借助植物水分生理方面的理论知识,更具体、深入地了解植物与环境的水分关系以及水分在植物生命活动中的重要作用,以便于更好地为农林生产服务。

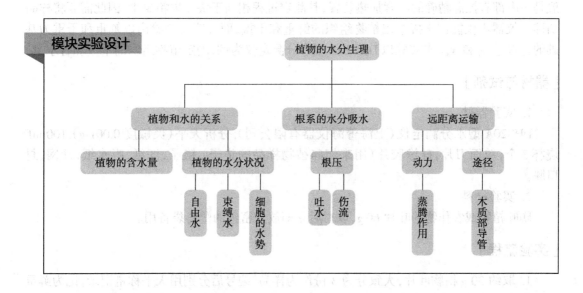

1-1 植物组织含水量测定

[实验目的]

学习植物组织含水量的测定和计算。

[实验原理]

植物组织的含水量可用以鲜重为基础的含水量、以干重为基础的含水量和相对含水量 3 种指标来表示。以鲜重为基础的含水量是植物组织中的含水量占植物组织鲜重的比值,以干重为基础的含水量是植物组织中的含水量与植物组织烘干后的质量的比值,相对含水量是新鲜植物组织的含水量和植物组织的饱和含水量的比值。新鲜植物组织在被称量后,即得到植物组织的鲜重(fresh weight, m_f),将新鲜植物组织烘干后称量可得到植物组织的干重(dry weight, m_d),而植物组织在纯水中充分吸胀饱和后称量得到的质量为饱和重(saturated weight, m_s)。有了上述参数,就能够根据下列公式分别计算植物组织以鲜重为基础的含水量 w_f、以干重为基础的含水量 w_d 和相对含水量 w_r 这 3 种指标:

$$w_f = \frac{m_f - m_d}{m_f} \times 100\% \tag{1}$$

$$w_d = \frac{m_f - m_d}{m_d} \times 100\% \tag{2}$$

$$w_r = \frac{m_f - m_d}{m_s - m_d} \times 100\% \tag{3}$$

　　经典实验中一般用烘箱烘干植物得到植物组织的干重(m_d),这一过程比较缓慢,往往需要十几个小时或一昼夜,现在利用水分测定仪仅需几十分钟就可以完成测定。这类仪器一般是在内部有控温精确的卤素加热装置,其测定过程相当于快速烘箱烘干,因此需要将样品切碎。仪器不仅能够直接给出植物组织的鲜重和干重,而且能直接给出以鲜重和干重为基础的含水量 w_f 和 w_d。本实验以 DHS20A 型水分测定仪为例,测定植物组织的干重和含水量。

[器材与试剂]

　　1. 实验器材

　　DHS20A 型水分测定仪(上海菁海仪器有限公司),分析天平(灵敏度 0.001 g),100 mL 烧杯 3 个,单面刀片,硅橡胶片(用来切碎植物样品的垫子),镊子,滤纸,吸水纸,纱网,封口膜。

　　2. 实验材料

　　阔叶植物或农作物的叶片 60 g,取材后立即放入密封的塑料袋备用。

[实验流程]

　　1. 取约 30 g 植物叶片,大致分为 3 份作为样品,编号后分别用天平称量记录,记为鲜重 m_f。然后将植物叶片切成约 2 mm 见方的小块,浸入 3 个装有纯水并编号的烧杯中,用封口膜封闭并浸泡 1 h,中间摇动烧杯几次使植物组织充分吸胀待用。

　　2. 将水分测定仪连接电源,触摸屏幕启动仪器,待仪器自检结束后进入主菜单界面。

　　3. 仪器预热 30 min。

　　4. 设定干燥温度。首先在主菜单界面触摸"干燥采样"键,然后在干燥温度的显示框内设置温度为 80℃,触摸"确认"键完成设置。

　　5. 校准质量。仪器可用外校砝码校准。为了提高和保证称量数据的准确性,在首次称量或要求精确称量之前应进行质量校准。操作步骤如下:①打开仪器上盖;②清洁样品盘(样品盘应放置到位),关闭仪器上盖;③在主菜单界面上按"校准"键;④触摸"质量校准"键;⑤选择"量程校准"键;⑥放上标准砝码于样品盘内;⑦读数显示为零后,校准结束,移去砝码;⑧如果读数不为零,则再重复以上操作步骤。

6. 测定。测定开始前需要选择测定结束方式,仪器提供定时、自动两种不同的测定结束方式。对于从未测定过的样品需要选择自动方式。

选择定时方式时,仪器将在达到预设的干燥时间后停止加热,结束并完成测量过程。操作步骤为:按"干燥采样"键,然后按"结束方式"键,这时选择结束方式为"定时",同时输入需要的干燥时间,最后按"干燥启动"键开始测定,等待测定结束。

选择自动方式时,仪器将在设定的时间单元(间隔)内待样品质量的减少小于仪器的最小分度值,即某一时间单元内仪器检测不到样品质量减少时停止加热过程。操作步骤如下:①触摸"干燥采样"键;②触摸"结束方式"键,这时选择结束方式为"自动";③设置时间单元,一般情况选择时间单元为 30 s,即 30 s 内质量不变时测定自动结束(也可以选择时间单元为 60 s 或更长,时间单元越长干燥越彻底);④按"干燥启动"键开始测定,等待测定结束。

7. 测定以鲜重为基础 / 以干重为基础的含水量。取大约 10 g 的植物叶片材料,用刀片切成 1 ~ 2 mm 见方的小块后放入仪器的样品盘,关闭仪器的上盖开始测定。

水分测定仪在测试过程中或测试完成后可显示出:样品质量 G(即鲜重 m_f)、干燥质量 g(即干重 m_d)等。第一个样品测定结束后,重新取约 10 g 植物样品,重复 2 次上述测定过程,记录总共 3 次的测定值。

8. 测定相对含水量。将浸泡的植物组织用纱网或滤纸从烧杯中捞出后,用滤纸或吸水纸吸干样品表面吸附的水分,立即放入水分测定仪的样品盘中,关闭上盖开始测定,得到样品质量 G(这时 G 的值为样品的饱和重 m_s)、干燥质量 g(即样品干重 m_d)和实验刚开始时叶片浸泡前用天平称量的材料鲜重 m_f。

第一个样品测定结束后,用另外 2 份浸泡后的样品重复 2 次上述测定过程,记录总共 3 次的测定值。

[注意事项]

1. 干燥过程中,需要注意水分测定仪界面右边显示的干燥温度是否为设定的温度,以防仪器的干燥温度前后不一致造成测定误差,或者温度过高造成样品炭化。

2. 加样品前要检查样品盘是否有残留或受到污染,如果有则需要清理。

[实验作业]

1. 根据水分测定仪测定的 m_s、m_d 和 m_f,计算样品的相对含水量 w_r。

2. 根据水分测定仪测定的 m_f 和 m_d 的数值,分别计算植物样品以鲜重为基础的含水量 w_f 和以干重为基础的含水量 w_d。

3. 根据 3 次实验测定结果,计算未浸泡叶片样品和经过纯水浸泡饱和的叶片样品的 w_f、w_d 和 w_r,用柱状图呈现结果。参考 ⓔ附录 16 计算标准差。

[思考题]

为什么要将植物样品切碎?

[实验拓展]

1. 水分测定仪在测试过程中或测试完成后,同时显示下面的参数失水率(即含水量)=

（G−g）/G（即以鲜重为基础的植物样品含水量 w_f）、干燥率 =g/G、回潮率 =（G−g）/g（即以干重为基础的植物样品含水量 w_d）和湿重率 =G/g。

2. 分别测定同一植物的不同部位如叶片、花冠、枝条或块根、块茎，或者不同植物如阳生植物和阴生植物、阔叶植物和针叶植物的叶片，比较这些材料含水量的差别。

[参考文献]

1. 李小方，张志良. 植物生理学实验指导 [M].5 版. 北京：高等教育出版社，2016.

2. 邹琦. 植物生理学实验指导 [M]. 北京：中国农业出版社，2000.

（张　娟）

1–2　种子束缚水含量测定

[实验目的]

1. 学习测定植物束缚水含量的方法。

2. 了解种子的水分状况与周围环境的关系。

I　空气脱水法

[实验原理]

种子吸胀后，在相对湿度不饱和的空气中会蒸发失去自由水（体相水），最后仅保留少量束缚水（吸附水）。在恒定的相对湿度下，种子会保留固定量的不能蒸发的束缚水，并且空气湿度越高，种子中不能蒸发的束缚水的含量越大。通过高温烘干的方法可以去除种子中的束缚水。因此，测定在某一恒定湿度的空气中脱水的种子的质量或含水量，与高温烘干后的种子的质量或含水量进行比较，可以计算种子的束缚水含量。

盐在水中溶解后会降低水的水势，导致与之平衡的空气中水的饱和蒸气压 / 相对湿度的下降。不同的盐在水中的饱和溶解度不同，与之平衡的空气的相对湿度也会不同（见附录 3）。因此，在密闭容器中放入一种盐的饱和溶液就可以控制与之平衡的空气的相对湿度。本实验通过在干燥器中加入 NaCl 饱和溶液，在干燥器内的空气中形成相对恒定的相对湿度（约 75%）。

[器材与试剂]

1. 实验器材

恒温干燥箱，培养皿，不锈钢纱网（20 ~ 50 目），不锈钢或尼龙滤网，粗铁丝，真空干燥器，硅橡胶或塑料软管，微型空气泵，定时器开关，滤纸，烧杯，分析天平（灵敏度 0.001 g），称量瓶，顶部有开口的干燥器。

2. 实验试剂

NaCl 500 g。

3. 实验材料

小麦种子 120 g。

[**实验流程**]

1. 取一个 1 000 mL 的烧杯,加入 500 mL 去离子水,再缓缓加入 NaCl,边加边搅拌,直至不能溶解,然后向溶液中再加入 100 g 的 NaCl,即得到饱和 NaCl 溶液(过量 NaCl 是为了保证溶液在吸水后始终保持饱和)。

2. 取 120 g 小麦种子,冲洗干净后放入烧杯内,加入 500 mL 去离子水以淹没种子,在室温条件下放置 16～24 h 使种子充分吸胀。

3. 用滤网去除未被种子吸收的水,将已吸胀的种子用滤纸吸干表面水分后,大致等分为三份,称量并标号记录,完全吸胀时种子的质量设为 m_0。

4. 取 3 块约 15 cm × 15 cm 的不锈钢或尼龙滤网,将称量后的 3 份吸胀种子分别放在滤网上并架空,在室温条件下使种子蒸发脱水约 12 h,蒸发掉部分种子吸收的水分,加快在恒定湿度条件下的平衡过程,减少种子达到脱水平衡需要的时间。

5. 将玻璃(或塑料)干燥器顶部打开,取一个直径合适的橡皮塞打 2 个孔,孔内插入一长一短两根细玻璃管,两根玻璃管外部用软管分别连接一个微型空气泵的进气端和排气端,以便在干燥器内部形成气流的内循环,加快干燥和平衡过程(图 1-1)。

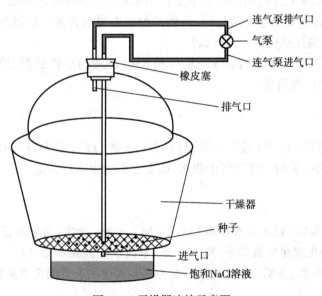

图 1-1　干燥器连接示意图

6. 用粗铁丝作骨架,铺上不锈钢纱网(20～50 目)制作的直径与干燥器内的瓷板相同的圆纱网,以代替干燥器中原有的开孔瓷板。圆纱网中部开 1 个小孔,使橡皮塞中的长玻璃管能够穿过圆纱网到达网的下部(图 1-1),长玻璃管口距饱和 NaCl 溶液液面至少 2 cm。取出圆纱网,在干燥器底部加入饱和 NaCl 溶液 500 mL 和 NaCl 晶体 100 g,然后放入纱网,在纱网的 3 个不同位置上放上 3 组种子,盖好上盖使之密封,将干燥器顶部橡皮塞中的长玻璃管对准并插入纱网中间的小孔。盖紧橡皮塞,这时将空气循环泵的进气口和排气口用软管按照图 1–1 连接,空气泵经过一个定时器开关连接电源,启动空气泵。3 天后,取出 3 组种子分别称量记录质量,记为 m_1。

7. 将 3 组种子分别装入烘干袋,于烘箱中 65℃烘干至恒重,将烘干种子的质量(减去烘干袋质量)记为 m_2。种子的束缚水含量占总含水量的百分比 w_r 为:

$$w_r = \frac{m_1 - m_2}{m_0 - m_2} \times 100\%$$

[注意事项]

空气泵长时间运转过程中应防止过度发热出现故障,最好用定时器开关定时停机冷却一段时间再继续运转。

[实验作业]

1. 计算小麦种子在与饱和 NaCl 溶液平衡的湿度条件下在空气中脱水后的束缚水含量,以及束缚水含量与种子吸胀时的总含水量的比值。

2. 根据与饱和 NaCl 溶液平衡的空气相对湿度计算空气的水势。

[思考题]

1. 种子中的束缚水含量是否恒定不变? 如果使用饱和 $MgCl_2$ 溶液(相对湿度约 33%)代替饱和 NaCl 溶液重复上述实验过程,得到的种子束缚水含量与使用饱和 NaCl 溶液得到的结果理论上会更高还是更低? 为什么?

2. 与 NaCl 溶液交换平衡的空气的水势和 NaCl 溶液的水势是否相等? 如何计算饱和 NaCl 溶液的水势会比较简单?

[实验拓展]

取适量的块茎(马铃薯 / 菊芋)、块根(甘薯 / 木薯)或者肥大根(胡萝卜 / 甜菜),切成 1 mm 厚的薄片代替吸胀种子在空气中脱水,测定它们的束缚水含量。

[参考文献]

1. 李小方,张志良. 植物生理学实验指导[M]. 5 版. 北京:高等教育出版社,2016.

2. 邹琦. 植物生理学实验指导[M]. 北京:中国农业出版社,2000.

3. 刘向莉,高丽红,刘明池. 植物组织自由水和束缚水含量测定方法的改进[J]. 中国蔬菜,2005,(4):9–11.

Ⅱ　渗透脱水法

[实验原理]

当已知鲜重的植物组织放入高浓度糖溶液中时,组织中的束缚水因被原生质胶体吸附而保留在组织中,自由水则与糖溶液发生水分扩散交换使糖溶液被稀释。当植物组织在一定量的高浓度蔗糖溶液中浸泡一定时间后,可以根据糖溶液浓度的变化计算组织中自由水的含量。接下来清洗植物组织表面吸附的糖分子,烘干植物组织,根据植物组织已知鲜重和烘干重计算组织的总含水量,总含水量减去自由水含量后就得到组织中束缚水的含量。

[器材与试剂]

1. 实验器材

恒温干燥箱,吸水纸或滤纸,滤网烧杯,分析天平(灵敏度 0.001 g),阿贝折射仪(图 1-2),纱网袋,烘箱。

2. 实验试剂

650 g·L^{-1} 蔗糖溶液,去离子水,蒸馏水,超纯水。

3. 实验材料

小麦种子。

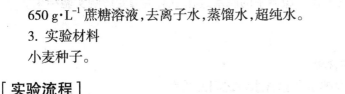

图 1-2　WYA-2WAJ 阿贝折射仪

[实验流程]

1. 按照阿贝折射仪的说明书,准备好光源并连接好恒温水浴。

2. 用蒸馏水或超纯水校正阿贝折射仪。具体过程为:用蒸馏水或超纯水清洗棱镜并用镜头纸擦干,在棱镜之间滴入 2～3 滴蒸馏水或超纯水,缓慢调节棱镜转动手轮,使折射仪的读数 N_0 显示为 1.333 0。

3. 用镜头纸擦干棱镜,在棱镜之间滴入 2～3 滴 650 g·L^{-1} 蔗糖溶液,用阿贝折射仪读取折射率,重复读取 3 次取平均值,记为 N_{65}。完成后用蒸馏水或超纯水清洗棱镜并用镜头纸擦干。

4. 分别以折射率为横坐标,以蔗糖溶液质量浓度为纵坐标作图,获得蔗糖标定直线。

5. 取 120 g 小麦种子,用去离子水或蒸馏水冲洗干净后放入 1 L 烧杯内,加入 600 mL去离子水或蒸馏水淹没种子,在室温条件下放置 16～24 h,使种子充分吸胀。

6. 用滤网去除未被种子吸收的水,将已吸胀的种子用吸水纸或滤纸吸干表面水分后,大致等分为 3 份,分别编号称量记录,此时的质量为完全吸胀时种子的质量,记为 m_0。

7. 将上述 3 份称量后的吸胀种子分别放入 3 个 250 mL 的烧杯,每个烧杯中加入 50 mL(记为 V_0)650 g·L^{-1} 的蔗糖溶液,用封口膜密封,放入冰箱平衡 24 h。

从冰箱取出种子,放置近室温时,打开封口膜,搅拌均匀后,用阿贝折射仪测定并记录与种子平衡后的蔗糖溶液折射率。每个样品重复读取 3 次,取平均值记为 N_x,根据阿贝折射仪的蔗糖标定直线读取与种子平衡后的蔗糖溶液的浓度 ρ_x。计算种子中以 g 为单位的自由水的含量 m_1(公式涉及蔗糖溶液的浓度与密度关系的回归方程,见附录 6):

$$m_1 = \frac{C_0 V_0}{C_x} \times \left(0.997\,59 + 0.003\,72 C_x + 1.752\,36 \times 10^{-5} \times C_x^2\right) - 65.688$$

式中,括号内各项之和为蔗糖溶液在浸泡过种子后,浓度从 C_0 变为 C_x 在 25℃时的密度,而 $C_0 V_0 / C_x$ 为浸泡种子后的蔗糖溶液的总体积,公式中 65.688 是质量分数为 65%、体积为50 mL 的蔗糖溶液的质量(g)。

8. 将蔗糖溶液浸泡过的种子放入一个纱网袋,封口后用自来水冲洗 1 min,滤掉水分,将种子转移到 500 mL 的烧杯中,加 300 mL 去离子水或蒸馏水浸泡 5 min,其间用玻璃棒搅拌 3 次,滤掉水分,用 300 mL 去离子水或蒸馏水再重复浸泡清洗 2 次,以去除种子吸附的蔗糖。清洗结束后用吸水纸或滤纸吸收种子表面的水分,然后将种子放入烘箱,在 65℃ 下烘干至恒重(约 48 h)并称量(记录为 m_2),按下列公式计算种子的束缚水含量占总含水量的百分比 w_r:

$$w_r = \frac{m_0 - m_1 - m_2}{m_0 - m_2} \times 100\%$$

[注意事项]

吸胀种子需要预干燥 12 h,以免在干燥器中的脱水过程中发生霉变影响实验结果。

[实验作业]

1. 计算小麦种子中束缚水的含量。
2. 分析小麦种子中自由水、束缚水和总含水量之间的关系。
3. 用空气脱水法和渗透脱水法两种方法测定的种子束缚水含量是否相同?为什么?

[思考题]

1. 种子中束缚水含量的测定值是固定的吗?
2. 测定结果会受到哪些因素的影响?
3. 为什么说自由水和束缚水没有固定的界限?

[实验拓展]

1. 用块茎(马铃薯 / 菊芋)或者块根(甘薯 / 木薯)或者肥大根(胡萝卜 / 甜菜),切成直径 8 mm,厚 1 mm 的薄片 50 片代替吸胀种子,测定组织的自由水和束缚水含量。

2. 如果精确度要求不高,假定蔗糖溶解在水里没有体积效应或体积效应很小可以忽略不计,同时将纯水的密度近似为 1,那么根据附录 6 中的式(3),得到浸泡种子吸水后的蔗糖溶液的总体积 $V_x = C_0 V_0 / C_x$,减去原来的蔗糖溶液体积 V_0(即 50 mL),乘以水的密度,就得到以 g 为单位的自由水的含量 m_1 的近似值:

$$m_1 = \left(\frac{C_0 V_0}{C_x} - V_0 \right) \times 1$$

[参考文献]

1. 李小方,张志良. 植物生理学实验指导[M]. 5 版. 北京:高等教育出版社,2016:3-5.
2. Hong T D, Edgington S, Ellis R H, et al. Saturated salt solutions for humidity control and the survival of dry powder and oil formulations of Beauveria bassiana conidia[J]. Journal of Invertebrate Pathology, 2005, 89(2):136-143.
3. Rock L B. Saturated salt solutions for static control of relative humidity between 5℃ and 40℃ [J]. Analytical Chemistry, 1960, 32(10):1375-1376.

4. Carotenuto A, Dell' Isola M. An experimental verification of saturated salt solution-based humidity fixed points[J]. International Journal of Thermophysics, 1996, 17(6):1423–1439.

（张　娟）

1–3　叶片水势的原位测定

[实验目的]

学习用 L–51 叶室和 HR–33T 微伏计组成的露点水势仪测定植物叶片的水势。

[实验原理]

植物组织水势的高低可反映植物细胞的水分状况。一般来说，水势越高意味着细胞内水分供应越充足。测定植物组织的水势有多种方法，其中露点水势仪法的优点在于测定结果的准确度高，并且能够在活体植物上直接测定叶片水势，缺点是测定过程相对复杂。

露点水势仪的测定原理为用热电偶测定叶片细胞间隙中空气的露点温度与同温度下水汽饱和的空气之间的露点温度差，热电偶温差越大，产生的微伏电位信号就越大，细胞间隙中空气的水势就越低。

理论上，只需要测定不同浓度的标准水势溶液的微伏电位信号值与水势关系的标准曲线，根据样品的微伏电位信号值就可以直接得到样品的水势。但由于每个水势探头的信号输出有小的差别，因此需要用标准溶液针对每个探头进行标定，制作每个探头的微伏输出信号与标准溶液水势关系的标准曲线，从而根据该探头的微伏输出信号直接换算出样品的水势。

由于叶片表面有角质层，当气孔关闭时叶片与空气的水分平衡速度非常缓慢，因此需要在不损伤叶片表皮细胞的条件下，小面积磨除角质层才能快速测定其水势。

[器材与试剂]

1. 实验器材

L–51 叶室和 HR–33T 微伏计（美国 Wescor 公司），NI–6009 数据采集卡（美国 National Instruments），软橡胶圈，滤纸，文件打孔器，叶室支架，分析天平，250 mL 烧杯，玻璃棒，一次性橡胶或塑料手套记号笔，棉签。

2. 实验试剂

氧化铝细粉（2 000 ~ 5 000 目，或颗粒直径 2.6 ~ 6.5 μm），蔗糖，蒸馏水或超纯水。

蔗糖标准溶液的配制：用分析天平称取 10.2 g 蔗糖，用一个干净且干燥的 250 mL 烧杯在分析天平上称取 100 g 的超纯水，将称量好的蔗糖放入烧杯，溶解并搅拌均匀，得到渗透浓度为 300 mOsm·kg^{-1}（即 300 mmol·kg^{-1}）的标准溶液，水势为 –0.742 MPa。另外用分析天平称取 34.2 g 蔗糖，用一个干净且干燥的 250 mL 烧杯在分析天平上称取 100 g 的超纯水，将称量好的蔗糖放入烧杯，溶解并搅拌均匀，得到 1 000 mOsm·kg^{-1}（即 1 000 mmol·kg^{-1}）的蔗糖标准溶液，水势值为 –2.473 MPa。

3. 实验材料

选取一株待测叶片高出地面 1 m 以内的阔叶灌木或草本植物,叶片的长和宽不小于
1.5 cm。

[实验流程]

1. 研磨叶片待测部位

在选取的植物叶片背面离叶片边缘 2 mm 处,用无毒的记号笔轻轻画一个内径约为
5 mm 的圆,用棉签蘸取少量氧化铝细粉并加一滴蒸馏水或超纯水,在所画的圆内小心轻柔
地旋转研磨至叶片的疏水表面能够被水分润湿为止。

叶片的待测部位研磨结束时,用蒸馏水或超纯水清洗研磨部位的氧化铝粉,并用滤纸吸
收多余的水分(不要完全吸干,否则裸露的细胞可能会在操作中脱水受伤或死亡。微量多余
的水分会被细胞吸收并沿水势差传递到整个植物体并平衡)。

2. 叶室安装

将叶片研磨处朝上,在叶片下垫上约 2 mm 厚的海绵或软泡沫塑料片。将待测叶片连同
海绵或软泡沫塑料片一起插入 L-51 叶室的铝合金底座,并将叶片研磨部位对准在 L-51 叶
室的铝合金底座上方圆孔的正中。将软橡胶环放入铝合金底座上方的圆孔,并将 L-51 叶室
插入铝合金底座上方的圆孔,此时叶室会将软橡胶环推到底接触叶片,并适当施加压力使软
橡胶环与叶片密封。最后拧紧侧面的塑料螺丝固定。

3. 数据记录软件设置

打开电脑,启动 EaziDAQ 数据记录软件,鼠标左键依次点击"参数设置""请单击此处新
建一个采样任务",在"可用的板卡选择"下选择"NI-6009",在"测量类型"下选择"电压";在
下面对话框选择"任务定时设置",在"采样模式"一栏中选"连续采集",在"时钟设置"一栏
将下面的"频率"缺省值 1 k 改为 10。

4. 测定

打开 HR-33T 微伏计盖子,连接电源线,将"FUNCTION"开关旋到"SHORT"档,连接装
好叶片的 L-51 叶室(也可以"FUNCTION"开关旋到"SHORT"档,先连接好叶室再安装叶
片);将"RANGE"开关调到 30 μV,打开 HR-33T 微伏计面板上的电源开关,将"FUNCTION"
开关旋到"READ"档,用"ZERO OFFSET"中的粗调和细调旋钮将指针调到零,然后将
"FUNCTION"开关旋到"COOL"档冷却约 5 s(根据植物的水分状况,水势越低冷却时间越长,
反之亦然);将"FUNCTION"开关旋到"READ"档,等待曲线出现肩状平台后下降到零点基
线,最后读取切点的纵坐标值(图 1-3),根据标准曲线算出叶片的水势值。

[注意事项]

1. 标准溶液最好现用现配。如果提前配制则需要放置在冰箱中并 24 h 内使用,以防止
微生物发酵导致浓度发生变化。

2. 实验前需要准备多个用于密封的软橡胶密封环并彻底清洗晾干。

3. 美国 Wescor 的 Psypro 植物水势仪不能替代同一公司的 HR-33T 露点微伏计。

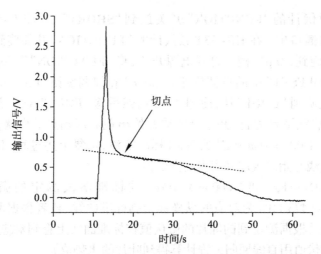

图 1-3　HR-33T 测定叶片水势的时间与输出信号峰图

[实验作业]

记录和分析同一植物不同位置叶片的水势。

[思考题]

1. 植物同一叶片的水势值在一天的不同时间是否一致?
2. 根压是否能够驱动植物体内水分到高大树木的树冠上?

[实验拓展]

1. 将离体植物叶片,按照上述过程安装到 L-51 叶室后,每隔 15 min 测定一次叶片在实验室条件下 2 h 内蒸腾失水后的水势值的连续变化,以时间为横坐标,水势值为纵坐标作图,观察叶片水势下降速度与时间的关系。如果用植物组织提取的溶液代替标准溶液,也可以测定组织的渗透势。

2. 可采用 5.46 g 甘露醇或山梨醇,或者 5.40 g 葡萄糖代替 10.2 g 蔗糖,配制 300 mOsm·kg^{-1} 的标准溶液。也可以采用 18.2 g 甘露醇或山梨醇,或者 18.0 g 葡萄糖代替 34.2 g 蔗糖,配制 1 000 mOsm·kg^{-1} 的标准溶液。

3. L-51 叶室的标定

用蒸馏水或去离子水清洗文件打孔器的打孔部位和底盖内部,并用滤纸吸干水分后晾干。戴上一次性橡胶或塑料手套将单层分析滤纸塞进文件打孔器中,打出多个滤纸小圆片。打开文件打孔器底盖,用镊子取出滤纸小圆片,放入一个带盖的干净小瓶或离心管中备用。

准备好清洗干净的叶室探头和橡胶密封环,用纯净水清洗 L-51 叶室的铝合金底座中间的缝隙中的铝合金表面并用滤纸擦干水分。在缝隙中的铝合金表面正中放入一片直径 5 mm 的滤纸小圆片,用移液器吸取 10 μL 渗透浓度为 300 mOsm·kg^{-1} 的标准溶液并加到滤纸片上。立即从 L-51 叶室上方将橡胶软密封环和探头压下,使滤纸小圆片被橡胶密封环包围在中间,与上部的叶室达到密封,旋紧固定旋钮。

　　将 HR-33T 微伏计的"FUNCTION"开关旋到"SHORT"档,将 L-51 叶室的插头插入微伏计面板上的插口中。在 HR-33T 微伏计的"FUNCTION"开关旋到"SHORT"档时,将"RANGE"开关旋到 30 μV 档。打开电源开关,将"FUNCTION"开关旋到"READ"档,小心调节"ZERO OFFSET"中的粗调旋钮(coarse)和细调旋钮(fine)将指针调到零。将"FUNCTION"开关旋到"COOL"档,冷却 4~5 s,然后将"FUNCTION"开关旋到"READ"档,等待曲线出现肩状平台为止,并记录曲线开始出现肩部拐点的微伏值(图 1-3)。

　　用渗透浓度为 1 000 mOsm·kg^{-1} 的 NaCl 标准溶液,重复上述过程,其中冷却时间改为 12~15 s,并记录曲线开始出现肩部拐点的微伏值。

　　分别以 300 mOsm·kg^{-1} 和 1 000 mOsm·kg^{-1} 的标准溶液测定的微伏值为横坐标,以 -0.742 MPa 和 -2.473 MPa 为对应的纵坐标绘制标准曲线(或者根据两点坐标计算得到直线回归方程),最后根据测定到的叶片的微伏值在标准曲线上查到对应的水势值(或者根据测定到的叶片微伏值用直线回归方程计算得到叶片的水势值)。

　　4. 判断 L-51 叶室是否受到污染,取决于热电偶接点冷却后的升温曲线是否出现肩状平台,如图 1-4A 显示的冷却曲线为轻度污染,图 1-4B 已经基本看不到肩状平台(箭头所示处)为严重污染。如果叶室受到污染可以参考文献(朱建军等,2013)所述方法进行清洗。

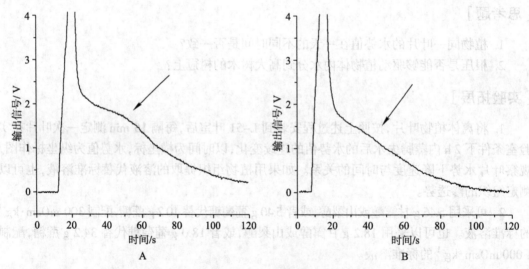

图 1-4　水势测量探头受污染时的测定曲线(朱建军等,2013)
A. 轻度污染;B. 严重污染

[参考文献]

　　1. 朱建军,柏新富,刘林德. 露点水势仪用于植物活体原位水势测定的技术改进[J]. 植物学报,2013,48(5):531-539.

　　2. Turner N C, Spurway R A, Schulze E D. Comparison of water potentials measured by *in situ* psychrometry and pressure chamber in morphylogically different species[J]. Plant Physiology, 1984,74(2):316-319.

3. Shackel K A. Direct measurement of turgor and osmotic potential in individual epidermal cells[J]. Plant Physiology, 1987, 83(4):719-722.

4. Millar B D. Improved thermocouple psychrometer for the measurement of plant and soil water potential: I. thermocouple psychrometry and an improved instrument design[J]. Journal of Experimental Botany, 1971, 22(4):875-890.

（张　娟　朱建军）

1-4　植物的吐水和伤流的观察

[实验目的]

1. 观察植物的吐水和伤流现象。
2. 了解吐水和伤流液中电解质的含量。

[实验原理]

当植物的蒸腾作用停止或蒸腾速率非常低时,根压能够驱动水分从叶片的边缘或尖端泌出,称为吐水。如果将茎从靠近地面部位切断,由于根压的作用木质部溶液会从断面上溢出,称为伤流。通过观察吐水和伤流可以知道植物根系的代谢情况和水分状况;通过测定吐水液和伤流液中离子的含量可以了解根部对离子的吸收情况。

[器材与试剂]

1. 实验器材

电导率仪,分析天平,1 mL 带盖塑料离心管,带刻度 10 mL 试管,直径 10 ~ 15 cm 的培养皿或花盆,100 μL 移液器,1 mL 移液器,滤纸,透明玻璃或塑料罩,蛭石。

2. 实验试剂

超纯水,KCl

3. 实验材料

玉米,小麦。

[实验流程]

1. KCl 标准溶液的制备

$0.1\ mol \cdot L^{-1}$ KCl 溶液:用天平称取 0.735 g KCl 放入烧杯内,加入约 50 mL 超纯水溶解,然后将溶液转移至 100 mL 容量瓶中,并用少量水冲洗烧杯 2 ~ 3 次,冲洗水也倒入容量瓶内,最后加超纯水定容至 100 mL,即得 $0.1\ mol \cdot L^{-1}$ KCl 溶液。

2. 观察植物吐水现象和收集吐水液

取 2 个直径约 15 cm 的花盆,装满蛭石后加水浇透,分别均匀播种新鲜饱满的玉米种子 20 粒或小麦种子 30 粒。种子埋深约 1 cm,在光照培养箱或温室培养,温度 20 ~ 25 ℃,光照/黑暗 12/12 h。幼苗长至 2 叶期时从培养箱中移出,用滤纸吸干所有叶片尖端的吐水,放进玻璃罩内。

取 12 个 1.5 mL 的带盖塑料离心管,编号,并分别称量记录。观察玻璃罩内多数叶片尖端出现较大水滴时(直径 3~4 mm),用 100 μL 移液器小心收集叶片尖端吐出的水滴(可多次反复收集)并放入已称量的 1.5 mL 带盖塑料离心管,盖好盖子、称量并记录。每种植物收集吐水液 3 管,作为 3 次重复,每管收集 0.1~0.3 mL 吐水液。

3. 观察伤流现象和收集伤流液

在幼苗基部 3~4 cm 处用刀片水平割断茎(叶鞘),用移液器吸 1.0 mL 超纯水冲洗伤口,并用滤纸吸干伤口上的水分。待伤口有液滴溢出时,用上述收集吐水液的方法收集伤流液并称量记录,每种植物收集伤流液 3 管,作为 3 次重复,每管收集 0.1~0.3 mL 伤流液。

取 1 mL 0.1 mol·L^{-1} KCl,依次稀释 10 倍、10^2 倍、10^3 倍、10^4 倍和 10^5 倍。取 6 个 10 mL 试管并编号,对照试管中加入 3 mL 纯水。其他编号试管依次加入上述稀释不同倍数的 KCl 溶液各 0.1 mL 并加入 3 ml 超纯水。用电导仪测定上述溶液的电导率,并绘制以 KCl 浓度的对数为横坐标,电导率为纵坐标的标准曲线。

4. 计算吐水液和伤流液的等效 KCl 浓度

将各离心管中收集的吐水液或伤流液分别用移液器转移到多个 10 mL 试管并编号,然后用 1 mL 移液器吸取 1 mL 超纯水,清洗装过收集液的离心管并将清洗液用移液器转移到一个 10 mL 试管,重复上述清洗过程 2 次并将清洗液转移到同一个 10 mL 试管。摇匀后,用电导率仪测定溶液的电导率,根据收集液的质量和超纯水的稀释倍数,从 KCl 溶液标准曲线查出对应的 KCl 浓度,计算出伤流液和吐水液的等效 KCl 浓度。

[注意事项]

实验中使用的试管事先要用超纯水清洗干净并干燥。

[实验作业]

分别计算玉米或小麦幼苗的吐水液和伤流液的等效 KCl 浓度。

[思考题]

1. 实验中收集的吐水液和伤流液离子浓度是否一致? 为什么?

2. 同一植物各个幼苗的吐水速度是否一样? 两种植物哪一种植物的吐水速度较高? 为什么?

[实验拓展]

用多个花盆培养玉米和小麦幼苗,在种子发芽长到约 5 cm 高时,分别用蒸馏水或高纯水,以及 10 mmol/L、25 mmol/L、50 mmol/L、75 mmol/L、100 mmol/L 和 150 mmol/L NaCl 溶液各 200 mL 分别浇灌一个花盆并做标记,观察各盆中幼苗的吐水情况与盐浓度的关系。

[参考文献]

1. 严竞平,魏永超. 夏玉米吐水规律的研究[J]. 河南科技学院学报. 1985(1):58-65.

2. 刘亚丽,丁义峰. 植物吐水实验影响因素的研究[J]. 实验室科学,2011,14(2):100-101,104.

3. Goatley J L, Lewis R W. Composition of guttation fluid from rye, wheat, and barley seedlings[J]. Plant Physiology, 1966, 41(3):373−375.

4. Hughes R N, Brimblecombe P. Dew and guttation:formation and environmental significance[J]. Agricultural and Forest Meteorology, 1994, 67(3−4):173−190.

（张　娟）

1-5　叶片蒸腾速率测定

[实验目的]

1. 用湿度传感器分别测定叶片、枝条或植株的蒸腾速率。
2. 了解不同环境条件下植物蒸腾速率的变化。

[实验原理]

植物的蒸腾作用与环境条件的变化密切相关。每时每刻的大气湿度都在随时间和温度变化，植物的蒸腾速率也会随这些条件的变化而发生改变。大气的湿度随温度和时间的变化，以及植物的蒸腾速率的变化，都可以用高灵敏度湿度传感器来测定记录。如果将植物叶片或枝条，甚至整个植株密封在一个透明容器中，植物的蒸腾作用蒸发的水汽会使容器中的湿度迅速上升，根据容器中湿度的上升速率、容器的体积和叶面积的大小可以计算出植物叶片的蒸腾速率。

[器材与试剂]

1. 实验器材

HM1500 LF 湿度传感器，任何一种有模拟信号输入接口的 14 位以上的数据采集卡或数据记录器（这里以美国 National Instruments 的 NI−6009 数据采集卡为例），个人计算机或笔记本电脑，数据采集记录软件（这里以 EaziDaq 为例），交直流变换供电电源（5V，也可以用电脑 USB 端口的 5V 输出供电），叶室（也可以用透明塑料瓶或透明塑料桶代替），微型空气泵，海绵，ImageJ 图像处理软件，温度计。

2. 实验材料

具有较大叶片的户外植物或盆栽植物。

[实验流程]

1. 湿度传感器与数据采集卡、电脑的连接

HM1500 LF 湿度传感器的尾端有白色、蓝色和黄色 3 根引出线，其中黄色线为信号输出端，连接 NI−6009 数据采集卡上 AI0、AI1、AI2 和 AI3 中的任意一个端口（图 1−5）。蓝色线是传感器的供电接线，应当连接 5V 供电电源的正极。白色的是接地线，应当连接数据采集卡上与 AI0、AI1、AI2 和 AI3 处于同一组的接地（GND）端口。最后将 NI−6009 数据采集卡通过 USB 数据线连接到一台电脑。如果是在电脑开机状态连接的，需要重启电脑并启动预先安装好的 NI−6009 数据采集卡驱动程序和 EaziDAQ 数据记录软件。

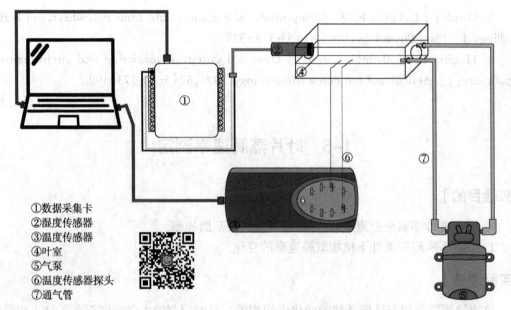

①数据采集卡
②湿度传感器
③温度传感器
④叶室
⑤气泵
⑥温度传感器探头
⑦通气管

图 1-5   湿度传感器与数据采集卡、电脑的连接

2. 传感器信号检测和记录

启动 EaziDAQ 数据记录软件，鼠标左键依次点击"参数设置""请单击此处新建一个采样任务"，在"可用的板卡选择"下选择"NI-6009"，在"测量类型"下选择"电压"；然后在下面对话框中选择"任务定时设置"，"采样模式"一栏选"连续采集"，在"时钟设置"一栏将下面的"频率"缺省值由 1 k 改为 10。

完成上述设置，即可根据软件的提示或说明准备开始测定或记录，EaziDAQ 数据记录软件需要在开始记录前命名并存档文件，否则记录开始后数据会全部丢失。

3. 叶片或枝条蒸腾速率的测定

在叶室或透明塑料桶上下分别钻 1 个直径 3 ~ 5 mm 的孔，用硅胶或塑料软管分别连接空气泵的进气和排气口，另外钻 1 个孔放入湿度传感器并密封。启动记录软件，将叶片伸进叶室或透明塑料桶并用海绵密封叶室和叶柄之间的间隙。测定叶室内或桶内的湿度，同时记录叶室内或桶内湿度的变化曲线。叶片面积 A_1 可通过扫描仪设定分辨率扫描或加比例尺拍照，然后用 ImageJ 软件计算。以每平方米叶片面积每小时蒸腾散失的水的质量（g）为单位的蒸腾速率（T）计算公式为：

$$T=\frac{\Delta RH \times p_o \times V_1 \times 10\,000 \times 3\,600 \times 18}{A_1 \times 1\,000 \times 100 \times 1\,000 \times 22.4}=\frac{\Delta RH \times p_o \times V_1 \times 0.36 \times 18}{A_1 \times 22.4}$$

式中，ΔRH 表示叶室闭合以后最初 10 s 的线性区域内叶室相对湿度的平均上升速率；V_1 为叶室体积（cm³，根据叶室的几何形状和尺寸计算）；A_1 为叶片面积（cm²）；p_o 为所测温度下水蒸气的实际饱和蒸气压，可用下面的经验公式计算：

$$p_o=6.1121e^{(18.678-t/234.5\,t)/(257.14+t)}$$

p_o 的单位为 mbar（1 000 mbar=0.1 MPa）；t 为测定时的摄氏温度。

[注意事项]

选取的叶片要有代表性,避免选取病叶和残叶。

[实验作业]

1. 测定记录实验场地环境的大气湿度。
2. 计算植物的蒸腾速率,单位为每平方米叶片面积每小时蒸腾散失的水的质量(g)。

[思考题]

1. 思考并总结蒸腾速率与叶室内湿度的关系。
2. 为什么要取叶室封闭时前 10 s 的斜率为蒸腾速率?

[实验拓展]

湿度传感器的标定:①启动 EaziDAQ 数据记录软件并开始测定记录信号。②取一根塑料或橡胶软管,一端连接高纯氮钢瓶,另一端插到塑料袋(较厚的新塑料袋或洁净塑料袋)底部,同时将已经与数据采集卡和电脑连接好的湿度传感器放入塑料袋中的中下部。③收缩塑料袋口(但不完全密封,留一小口排气),然后缓缓打开钢瓶的限压阀,向塑料袋内通入高纯氮气冲刷塑料袋内部和湿度探头,将袋内空气包括水蒸气通过连续的冲刷赶出。④观察电脑记录界面的信号记录曲线下降到底部走平或基本走平不变时,表明袋内已经完全被高纯氮气充满,可认为相对湿度已经基本达到零点,这时曲线底部的电压读数就是相对湿度为零的信号输出 E_0。不要停止数据采集和记录,因为接下来要继续对饱和相对湿度(RH=100%)进行标定。⑤相对湿度为零的信号输出稳定时,将传感器从塑料袋抽出,用 3 层湿润滤纸将传感器的测量端(黑色头部)包裹起来,放入另一个塑料袋并扎紧袋口。观察电脑记录界面的信号曲线,当曲线顶部走平或基本完全走平时,表明袋内相对湿度已经达到饱和(RH=100%),这时曲线顶部的电压读数就是饱和相对湿度的信号输出 E_s,传感器标定完成。

测定信号的换算:假定某一时刻用传感器测定到的空气的湿度信号为 E_t,那么这时空气的相对湿度 RH 可根据标定值按下式计算:

$$RH = \frac{E_t - E_0}{E_s - E_0} \times 100\%$$

式中,RH 为相对湿度;E_0 为相对湿度为零的电压数;E_s 为饱和相对湿度的电压数;E_t 为传感器测定到的空气湿度信号的电压数。

[参考文献]

1. Murphy D M,Koop T. Review of the vapour pressures of ice and supercooled water for atmospheric applications[J]. Quarterly Journal of the Royal Meteorological Society,2005,131(608):1539-1565.

2. Millan Almaraz J R,Romero Troncoso R J,Guevara Gonzalez R G,et al. FPGA-based fused smart sensor for real-time plant-transpiration dynamic estimation[J]. Sensors,2010,10(9),

8316-8331.

3. Sasaki S, Amano T. Transpiration rate measurement using miniature temperature/humidity sensors[J]. Analytical Sciences, 2010, 26(7): 827-829.

4. Savage M J. Field evaluation of polymer capacitive humidity sensors for Bowen ratio energy balance flux measurements[J]. Sensors, 2010, 10(8): 7748-7771.

(张　娟)

1-6　导管气栓塞的形成和修复观察

[实验目的]

观察植物导管气栓塞的形成和修复。

[实验原理]

根据内聚力学说,植物的蒸腾拉力通过水的内聚力维持木质部导管中的水柱不断裂,将水分从根部运输到叶片。如果水柱中有气泡产生,或者空气进入木质部导管,会使水柱断裂引起导管气栓塞,使导管失去输水功能。如果使栓塞的导管内的空气完全排出重新充满水,导管将恢复输水功能。

[器材与试剂]

1. 实验器材

1 000 mL 烧杯,单面刀片,15 mL 试管,试管架,载玻片,盖玻片,显微镜。

2. 实验试剂

超纯水,10% 红墨水溶液。

3. 实验材料

带有叶片的百合切花或者其他植物的切花或幼嫩枝条。

[实验流程]

1. 取 6 个 15 mL 试管分两组,每组 3 个并编号,各加入 10 mL 的 10% 红墨水溶液。

2. 剪取大小、叶片数量和面积大致相等的 6 枝切花或幼嫩枝条并编号,放在实验台上约 30 min。当叶片出现萎蔫时,随机取 3 个枝条,分别插入装有 10 mL 10% 红墨水溶液的试管中(对照组),在试管上标注液面位置。

3. 另外将 3 个枝条分别置于装有 700 mL 蒸馏水的烧杯中,将切口端浸入水中。在离原切口上方 3~4 cm 处在水下再次切断枝条,然后将枝条切口向下从烧杯中移出。立即分别插入装有 10 mL 的 10% 红墨水溶液的试管中(恢复组),并在试管上标注液面位置。在室温下放置 30 min 至 1 h,观察上述两组枝条的叶片是否恢复。

4. 将枝条从试管中取出,去掉叶片,在枝条的中部做徒手切片,在显微镜下观察木质部是否被染红。

5. 观察对比两组试管中红墨水溶液的液面变化大小和液体损失量。

[注意事项]

选取植物材料时注意选择木质部导管分子较短的植物材料,结果差别会更明显。

[实验作业]

1. 记录枝条在两组试管中红墨水溶液的损失量(液面变化)的不同,分析原因。
2. 分析枝条的导管壁被染红而导管腔内没有红色溶液的原因。

[思考题]

1. 思考对照组叶片发生萎蔫的原因。
2. 是否必须在水下切断比导管的平均长度更长的茎段才能消除茎木质部导管的气栓塞?

[实验拓展]

取木本植物的枝条重复上述实验,观察枝条的栓塞修复情况,同时在显微镜下切片观察枝条中导管的长度,并分析木本植物导管栓塞形成的原因及其对植物的影响。

[参考文献]

1. 孙青,郭锐,沈繁宜,等. 木本植物木质部栓塞修复机制的探讨[J]. 北京林业大学学报,2007,29(5):94-98.

2. 李卫民,张佳宝. 植物木质部导管栓塞[J]. 植物生理学通讯,2008,44(3):581-584.

3. Hacke U G, Stiller V, Sperry J S, et al. Cavitation fatigue embolism and refilling cycles can weaken the cavitation resistance of xylem[J]. Plant Physiology, 2001, 125(2):779-786.

4. Salleo S, Gullo M A L, de Paoli D, et al. Xylem recovery from cavitation-induced embolism in young plants of Laurus nobilis: A possible mechanism[J]. New Phytologist, 1996, 132(1):47-56.

(张　娟)

模块 2 矿质营养

植物生长需要多种营养元素。已经知道的植物生长发育必需元素有碳、氢、氧、氮、磷、钾、硫、钙、镁、铁、锰、硼、锌、铜、钼、镍和氯 17 种元素。利用溶液培养法或砂基培养法培养植株可以发现，当缺乏某一种必需元素时会影响植物的生长发育，使植物不能正常地完成生活周期，表现出专一缺乏症状和生理病症。本模块实验通过溶液培养方法，了解植物在缺乏氮、磷、钾等元素时植物形态特征所出现的变化，并进一步分析植物体内多种矿质元素含量、硝酸还原酶活性的变化，了解其对植物生长发育的影响。

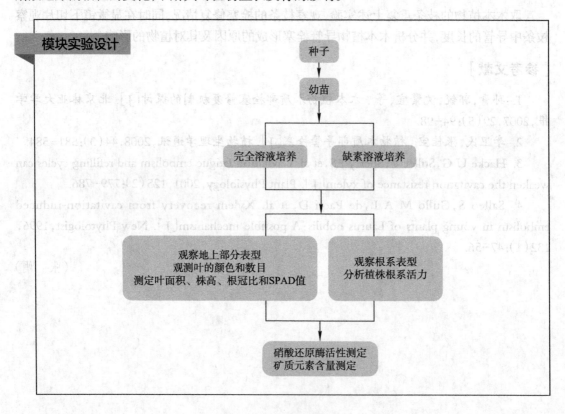

2-1 缺素培养

[实验目的]

1. 掌握配制溶液培养原液、完全培养液和缺乏元素培养液的方法。

2. 学习分析矿质元素生理功能的方法。

[实验原理]

应用溶液培养方法,可以控制植物生长所需的营养元素,研究植物生长对矿质元素的需求和矿质元素在植物生长发育过程中的作用。当植物生长在缺乏某元素的土壤(溶液)条件下,植物的生长发育会受到影响,表现出专一的缺乏症状。本实验使用完全培养液和缺素培养液培养植物,观察植物的生长情况。当使用完全培养液培养植物时,植物正常生长;当使用缺氮、缺磷、缺钾、缺钙、缺镁、缺硫、缺铁等缺素培养液培养植物时,植物生长均不正常,可证明必需营养元素对植物生长的重要性和必要性。

[器材与试剂]

1. 实验器材

托盘天平,电子天平,1 L 培养缸或培养容器,烧杯,量筒,移液管,洗耳球,角匙,玻璃棒。

2. 实验试剂

KNO_3,$Ca(NO_3)_2 \cdot 4H_2O$,$NH_4H_2PO_4$,$MgSO_4 \cdot 7H_2O$,$CaCl_2$,KCl,H_3BO_3,$MnSO_4 \cdot H_2O$,$ZnSO_4 \cdot 7H_2O$,$CuSO_4 \cdot 5H_2O$,H_2MoSO_4,$NaFe\text{-}DTPA$(10%Fe),$NaClO$。

10 g/L $NaClO$ 溶液(用作表面消毒剂):$NaClO$(有效氯≥10%)10 mL,无菌水 90 mL。

3. 实验材料

玉米种子。

[实验流程]

1. 培养幼苗

将玉米种子用表面消毒剂 10 g/L $NaClO$ 溶液浸泡 10 min 后,用水冲洗干净,然后在水中浸泡 5～6 h,充分吸胀后播于干净的湿沙中。在温室(28℃)或室外培养,当幼苗长到 7～8 cm 高度时,选择生长势相同的植株进行溶液培养。

2. 按照表 2-1,分别配制各种大量元素原液 1 000 mL 和各种微量元素原液 50 mL。

3. 按照表 2-2,分别配制完全培养液、缺氮培养液、缺磷培养液、缺钾培养液、缺钙培养液和缺镁培养液各 1 000 mL。

4. 取 6 个培养缸,洗净并做好标记(完全培养、缺氮培养、缺磷培养、缺钾培养、缺钙培养和缺镁培养)。各加入 1 000 mL 对应的培养液。

5. 将幼苗插入培养缸的孔中(每个缸培养 3 株幼苗),用棉花固定,将培养缸置于光照培养箱或培养网室内,温度维持在 25～30℃,每天光照 10～12 h。

表 2-1　各种培养液原液和 1 L 培养液的吸取用量

试剂名称	分子量	含量		每升培养液中取原液的体积 /mL
		mmol·L⁻¹	g·L⁻¹	
大量元素				
KNO_3	101.10	1 000	101.10	6.0
$Ca(NO_3)_2 \cdot 4H_2O$	236.16	1 000	236.16	4.0

续表

试剂名称	分子量	含量		每升培养液中取原液的体积 /mL
		mmol·L^{-1}	g·L^{-1}	
NH$_4$H$_2$PO$_4$	115.08	1 000	115.08	2.0
MgSO$_4$·7H$_2$O	246.49	1 000	246.49	1.0
KH$_2$PO$_4$	136.09	1 000	136.09	1.0
微量元素				
CaCl$_2$	111.0	500	55.50	5.0
KCl	74.55	25	1.864	0.4
H$_3$BO$_3$	61.83	12.5	0.773	0.4
MnSO$_4$·H$_2$O	169.01	1.0	0.169	0.4
ZnSO$_4$·7H$_2$O	287.54	1.0	0.288	0.4
CuSO$_4$·5H$_2$O	249.68	0.25	0.062	0.4
H$_2$MoSO$_4$(85%MoO$_3$)	161.97	0.25	0.040	0.4
NaFe-DTPA(10%Fe)	468.2	64	29.965	0.6

注：NaFe-DTPA 可以用 Fe-EDTA（Na$_2$-EDTA 7.45 g·L^{-1}，FeSO$_4$·7H$_2$O 5.57 g·L^{-1}，分别溶解后混合）替代。

表 2-2　各种培养液的配制（单位:mL）

试剂名称	完全培养液	缺氮培养液	缺磷培养液	缺钾培养液	缺钙培养液	缺镁培养液
KNO$_3$	6.0	0	6.0	0	6.0	6.0
Ca(NO$_3$)$_2$·4H$_2$O	4.0	0	4.0	4.0	0	4.0
NH$_4$H$_2$PO$_4$	2.0	0	0	2.0	2.0	2.0
MgSO$_4$·7H$_2$O	1.0	1.0	1.0	1.0	1.0	0
KH$_2$PO$_4$	0	1.0	0	0	0	0
CaCl$_2$	0	5.0	0	5.0	0	0
KCl	0.4	0.4	0.4	0	0.4	0.4
H$_3$BO$_3$	0.4	0.4	0.4	0.4	0.4	0.4
MnSO$_4$·H$_2$O	0.4	0.4	0.4	0.4	0.4	0.4
ZnSO$_4$·7H$_2$O	0.4	0.4	0.4	0.4	0.4	0.4
CuSO$_4$·5H$_2$O	0.4	0.4	0.4	0.4	0.4	0.4
H$_2$MoSO$_4$(85%MoO$_3$)	0.4	0.4	0.4	0.4	0.4	0.4
NaFe-DTPA(10%Fe)	0.6	0.6	0.6	0.6	0.6	0.6

注：均加蒸馏水定容至 1 000 mL，用 1 mol·L^{-1} HCl 或 1 mol·L^{-1} NaOH 调 pH 至 5~6。

[注意事项]

　　1. 用于培养的湿沙要用自来水冲洗干净。

　　2. 所有试剂必须为分析试剂级（AR），用具要洁净。

[实验作业]

　　1. 根据下列公式,配制完全培养液、缺氮培养液、缺磷培养液、缺钾培养液、缺钙培养液、缺镁培养液各 800 mL,计算从各种培养原液中吸取的用量,用表格呈现结果。

$$取原液的体积（mL）= \frac{稀释浓度（mmol \cdot L^{-1}）\times 配制培养液体积（mL）}{原液浓度（mmol \cdot L^{-1}）}$$

　　2. 当某种矿质元素或者微量元素的含量超过完全培养液的用量时,对玉米幼苗的生长产生什么影响?

[思考题]

　　1. 如何认识溶液培养是研究植物矿质营养的重要方法?

　　2. 作为植物必需的矿质元素需要具备哪些条件?

　　3. 培养液的 pH 对玉米幼苗的生长发育会产生怎样的影响?

[参考文献]

　　1. 李小方,张志良. 植物生理学实验指导[M]. 5 版. 北京:高等教育出版社,2016:19-21.

　　2. 李玲. 植物生理学模块实验指导[M]. 北京:科学出版社,2009:8-11.

（黄胜琴）

2-2　缺素培养植物表型的观察

[实验目的]

　　认识缺乏氮、磷、钾、钙、镁等元素培养植株出现的症状。

[实验原理]

　　植物表型是指植物可测量的特征和性状。植物在生长过程中,需要氮、磷、钾、钙、镁、硫、铁等必需元素,当缺少任何一种必需元素时,可通过对植物表型(如:株高、根冠比、叶片数、叶色、比叶面积和 SPAD 值等)的观察,了解植物生长需要的元素。

　　根冠比为植物地下部分与地上部分的鲜重的比值,反映了植物地下部分与地上部分的相关性。在作物苗期,为了给作物创造良好营养生长条件,要促进根系生长,增大根冠比。比叶面积指叶的单面面积与其干重之比,直接受叶片厚度、形状和质量的影响,在一定程度上反映了叶片截获光的能力和在强光下的自我保护能力,往往与植物的生长和生存对策有紧密的联系,能反映植物对不同生境的适应特征,也是评价群落生产力水平及其结构是否合理的指标之一。叶的单面面积可用 AM-300 手持式叶面积仪测定。

SPAD 值指的是植物叶绿素相对含量或"绿色程度",此数值表示植物本身的生长状况,长势良好的植物叶子会含有更多的叶绿素。由于叶绿素的相对含量与叶片中氮的含量关系密切,因而 SPAD 值还能说明植物真实的硝基需求量。SPAD 值可用 SPAD-502 叶绿素仪进行测定。

[器材与试剂]

1. 实验器材

量尺,吸水纸,AM-300 手持式叶面积仪,SPAD-502 叶绿素仪,烘箱,电子天平。

2. 实验试剂

同实验 2-1。

3. 实验材料

实验 2-1 培养的玉米幼苗。

[实验流程]

将实验 2-1 培养的植物材料,每天补足培养缸内的水分至原来的高度,每周更换 1 次培养液。在 25～30℃,光照 10～12 h/d 条件下培养 3～4 周,观察在不同缺素溶液中生长的玉米植株(与完全培养液玉米植株比较)并测量与记录以下生理指标:

1. 用量尺分别测量各种溶液培养下植株的最长根长,计算出根长平均值和标准差。

2. 分别测量各种溶液培养下玉米植株基部到茎顶端的拉直高度,计算出株高平均值和标准差。

3. 观察叶片是否发黄或出现病症,并记录病症出现在老叶还是嫩叶。

4. 用 AM-300 手持式叶面积仪(图 2-1,左)测定玉米的第二成熟叶的叶面积,并测量其干重,计算出比叶面积。

5. 分别取玉米地下部分与地上部分并洗净,吸水纸吸干水分后称量,计算根冠比。

6. SPAD 值可用于判断叶片绿色的深浅。用 SPAD-502 叶绿素仪(图 2-1,右)测定第二成熟叶的 SPAD 值。

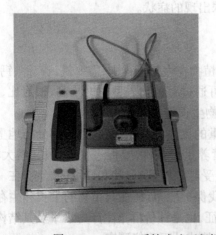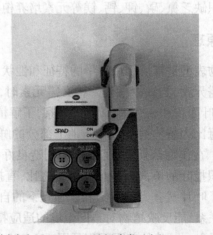

图 2-1   AM-300 手持式叶面积仪(左)和 SPAD-502 叶绿素仪(右)

[实验作业]

用表格记录在不同培养液培养 3~4 周玉米植株的叶色、叶片数目、病叶数目、嫩叶病症、植株高度、根冠比、比叶面积等数据,并分析数据。

[思考题]

1. 不同植物材料在缺氮或缺磷培养液中出现病症的时间和程度相同吗? 为什么?

2. 总结哪些缺素培养使生理病症先发生在植株的老叶? 哪些缺素培养的生理病斑先出现在嫩叶? 为什么?

3. 如何计算植物的生长速率?

[实验拓展]

1. 用叶形纸称量法测定叶面积:①在硫酸纸上绘出并剪下叶形,称量(m_1);②用硫酸纸剪出标准面积(10 cm × 10 cm)纸形,称量(m_2);③根据下式,计算叶片实际面积。

$$叶片的实际面积(cm^2) = \frac{m_1 \times 100}{m_2}$$

该方法能克服称叶时因失水造成的误差。叶形纸样可以保存,只要所选用纸质均匀,描绘叶形仔细,称量准确,就可获得很高的准确度,可用于测量大样本。

2. 植物缺乏矿质元素的病症检索表

病症	缺乏元素
A. 老叶病症	
B. 病症常遍布整株,基部叶片干焦和死亡	
C. 植物浅绿,基部叶片呈黄色,干燥时呈褐色,茎短而细	氮
C. 植株深绿,常呈红或紫色,基部叶片黄色,干燥时暗绿,茎短而细	磷
B. 病症常限于局部,基部叶片不干焦但杂色或缺绿,叶缘杯状卷起或卷皱	
C. 叶杂色或缺绿,有时呈红色,有坏死斑点,茎细	镁
C. 叶杂色或缺绿,在叶脉间或叶尖和叶缘有坏死小斑点,茎细	钾
C. 坏死斑点大而普遍在叶脉间,最后扩展至叶脉,叶厚,茎短	锌
A. 嫩叶病症	
B. 顶芽死亡,嫩叶变形和坏死	
C. 嫩叶初呈钩状,后从叶尖和叶缘向内死亡	钙
C. 嫩叶基部浅绿,从叶基起枯死,叶捻曲	硼
B. 顶芽仍活但缺绿或萎蔫,无坏死斑点	
C. 嫩叶萎蔫,无失绿,茎尖弱	铜
C. 嫩叶不萎蔫,有失绿	
D. 坏死斑点小,叶脉仍绿	锰
D. 无坏死斑点	
E. 叶脉仍绿	铁
E. 叶脉失绿	硫

[参考文献]

1. 王艳丽,王京,刘国顺,等.磷施用量对烤烟根系生理及叶片光合特性的影响[J].植物营养与肥料学报,2016,22(2):410-417.

2. 郭向阳,陈建军,卫晓轶,等.氮胁迫与非胁迫条件下玉米叶形相关性状的 QTL 分析[J].植物营养与肥料学报,2019,25(11):1929-1938.

(黄胜琴)

2-3 根系活力测定

[实验目的]

掌握 α– 萘胺氧化法测定根系活力的方法与原理。

[实验原理]

植物根系是植物吸收水分和矿质元素的主要器官,根系活力的强弱直接影响植物的生命活动。根系能氧化吸附在根表面的 α– 萘胺,生成红色的 α– 羟基 –1– 萘胺,沉淀于有强氧化力的根表面,使这部分根染成红色。根对 α– 萘胺的氧化能力与其呼吸强度有密切关系。有研究认为 α– 萘胺的氧化本质是过氧化物酶的催化作用,该酶的活力越强,对 α– 萘胺的氧化能力就越强,染色也越深。因此,可根据染色深浅半定量地判断根系活力大小。

α– 萘胺在酸性环境下与对氨基苯磺酸和亚硝酸盐作用产生的红色的偶氮染料,可用于比色法测定 α– 萘胺含量。

[器材与试剂]

1. 仪器和器材

分光光度计,电子天平,恒温箱,三角烧瓶,量筒,移液管,容量瓶。

2. 实验试剂

α– 萘胺溶液:称取 10 mg α– 萘胺,用 2 mL 95% 乙醇溶解,加水到 200 mL,即为 50 μg·mL^{-1} 的 α– 萘胺溶液。

0.1 mmol·L^{-1} 磷酸缓冲液(pH=7.0):见附录 12。

10 g·L^{-1} 对氨基苯磺酸溶液:称取 1 g 对氨基苯磺酸,用 30% 醋酸溶液溶解并定容至 100 mL 容量瓶中。

0.1 g·L^{-1} 亚硝酸钠溶液:称取 10 mg 亚硝酸钠溶于 100 mL 水中。

3. 实验材料

实验 2-2 培养的玉米植株。

[实验流程]

1. 称取玉米植株根系材料 1～2 g 放入三角烧瓶内,加入 α– 萘胺溶液与磷酸缓冲液各 25 mL,混合。浸泡根系材料 10 min,吸取 2 mL 浸泡液为第一次待测液,作为实验开始的始值。

将三角烧瓶放在25℃恒温箱中培养0.5~1 h后,取2 mL为第二次待测液。

2. 取另一个三角烧瓶,加入α-萘胺溶液与磷酸缓冲液各25 mL并混合,不放材料作为对照,表明α-萘胺的自动氧化量。

3. 分别将两次取得的2 mL待测液,加10 mL蒸馏水混匀。再加入1 mL 10 g·L⁻¹对氨基苯磺酸溶液和1 mL 0.1 g·L⁻¹亚硝酸钠溶液,混匀后室温放置5 min,待混合液变成红色,再用蒸馏水定容至25 mL。在20~60 min内,以标准曲线0号管为空白对照,用分光光度计测定520 nm的光密度值。

4. 制作标准曲线:取6支试管分别加入α-萘胺溶液0 mL,0.2 mL,0.4 mL,0.6 mL,0.8 mL,1 mL,再加蒸馏水至12 mL,按流程3加入1 mL对氨基苯磺酸溶液和1 mL亚硝酸钠溶液,进行显色反应和比色测定,以α-萘胺含量为横坐标,光密度值为纵坐标绘制标准曲线。

5. 根系活力计算。

$$\alpha\text{-萘胺氧化总量}(\mu g)=\frac{[\text{第一次待测液测定值}(\mu g)-\text{第二次待测液测定值}(\mu g)]\times48}{\text{测定时提取液用量}(mL)}$$

$$\alpha\text{-萘胺自发氧化总量}(\mu g)=\frac{[\text{第一次空白测定值}(\mu g)-\text{第二次空白测定值}(\mu g)]\times48}{\text{测定时提取液用量}(mL)}$$

式中,48为测定时提取液总量(mL)。

$$\alpha\text{-萘胺生物氧化强度}(\mu g\cdot g^{-1}\cdot h^{-1})=\frac{\alpha\text{-萘胺氧化总量}(\mu g)-\alpha\text{-萘胺自发氧化量}(\mu g)}{\text{反应时间}(h)\times\text{根鲜重}(g)}$$

[实验作业]

比较不同溶液培养下的玉米根系的活力,并分析其原因。

[思考题]

根系活力的测定还有什么方法?比较不同方法的优缺点。

[参考文献]

1. 李玲. 植物生理学模块实验指导[M]. 北京:科学出版社,2009:114-115.
2. 李小方,张志良. 植物生理学实验指导[M]. 5版. 北京:高等教育出版社,2016:29-30.

(黄胜琴)

2-4 硝酸还原酶活性测定

[实验目的]

1. 掌握测定植物组织中硝酸还原酶活性的方法。
2. 了解硝酸还原酶具有诱导酶的性质。

[实验原理]

植物硝酸还原酶(nitrate reductase, NR)是植物氮素同化的关键酶,与作物吸收与利用氮肥相关。硝酸还原酶使 NO_3^- 还原为 NO_2^-,产生的 NO_2^- 可以从组织内渗透到外界溶液中并积累,通过测定反应溶液中 NO_2^- 的含量,可表明酶活性的大小。NO_2^- 含量的测定用磺胺(对氨基苯磺酰胺)比色法。在酸性条件下,NO_2^- 与磺胺反应生成重氮盐,重氮盐再与 α- 萘胺起反应形成红色偶氮染料。颜色深浅则代表了 NO_2^- 含量高低,最终代表了硝酸还原酶活性的高低。

$$NO_3^- + 2NADH + H^+ \xrightarrow{\quad NR \quad} NO_2^- + 2NAD^+ + H_2O$$
$$对氨基苯磺酰胺 + NO_2^- + 2H^+ \longrightarrow 重氮化合物 + 2H_2O$$
$$重氮化合物 + \alpha - 萘胺 \longrightarrow 对 - 苯磺酸 - 偶氮 -\alpha- 萘胺$$

[器材与试剂]

1. 实验器材

723N 型分光光度计,真空泵(或注射器),恒温箱(或恒温水浴锅),天平,真空干燥器,钻孔器,三角瓶,移液管,烧杯,洗耳球。

2. 实验试剂

2 mg·mL^{-1} α- 萘胺试剂:称取 0.2 g α- 萘胺,加入 25 mL 浓盐酸,完全溶解后,用蒸馏水稀释至 100 mL。

10 mg·mL^{-1} 磺胺试剂:取 1 g 对氨基苯磺酰胺,加入 25 mL 浓盐酸,完全溶解后,用蒸馏水定容至 100 mL。

5 μg·mL^{-1} NaNO$_2$ 标准溶液:1 g NaNO$_2$ 用蒸馏水溶解,定容至 1 000 mL。吸取 5 mL,加蒸馏水定容至 1 000 mL,即为 5 μg·mL^{-1} NaNO$_2$,使用时稀释。

0.1 mol·L^{-1} 磷酸缓冲液:(pH=7.5):见附录 12。

0.2 mol·L^{-1} KNO$_3$ 溶液:称取 20.22 g KNO$_3$ 溶于 100 mL 蒸馏水中。

30% 三氯乙酸溶液。

3. 实验材料

玉米叶片。

[实验流程]

1. 取新鲜叶片洗净,吸干水分,用直径为 1 cm 钻孔器取叶圆片,称取 0.5 g 叶圆片 2 份(或每份取 50 个叶圆片)。

2. 取 2 个三角瓶,一个瓶中加 5 mL 0.1 mol·L^{-1} 磷酸缓冲溶液和 5 mL 蒸馏水作为对照组。另一个瓶中加 5 mL 0.1 mol·L^{-1} 磷酸缓冲溶液和 5 mL 0.2 mol·L^{-1} KNO$_3$ 溶液。2 个三角瓶放入叶圆片后置于真空干燥器中,真空泵抽气,使叶圆片沉于溶液中(如果没有真空泵,也可以用 20 mL 注射器代替,将反应液及叶片一起倒入注射器内,用手指堵住注射器出口小孔,然后用力拉注射器使之真空,如此抽气放气反复进行多次,即可抽去叶圆片中的空气,并沉于溶液中)。

3. 将三角瓶置于 30℃恒温箱或恒温水浴锅中(避光)30 min,处理组加入 1 mL 30% 三氯乙酸溶液,终止反应,对照组在抽气前加入 1 mL 30% 三氯乙酸溶液。分别吸取反应溶液 1 mL 加入干净的试管中,加入 2 mL 磺胺试剂和 2 mL α- 萘胺试剂。

4. 混合摇匀,静置 30 min,用分光光度计测定 520 nm 的光密度值。从标准曲线上查得 NO_2^- 浓度,计算酶活性。

5. 绘制标准曲线。吸取不同浓度 $NaNO_2$ 标准溶液(例如 0 μg·mL^{-1}、1 μg·mL^{-1}、2 μg·mL^{-1}、3 μg·mL^{-1}、4 μg·mL^{-1} 和 5 μg·mL^{-1})各 1 mL 于试管中,各管加入 2 mL 磺胺试剂及 2 mL α- 萘胺试剂并混合摇匀,置于 30℃温箱或恒温水浴锅中 30 min,测定 520 nm 处的光密度值。按照公式计算植物叶片的硝酸还原酶活性。

$$硝酸还原酶活性(μg·g^{-1}·h^{-1}) = \frac{\rho_1 - \rho_0}{m \times t} \times 10$$

式中,ρ_1 为处理组 NO_2^- 浓度(μg·mL^{-1});ρ_0 为对照组 NO_2^- 浓度(μg·mL^{-1});m 为材料鲜重(g);t 为作用时间(h);10 为溶液初始体积(mL)。

[注意事项]

由于硝酸还原酶是诱导酶,实验前一天可用硝态氮处理并照光,以增加硝酸还原酶活性;或者在反应液中加入 30 μmol·L^{-1} 3- 磷酸甘油醛或 1,6- 二磷酸果糖,能显著增加 NO_2^- 的产生。

[实验作业]

1. 以 $NaNO_2$ 标准溶液质量浓度为横坐标,光密度为纵坐标,绘制曲线。
2. 分析在不同培养基生长的玉米植株叶片硝酸还原酶活性。

[思考题]

1. 哪些因素影响硝酸还原酶活性的精确测定? 如何优化实验?
2. 植物在光照或黑暗条件下培养,叶片硝酸还原酶活性是否相同?

[参考文献]

1. 宋月,崔婷婷,武丽娟,等. 玉米叶片硝酸还原酶活性测定方法的优化[J]. 湖北农业科学,2017,56(15):2817-2820,2907.

2. 董昆,郭守华. 苹果叶片硝酸还原酶活性影响因素的研究[J]. 河北果树,2010(4):4-5,8.

3. 刘海英,崔长海,刘萍,等. 适当增添实验内容的活体法测定植物体内硝酸还原酶活性的实验教学[J]. 植物生理学通讯,2010,46(2):171-172.

(黄胜琴)

2–5　植株总氮含量测定

I　凯氏定氮法

[实验目的]

学习凯氏定氮法测定植物组织中总氮含量的原理和方法。

[实验原理]

植物组织中的含氮化合物，与浓硫酸一起加热消化，能分解成无机化合物，其中有机氨态氮生成无机铵盐（硫酸铵）；然后将经过消化的液体碱化蒸馏使氨游离出来；用过量的硼酸吸收游离的氨；最后以标准盐酸溶液进行滴定，所用盐酸的量（mol）即相当于被测样品中氨的量（mol）。由于消化反应过程很慢，可用硫酸铜和硫酸钾（硫酸钠）促进该反应过程，其中硫酸铜对反应起催化作用，硫酸钾（硫酸钠）可提高消化液的沸点。加入过氧化氢能加速反应。

以甘氨酸为例，整个反应方程式如下：

消化：$NH_2CH_2COOH+3H_2SO_4 \longrightarrow 2CO_2+3SO_2+4H_2O+NH_3\uparrow$

$\qquad 2NH_3+H_2SO_4 \longrightarrow (NH_4)_2SO_4$

蒸馏：$(NH_4)_2SO_4+2NaOH \longrightarrow 2H_2O+Na_2SO_4+2NH_3\uparrow$

吸收：$NH_3+4H_3BO_3 \longrightarrow NH_4HB_4O_7+5H_2O$

滴定：$NH_4H_2B_4O_7+HCl+5H_2O \longrightarrow NH_4Cl+4H_3BO_3$

凯氏定氮法可用于测定植物的各种组织、器官及食品等复杂样品。其操作较复杂，且测定含有大量碱性氨基酸的样品时会出现测定结果偏高的现象。

[器材与试剂]

1. 实验器材

石墨消解炉，凯氏定氮仪，烘箱，电子天平（精度 0.000 1 g），消化管，消化架，锥形瓶，量筒，烧杯，玻璃棒，酸式滴定管，容量瓶，牛皮纸，弯颈小漏斗，100 目筛子。

2. 实验试剂

浓硫酸，硫酸铜，硫酸钾，氢氧化钠，硼酸，盐酸，甲基红，溴甲酚绿，乙醇。

催化剂：硫酸钾 – 硫酸铜（K_2SO_4：$CuSO_4 \cdot 5H_2O$=15：1）磨碎混匀。

$400\ g \cdot L^{-1}$ 氢氧化钠溶液：取 400 g 氢氧化钠溶于蒸馏水并定容至 1 L。

$20\ g \cdot L^{-1}$ 硼酸溶液：取 20 g 硼酸溶于蒸馏水并定容至 1 L。

$0.01\ mol \cdot L^{-1}$ 标准盐酸溶液：取 8.3 mL 浓盐酸（12 $mol \cdot L^{-1}$），注入 1 L 水中，配制成 $0.1\ mol \cdot L^{-1}$ 溶液，用无水碳酸钠标定。最后稀释为 $0.01\ mol \cdot L^{-1}$ 盐酸溶液。

$1\ g \cdot L^{-1}$ 甲基红乙醇溶液：取 0.1 g 甲基红，溶于 100 mL 无水乙醇中。

$1\ g \cdot L^{-1}$ 溴甲酚绿乙醇溶液：取 0.1 g 溴甲酚绿，溶于 100 mL 无水乙醇中。

硼酸吸收液:取 20 g·L⁻¹ 硼酸溶液 1 L,加入 1 g·L⁻¹ 甲基红乙醇溶液 1.67 mL 和 1 g·L⁻¹ 溴甲酚绿乙醇溶液 8.33 mL(即两指示剂溶液按 1:5 体积混合),混匀,置阴凉处保存,保存期为 1 个月。

3. 实验材料

玉米植株。

[**实验流程**]

1. 样品的准备

玉米植株洗净后,风干,置于烘箱中于 105℃ 烘至恒重。粉碎玉米植株并过 100 目筛子,储存于广口瓶中备用。

2. 样品的消解

称取 0.20 g 样品、3.2 g 催化剂,用牛皮纸加入消化管中(注意尽量不要沾到管壁)。取 10 mL 浓硫酸到消化管中,消化管口加盖一个弯颈漏斗,消化温度与时间为 180℃、30 min,260℃、30 min 和 400℃、1.5 h,消化结束后放置于消化架上冷却待用。实验设置 3 个重复,并设置 2 个空白对照。

3. 蒸馏

先打开冷凝水开关,往盛放氢氧化钠、硼酸、蒸馏水的 3 个桶中倒入 400 g·L⁻¹ NaOH 溶液 2 000 mL,20 g·L⁻¹ 硼酸混合指示剂 2 000 mL、超纯水 2 000 mL(2/3 桶即可)。使用凯氏定氮仪测定样品之前,使用空消化管进行 2~3 次空蒸,将凯氏定氮仪参数设置为加入水 100 mL,氢氧化钠 0 mL,硼酸 0 mL,淋洗水量 10 mL,蒸馏时间 5 min。空蒸完成后进行样品测定,将凯氏定氮仪参数设置为加入水 10 mL,氢氧化钠 40 mL(为浓硫酸的 4 倍),硼酸 25 mL,淋洗水量 10 mL,蒸馏时间 5 min。

4. 滴定

蒸馏所得的蓝色蒸馏液用 0.01 mol·L⁻¹ 的盐酸溶液滴定,一边滴一边晃动,当蒸馏液从蓝色变橘红色时终止滴定。记录标准盐酸的体积。

5. 总氮计算

$$总氮含量(质量分数) = \frac{14 \times c(V_1 - V_2)}{m \times 1\,000} \times 100\%$$

式中,c 为标准盐酸浓度(mol·L⁻¹);V_1 为滴定样品时消耗标准盐酸的体积(mL);V_2 为滴定空白时消耗标准盐酸的体积(mL);m 为样品质量(g);14 为氮的相对原子质量。

[**注意事项**]

1. 植株总氮含量是用 100 g 该物质(干重)中所含氮的质量(g)来表示(%)。材料在定氮前,通过烘干至恒重,除去样品中的水分。

2. 普通实验室的空气中常含有少量的氨,会影响结果,所以操作应尽可能在单独洁净的房间中操作,对硼酸吸收液尽快滴定。

3. 在蒸馏样品前,可以用标准硫酸铵溶液做预备试验。标准硫酸铵的含氮量是 0.3 mg·mL⁻¹,每次试验用 2.0 mL。

4. 若样品中除蛋白质外,尚有其他含氮物质时,需向样品中加三氯乙酸,使其最终含量为 5%；测定未加三氯乙酸的样品及加入三氯乙酸后样品的上清液中的含氮量，得出非蛋白氮量及总氮量。

5. 开机前一定要打开冷却循环水，保证冷却效果。

6. 开始蒸馏时，消化管中液体的总体积以不超过总体积的 1/3 为宜。

7. 拿取消化管时注意避免高温烫伤。放消化管时，左右旋转几下，确保消化管与蒸馏头密封。禁止使用边缘有缺口，或有裂缝的消化管。

[实验作业]

分析对比完全培养液和不同缺乏元素培养液培养的植株叶片的总氮含量。

[思考题]

1. 测定植物组织中的总氮含量的生理学意义。

2. 如何利用该方法测定的总氮含量，计算样品的蛋白质含量（已知 1 mL, 0.01 mol·L^{-1} 盐酸相当于 0.14 mg 氮）？

[参考文献]

1. 许秀珍，梁山. 生物化学与分子生物学实验指导[M]. 广州：暨南大学出版社，2003:1-6.

2. 魏湜，曹鑫波，李改玲，等. 黑龙江玉米主产区不同基因型玉米氮素利用效率分析[J]. 东北农业大学学报，2017,48(2):1-7.

（庄枫红）

Ⅱ　硝态氮含量测定（α-萘胺氧化法）

[实验目的]

学会测定植物组织中硝态氮含量的方法。

[实验原理]

硝态氮是植物重要的氮源，植物体内硝态氮含量的测定可以反映土壤氮素供应情况，常作为施肥指标。硝酸根还原成亚硝酸根后，与对氨基苯磺酸、α-萘胺结合，形成玫瑰红色的偶氮染料，其颜色深浅与氮含量在一定范围内成正比关系，主要化学反应式如下：

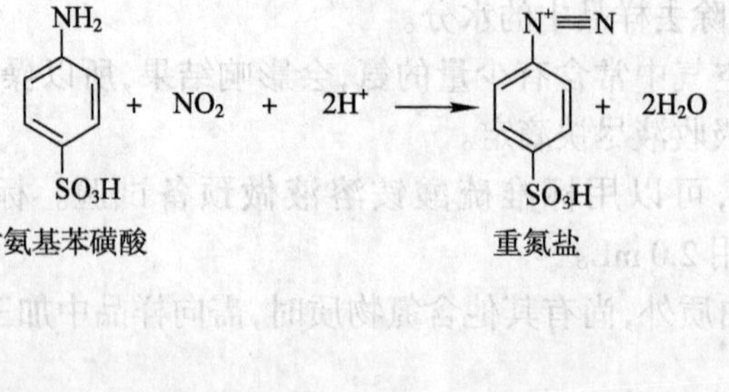

对氨基苯磺酸　　　　　　　　　　　　重氮盐

重氮盐 + α-萘胺 → 玫瑰红色的偶氮染料

[器材与试剂]

1. 实验器材

723N 型分光光度计,离心机,研钵,容量瓶,试管,移液管。

2. 实验试剂

20% 醋酸溶液:取 20 mL 分析纯冰醋酸加 80 mL 蒸馏水。

混合粉剂:取硫酸钡 100 g、α-萘胺 2 g、锌粉 2 g、对氨基苯磺酸 4 g、硫酸锰 10 g、柠檬酸 75 g。各试剂分别研细,再分别用等分的硫酸钡和其他各试剂混合成无颗粒状灰白色的均匀体。混合粉剂宜在黑暗干燥条件中保存,一周后可使用。

硝酸钾(KNO_3)标准溶液:取恒重 KNO_3 0.180 6 g 溶于 1 L 蒸馏水中,配成 25 $\mu g \cdot mL^{-1}$ 硝态氮溶液。

3. 实验材料

玉米或番茄叶柄。

[实验流程]

1. 标准曲线制作

配制 0 $\mu g \cdot mL^{-1}$、2 $\mu g \cdot mL^{-1}$、4 $\mu g \cdot mL^{-1}$、8 $\mu g \cdot mL^{-1}$ 和 10 $\mu g \cdot mL^{-1}$ 硝态氮标准溶液,分别吸取 2 mL 转入 50 mL 有塞试管中,加冰醋酸溶液 18 mL,混合。再加入 0.4 g 混合粉剂,剧烈摇动 1 min,静置 10 min。将试管中悬浊液过量倾入离心管中,使部分流出管外,即可去除悬浊物。4 000 r/min 离心 5 min,离心结束后取上清液,在分光光度计测定 520 nm 的光密度值,绘制标准曲线。

2. 检测

称取玉米或番茄叶柄 0.5 g,剪成 1~2 mm 长的碎片,充分混匀,置于干燥的三角瓶中。加入蒸馏水 20 mL,剧烈振荡 1~3 min。静置澄清后,取上清液 2 mL,在分光光度计测定 520 nm 的光密度值。从标准曲线查出待测液的含量,根据公式计算玉米叶柄硝态氮含量。

$$硝态氮含量(\mu g \cdot g^{-1}) = \rho V$$

式中,ρ 为标准曲线上查得的组织提取液硝态氮质量浓度($\mu g \cdot mL^{-1}$);V 为 1 g 植物组织所制备的提取液的总体积(mL),如本实验总体积为 40 mL。

[实验作业]

分析对比完全培养液和不同缺乏元素培养液培养的植株叶片硝态氮的含量。

[思考题]

1. 哪种酶催化硝酸盐还原成亚硝酸盐的反应过程?
2. 测定植株叶片的硝态氮含量时,需要注意什么?

[参考文献]

1. 李欣然,何岩,朱瑾,等. 丙烯基硫脲和钼酸钠对紫外分光光度法和酚二磺酸光度法测定硝态氮的影响[J]. 化学世界,2019,60(3):149-155.

2. 王晓巍,马欣,周连仁,等. 施氮对玉米产量和氮素积累及相关生理指标的影响[J]. 玉米科学,2012,20(5):121-125.

3. 李小方,张志良. 植物生理学实验指导[M]. 5 版. 北京:高等教育出版社,2016:37-38.

（黄胜琴）

2-6 矿质元素测定

[实验目的]

1. 学习测定植物叶片中锰、铜、锌、钼元素含量的方法。
2. 学习电感耦合等离子体质谱仪(ICP-MS)的使用。

[实验原理]

植物样品经消化后,使用电感耦合等离子体质谱仪测定矿质元素含量。以元素特定质量数(质荷比,m/z)定性,采用外标法,以待测元素质谱信号与内标元素质谱信号的强度比与待测元素的浓度成正比这一原理进行定量分析。

[器材与试剂]

1. 实验器材

电感耦合等离子体质谱仪(ICP-MS)(图 2-2),天平(感量为 0.1 mg 和 1 mg),控温电热板,匀浆机。

2. 实验试剂

硝酸(HNO_3):优级纯或更高纯度。

高氯酸($HClO_4$):优级纯。

氩气(Ar):氩气(≥99.999%)或液氩。

氦气(He):氦气(≥99.999%)。

5% 硝酸溶液:取 50 mL 硝酸,缓慢加入 950 mL 水中,混匀。

(1)标准品

元素贮备液(1 000 mg·L^{-1} 或 100 mg·L^{-1}):锰、铜、锌、钼,采用经国家认证并授予标准物质证书的多元素标准贮备液。

图 2–2　电感耦合等离子体质谱仪（ICP-MS）

内标元素贮备液（1 000 mg·L^{-1}）：钪、锗、铑等，采用经国家认证并授予标准物质证书的单元素或多元素内标标准贮备液。

（2）标准溶液配制

混合标准工作溶液：吸取适量多元素混合标准贮备液，用 5% 硝酸溶液逐级稀释配成混合标准工作溶液系列，锰、铜、锌元素质量浓度分别为 0、1.00 μg·L^{-1}、5.00 μg·L^{-1}、10.0 μg·L^{-1}、30.0 μg·L^{-1}、50.0 μg·L^{-1}；钼元素质量浓度为 0、0.10 μg·L^{-1}、0.50 μg·L^{-1}、1.00 μg·L^{-1}、3.00 μg·L^{-1}、5.00 μg·L^{-1}。

内标使用液：取适量内标单元素贮备液或内标多元素标准贮备液，用 5% 硝酸溶液配制合适浓度的内标使用液。由于不同仪器采用的蠕动泵管内径有所不同，当由仪器在线加入内标使用液时，需考虑内标元素在样液中的浓度，样液混合后的内标元素参考浓度范围为 25~100 μg·L^{-1}。

3. 植物材料

新鲜植物叶片。

[实验流程]

1. 样品制备

植物叶片洗净，晾干，匀浆均匀。

2. 样品湿式消解

样品试样做 3 个重复，称取植物叶片样品 1 g（精确到 0.001 g）于锥形瓶中，加 10 mL 硝酸与高氯酸混合溶液（9∶1），加盖浸泡过夜。在锥形瓶上加一小漏斗并在电热板上消化，若变棕黑色则再加硝酸，直至冒白烟。蒸发除酸至消化液剩余 0.5 mL，消化液呈无色透明或略带微黄色。冷却后将消化液倒入 50 mL 容量瓶中，用少量硝酸溶液（1%）洗涤锥形瓶 3 次，洗液合并于容量瓶中并用硝酸溶液（1%）定容至刻度，混匀即获得样品溶液，保存备用。同时做试剂空白试验，获得空白溶液。

3. 仪器操作参考条件

仪器操作参考条件见表 2–3，采用碰撞反应池分析模式。

测定参考条件：在调节仪器达到测定要求后，编辑测定方法，根据待测元素的性质选择相应的内标元素，待测元素和内标元素的 m/z 见表 2–4。

表 2-3　电感耦合等离子体质谱仪操作参考条件

参数名称	参数	参数名称	参数
射频功率	1 500 W	雾化器	高盐 / 同心雾化器
等离子体气流量	15 L·min⁻¹	采样锥 / 截取锥	镍 / 铂锥
载气流量	0.80 L·min⁻¹	采样深度	8 mm ~ 10 mm
辅助气流量	0.80 L·min⁻¹	采集模式	跳峰
氦气流量	5 mL·min⁻¹	检测方式	自动
雾化室温度	2℃	每峰测定点数	3
样品提升速率	0.3 r·s⁻¹	重复次数	3

表 2-4　待测元素推荐选择的同位素和内标元素

序号	元素	m/z	内标
1	Mn	55	^{45}Sc
2	Cu	63/65	^{72}Ge
3	Zn	66	^{72}Ge
4	Mo	95	^{103}Rh

4. 标准曲线的制作

将混合标准工作溶液注入电感耦合等离子体质谱仪中,测定待测元素和内标元素的信号响应值,以待测元素的浓度为横坐标,待测元素与所选内标元素响应信号值的比值为纵坐标,绘制标准曲线。

5. 样品溶液的测定

将空白溶液和样品溶液分别注入电感耦合等离子体质谱仪中,测定待测元素和内标元素的信号响应值,根据标准曲线得到样品溶液中待测元素的浓度。

6. 分析结果

样品中待测元素的含量按下列公式计算,结果保留 3 位有效数字。

$$X = \frac{(\rho - \rho_0) \times V \times f}{m \times 1\ 000}$$

式中:X 指样品中待测元素含量(mg·kg⁻¹);ρ 为样品溶液中被测元素质量浓度(μg·L⁻¹),ρ_0 为样品空白液中被测元素质量浓度(μg·L⁻¹);V 为样品消化液定容体积(mL),f 指样品稀释倍数,m 为样品称取质量(g),1 000 指换算系数。

7. 精密度

样品中各元素含量大于 1 mg·kg⁻¹ 时,在重复性条件下获得的两次独立测定结果的绝对差值不得超过算术平均值的 10%;小于或等于 1 mg·kg⁻¹ 且大于 0.1 mg·kg⁻¹ 时,在重复性条件下获得的两次独立测定结果的绝对差值不得超过算术平均值的 15%;小于或等于 0.1 mg·kg⁻¹ 时,在重复性条件下获得的两次独立测定结果的绝对差值不得超过算术平均值的 20%。

[注意事项]

1. 样品进行消解时要在通风良好的通风橱内进行。

2. 配制内标溶液时,既可在配制混合标准工作溶液和样品消化液中手动定量加入,亦可由仪器在线加入。

3. 使用浓酸、电热板时要注意安全。

4. 依据样品溶液中元素质量浓度水平,适当调整标准系列中各元素质量浓度范围。

[实验作业]

计算植物叶片中的锰、铜、锌、钼元素含量。

[思考题]

1. 测定植物叶片的元素含量时,如何判断样品消解是否完全?

2. 配制元素标准溶液时,需要注意什么?

[参考文献]

食品安全国家标准 食品中多元素的测定:GB 5009.268-2016 [S]. 北京:中国标准出版社,2016.

(杨丽霞)

模块 3　光合作用

光合作用,通常是指绿色植物(包括藻类)吸收光能,把二氧化碳和水合成富能有机物,同时释放氧气的过程。其主要包括光反应、暗反应两个阶段,涉及光吸收、电子传递和光合磷酸化、碳同化等重要反应步骤,对实现自然界的能量转换,维持大气的碳 – 氧平衡具有重要意义。本模块根据光合作用的发生过程和发生位置,设置绿色植物光合作用强度测定等多个实验,通过学习测定光合作用的基本步骤,了解光合作用有关参数的涵义,同时也认识叶绿素的理化性质。

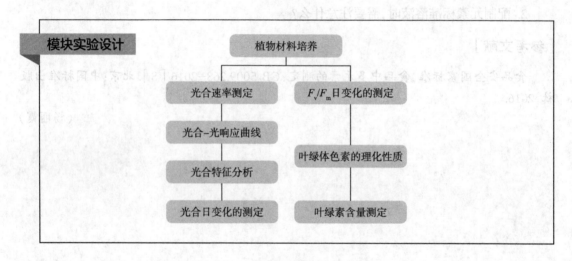

3–1　光合速率测定

根据植物光合作用的过程及特征,光合速率测定方法主要包括:①半叶法,测定光合作用有机物的生产量,即单位时间、单位叶面积干物质产生总量,分为经典半叶法和改良半叶法两种。②气体体积变化法,通过测定光合作用产生 O_2 或消耗 CO_2 的体积。③测定溶氧量的变化。

为理解植物光合作用过程以及掌握光合作用过程中各参数的意义,本实验介绍改良半叶法和便携式光合测定仪 LI–6400 测定光合速率。

I 改良半叶法

[实验目的]

学习用改良半叶法测定光合速率的方法。

[实验原理]

光合作用可固定 CO_2 形成糖类等同化产物,使叶片干重增加。可选择的植物叶片需要主脉两侧基本对称或叶面积基本相等(使叶片主脉两侧生理功能保持一致)。用物理或化学方法处理叶柄或茎的韧皮部,阻断叶片光合产物的外运;保留木质部,可保证体内正常的水分供应。然后,取对称叶片的一侧叶(保留主脉)置于暗条件,另一侧叶片留在植株上,在光照条件下继续进行光合作用。一定时间后,测定在光照下和暗条件下叶片的干重差,即为光合作用积累的干物质量。通过公式计算得到光合作用速率。乘以系数后可计算出 CO_2 的同化量。

[器材与试剂]

1. 实验器材

烘箱,分析天平,干燥器,剪刀,棉花球,纱布,带盖瓷盘,小纸牌,铅笔,镊子,打孔器,记号笔,称量瓶。

2. 实验试剂

5%三氯乙酸溶液。

按照表 3-1 配制 1 000 mL 改良 Hoagland 营养液。

表 3-1   Hoagland 营养液的改良配方

试剂名称	贮备液 /$(g \cdot L^{-1})$	每升营养液加贮备液用量 /mL
大量元素		
KNO_3	101.10	5
KH_2PO_4	136	1
$Ca(NO_3)_2$	236.16	5
$MgSO_4$	246.49	2
微量元素		
H_3BO_3	2.86	1
$MnCl_2 \cdot 4H_2O$	1.81	1
$ZnSO_4 \cdot 7H_2O$	0.22	1
$CuSO_4 \cdot 5H_2O$	0.08	1
H_2MoO_4(85%Mo)	0.02	1
NaFe-DTPA(10%Fe)	30.00	0.3 ~ 1.0

3. 实验材料

玉米幼苗或其他有代表性的植物。

[实验流程]

1. 玉米种子萌发后,用改良 Hoagland 营养液培养 2 周,选择长势较好且一致的幼苗共 20 株,每株幼苗保留 1 片叶片,注意叶龄、叶色、着生节位、叶脉两侧和受光条件保持一致,并进行编号。或选择野外有代表性的双子叶植物叶片(需考虑叶片的部位、叶龄、受光的条件等)。用小纸牌编号。

2. 用棉花球蘸取 5% 三氯乙酸溶液涂抹叶柄一圈(不要流到植株上),以阻止光合产物的输出。

3. 叶柄处理后按编号依次剪下叶片对称的一半(保留主脉),按顺序(编号)夹在湿润的纱布中,放入瓷盘中存于暗处。剪取叶片样品后,记录时间,保留在植株上的另一半叶片继续进行光合作用;5 h 后,再按照编号依次剪下叶片,夹在湿润的纱布中,放入另一个瓷盘中。

4. 按照剪取时编号相同的两半叶片的叠在一起,用打孔器取叶圆片(使叶面积相同),分别放入相同编号的两个称量瓶中(分别标记为暗、光照),记录各称量瓶中的小圆片数量。打开瓶盖,置于烘箱中以 105℃ 烘 10 min,80℃ 烘至恒重(2~4 h)。加盖,置于干燥器中冷却至室温,用分析天平称量。根据下列公式计算光合作用速率。

$$\text{光合作用速率(以 } CO_2 \text{ 计,mg·m}^{-2}\text{s}^{-1}) = \frac{m \times 1.5}{D \times t}$$

式中:m 为叶片增加干重(mg);D 为叶面积(dm^2);t 为照光时间(h);1.5 为系数。

[注意事项]

实验成功的关键在于 5% 三氯乙酸溶液对叶柄的处理,以及尽量保持两次剪叶的速度一致(使各叶片经历的光照时间相等)。

[实验作业]

分析玉米幼苗的光合作用速率,参考 📄 附录 16 进行 t 检验。

[思考题]

1. 为什么 5% 三氯乙酸溶液可阻止叶柄将光合产物输出?
2. 本实验 CO_2 的同化量由干物质量乘以系数 1.5 获得,请分析原因。

[实验拓展]

有 3 种方法阻止叶片光合作用产物的外运:①环割法 用刀片将叶柄的外层(韧皮部)环割 0.5 cm 左右,并用锡纸或塑料套管包起来保持叶柄原来的状态。②烫伤法 用棉花球或纱布条,在 90℃ 开水中浸泡后,烫叶柄基部 30 s,叶柄出现明显的水浸状即可。③抑制法 用 5% 三氯乙酸溶液或 0.3 mol·L^{-1} 的丙二酸溶液抑制处理叶柄。一般双子叶植物韧皮部和木质部容易分开,宜采用环割法;单子叶植物如小麦和水稻韧皮部和木质部难以分开,宜使用烫伤法;而叶柄木质化程度低易被折断,采用抑制法可得到较好的效果。

[参考文献]

1. 沈允钢,李德跃,魏家绵,等.改进干重法测定光合作用的应用研究[J].植物生理学通讯,1980,2:37-41.

2. 董任瑞.改进半叶法测定水稻叶片的总光合强度[J].湖南农学院学报,1980,1:123-124.

Ⅱ 气体体积变化测定法

[实验目的]

学习用气体体积变化测定法测定植物光合速率,并学习使用LI-6400便携式光合测定仪。

[实验原理]

LI-6400便携式光合测定仪根据气体与叶室气体CO_2浓度差、气体流速、叶面积等参数,计算光合速率和呼吸速率;同时可根据参考气体与叶室气体H_2O浓度差、气体流速、叶面积等参数计算出蒸腾速率;参考气体H_2O与叶室H_2O浓度与蒸腾速率可以计算叶面水分总导度;根据叶片两面的气孔密度比率可计算出水分气孔导度即气孔导度(其倒数即为气孔阻力);根据气孔水分导度、叶片两面气孔密度比率、叶面边界层阻力,能计算气孔对CO_2的导度;最后,根据气孔CO_2导度、蒸腾速率、参考气体CO_2浓度、光合速率,能计算获得胞间CO_2浓度(Ci)。上面的所有运算均由仪器内部的计算机系统完成,可在仪器的荧光屏上直接读数。

[器材与试剂]

1. 实验器材

LI-6400便携式光合测定仪(图3-1)、记号笔。

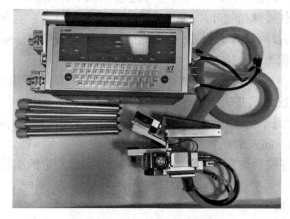

图 3-1 LI-6400 便携式光合测定仪

2. 实验材料

玉米幼苗。

[实验流程]

1. 仪器标定

使用标准 CO_2 气体(浓度高于被测环境 CO_2 浓度)和 LI-610 露点湿度发生器(需购买)对 LI-6400 便携式光合测定仪进行标定。标定要点如下:

① 在开机(Open)状态下,按"f4"键,进入测定(New Measurement)状态。

② 进入开机(Open)状态,按"f3"键,进入标定(Calibration)状态。

③ 将 CO_2 去除剂(碱石灰)和 H_2O 干燥剂(均在主机左侧)上方的开关彻底打开(逆时针方向),这样气流经 CO_2 去除剂和 H_2O 干燥剂后,变成无 CO_2 和 H_2O 的空气进入红外分析部位。

④ 选择"流速调零"(Flow Rate Zero),调节气体流速为 0,以电信号 $\pm 1mV \cdot min^{-1}$ 为准,用荧屏左右的上下红色箭头键调节。

⑤ 选择"红外气体分析仪调零"(IRGA Zero),先调 CO_2 为零,再调 H_2O 为零;用"f1""f2"和"f3"功能键调节,要求 CO_2 达到 $\pm 0.15 \ \mu mol \cdot mol^{-1}$,$H_2O$ 为 $\pm 0.01 \ mmol \cdot mol^{-1}$。

⑥ 将 CO_2 去除剂和 H_2O 干燥剂开关彻底关闭,再将探头上进入样品分析室的塑料管(带黑色环者)打开,并与标准 CO_2 钢瓶塑料管连接。

⑦ 选择"红外气体分析仪调跨度"(IRGA Span),分别调 CO_2-A 和 CO_2-B,调节直至与标准气体 CO_2 浓度相差 $\pm 1 \ \mu mol \cdot mol^{-1}$ 以内。

⑧ 将③中打开处与 LI-610 露点湿度发生器连接。在 LI-610 露点湿度发生器附带的室温、相对湿度与露点温度关系图上查出在标定工作环境温度下的相对湿度(考虑测定地点的环境湿度),并在 LI-610 露点湿度发生器上设置该温度。在 IRGA Span 状态下,选择 H_2O-A 和 H_2O-B,以 LI-610 露点湿度发生器标定,以露点温度相差 0.01℃为准。

⑨ 完成上述标定后,选择流速调零存盘(STORE Flow Rate)和红外分析仪调零、调跨度存盘(Sore Zero & Span Information)存储标定参数,这样仪器可在标定的状态下工作。

2. 测定

① 在开机(Open)状态下,按"f4"键,进入测定(New Measurement)状态。

② 打开叶室,夹住被测植物叶片,使叶在叶室内的方向与其着生方向一致(用自动光源时不必作此要求)。若被测叶片面积 <6 cm^2,则应准备塑料袋采集新鲜标本,待野外测定完成后回室内测定叶面积。

③ 待荧屏上 CO_2-A、CO_2-B、H_2O-A、H_2O-B、光合作用、蒸腾作用等显示的数据基本稳定后(约需 3 min),按数字 6,进入自动存储(Autolog)状态。

④ 在自动存储状态,给定文件名,输入测定的次数(3、4 次即可)、时间间隔(8~10 s 即可)、仪器自动平衡(Automatch)的次数(2 次即可)。

⑤ 按数字 1,观察仪器测定和存储数据的次数,待完成给定的次数后,按"f3"键关闭文件,进行下次测定。

3. 数据转存计算机

LI-6400 便携式光合测定仪自备与个人计算机兼容的软件,将其装入计算机后可通过电缆将数据转入计算机。

① 在开机(Open)状态下,按"f3"键进入应用(Utility)状态。

② 在要转移的文件前标志(按回车键即可,再次按动则标志消失),联机后用 Print 命令将数据转移。

③ 读出玉米幼苗的净光合速率(P_n)及净呼吸速率。

[注意事项]

1. 如果在同一天内要多次测定,可连续使用同一文件名,只是在标志(Remark)时,以不同的植物名称、地点或样品号进行区别。

2. 光强、叶室的温度与 CO_2 含量会影响光合速率－光强响应曲线测定结果,叶室温度控制在室温 25℃,起始叶室 CO_2 含量一般设定为大气 CO_2 含量 380 μmol·mol^{-1}。

3. LI-6400 便携式光合测定仪的标准叶室面积为 6 cm²。本实验选择待测植物叶片大于叶室,叶片可完全覆盖叶室,测定光合速率时可直接输入叶面积为 6 cm²(如果叶片小于叶室,可查阅相关资料计算叶面积)。叶室应保持密封。

4. 因 LI-6400 便携式光合测定仪的灵敏度高,为避免气流中二氧化碳波动带来的影响,连接光合仪进气端的气体参比瓶(气体缓冲瓶)应尽量保证气流稳定,减少人为或气体扰动等因素带来的影响。若利用 CO_2 气瓶测定植物光合曲线,则不需要用气体缓冲瓶。

[实验作业]

利用 LI-6400 便携式光合测定仪测定玉米或自选植物的光合速率,分析结果。

[思考题]

如何用 LI-6400 便携式光合测定仪测定植物的呼吸速率? 测定时需注意什么?

[参考文献]

1. 蒋高明. LI-6400 光合作用测定系统:原理、性能、基本操作与常见故障的排除[J]. 植物学通报,1996,S1:74-78.

2. 郭江,郭新宇,王纪华,等. 不同株型玉米光响应曲线的特征参数研究[J]. 西北植物学报,2005,25(8):1612-1617.

3. 王建林,齐华,房全孝,等. 水稻、大豆、玉米光合速率的日变化及其对光强响应的滞后效应[J]. 华北农学报,2007,22(2):119-124.

(高　雷)

3-2　光合－光响应曲线测定

[实验目的]

学习使用 LI-6400 便携式光合测定仪测定植物光合－光响应曲线的方法。

[实验原理]

随光强增加光合速率上升的曲线叫光合速率 – 光强响应曲线,简称光合 – 光响应曲线。植物的光合速率随光强的增加相应提高,当达到某一光强时,叶片的光合速率与呼吸速率相等,流经叶室的大气 CO_2 浓度与参考大气相等,净光合速率为零,这时的光强称为光补偿点。随着叶室内光强继续增加,在一定范围内(低光强区),植物的光合速率也呈比例增加;超过一定光强后,光合速率增加变慢;当达到某一光强时,光合速率就不再随光强而增加,呈现光饱和现象。开始达到光合速率最大值时的光强称为光饱和点。

不同植物具有不同的光合 – 光响应曲线,光补偿点和光饱和点也有很大差异。一般来说,光补偿点高的植物其光饱和点也高。草本植物的光补偿点与光饱和点通常高于木本植物;阳生植物的光补偿点和光饱和点高于阴生植物;C_4 植物的光饱和点高于 C_3 植物。光补偿点和光饱和点是植物需光特性的主要指标,光补偿点低的植物较耐阴,如大豆的光补偿点仅 0.5 klx,适于与玉米间作。

[器材与试剂]

1. 实验器材

LI–6400 便携式光合测定仪。

2. 实验材料

玉米幼苗。

[实验流程]

1. 开机,配置界面选择红蓝光源,连接状态按"Y",进入主菜单,预热 15 ~ 20 min。

2. 按"f4"键进入测量菜单。将苏打管和干燥剂管都拧到 Bypass 位置。

3. 关闭叶室,等待 a 行参数:CO_2–R、CO_2–S、H_2O–R 和 H_2O–S 值稳定后,对叶室吹一口气,检查 CO_2–S 增加超过 2 $\mu mol \cdot mol^{-1}$。

4. 拔掉热电偶紫色插头,进入 H 行,如果检查到 Tblock 与 TLeaf 的差值 < 0.1 ℃,则热电偶零点正常;否则,调节电位调节器螺丝(位于 IRGA 下部)至正常范围。

5. 把苏打管完全旋至 Scrub,等待 a 行参数稳定后,观察到 CO_2–R 参数绝对值 < 5 $\mu mol \cdot mol^{-1}$;然后把干燥剂管完全旋至 Scrub,等待 a 行参数稳定后,H_2O–R 参数绝对值 < 0.5 $mmol \cdot mol^{-1}$。

6. 安装 CO_2 钢瓶(注意 2 个 O 形圈),将苏打管拧到完全 Scrub 位置,干燥剂管拧到完全 Bypass。

7. 主菜单下,按"f3"键进入校准菜单,按上下箭头键选择 CO_2 Mixer-Calibration,按 enter,按 Y,开始自动校准,最后显示校准曲线,按 esc 退回到主菜单。

8. 按"f4"键进入测量界面,将外置光量子传感器正对太阳光,按"g"键查看 PARout 是否有响应以及大气压值是否正常。

9. 按"2"键,再按"f5"键,设置一个特定光强,同时观察 g 行的 PARin 的变化。

10. 按"f3"键(CO_2 Mixer),按上下箭头键选择 S(Sample CO_2,XXX $\mu mol \cdot mol^{-1}$),按 Enter 进入;设定 CO_2 浓度为环境 CO_2 浓度(约 400),按 Enter 确认。

11. 按"1"键,等待 a 行参数 CO_2-R、CO_2-S、H_2O-R 和 H_2O-S 值稳定后,按"f5"键(match)进入匹配界面;待 CO_2-R 与 CO_2-S、H_2O-R 与 H_2O-S 值相等时,按"f5"键然后按"f1"键,等待仪器退回测量菜单,检查 b 行参数:$\Delta CO_2 < 0.5$,$\Delta H_2O < 0.05$ 即可。

12. 打开叶室,夹叶片。按"5"键,按"f1"键(Auto Prog),进入自动测量界面,按上下箭头键选择 Light Curve,按 Enter 进入,命名文件。按 Enter,添加 Remark,按 enter,出现 Desired Lamp settings,自高到低设定光强梯度如 1 500、1 200、1 000、800、600、400、200、150、100、50、20、0(注意数值间保持一定间隔,仅供参考)。按 Enter 后,出现 Minimum Wait Time(s),设定为 120;再按 Enter,出现 Maximum Wait Time(s),设定为 200 再按 Enter,出现 Match if|ΔCO_2| Less than(ppm),设定为 20 再按 Enter,按 Y,则进入自动测量,等待约 20 min 测量结束。

13. 按"1"键,"f3"键(Close File)保存文件。

[注意事项]

LI-6400 便携式光合测定仪属于贵重仪器,使用时应非常小心,务必严格按照仪器的操作规程进行操作实验。

[实验作业]

利用 LI-6400 便携式光合测定仪测定玉米或自选植物的光合 – 光响应曲线,确定植物的光补偿点、光饱和点。

[思考题]

不同生长环境下(如阴生和阳生)植物的光合 – 光响应曲线有何区别? 光补偿点和光饱和点的生态学意义是什么?

[参考文献]

1. 刘宇锋,萧浪涛,童建华,等. 非直线双曲线模型在光合光响应曲线数据分析中的应用[J]. 中国农学通报,2005,21(8):76-79.

2. 闫小红,尹建华,段世华,等. 四种水稻品种的光合光响应曲线及其模型拟合[J]. 生态学杂志,2013,32(3):604-610.

3. 郭江,郭新宇,王纪华,等. 不同株型玉米光响应曲线的特征参数研究[J]. 西北植物学报,2005,25(8):1612-1617.

4. 王帅,韩晓日,战秀梅,等. 不同氮肥水平下玉米光响应曲线模型的比较[J]. 植物营养与肥料学报,2014,20(6):1403-1412.

(高　雷)

3-3　光合特征分析

[实验目的]

了解 C_4 植物与 C_3 植物的光合特征。

[实验原理]

C_3 植物也叫三碳植物,这类植物进行光合作用时,同化二氧化碳的最初产物是三碳化合物 3- 磷酸甘油酸。C_3 植物的光呼吸高,二氧化碳补偿点高,吸收的 CO_2 直接进入卡尔文循环,光合效率低,常见 C_3 植物包括小麦、水稻、大豆和棉花等大多数作物。C_4 植物 CO_2 同化的最初产物不是光合碳循环中的三碳化合物 3- 磷酸甘油酸,而是四碳化合物苹果酸或天冬氨酸。C_4 植物 CO_2 补偿点低,可以利用细胞间的 CO_2 进行光合作用。C_4 植物常处于干旱地区,蒸腾作用压力过大,会使其气孔关闭。因此,C_4 植物的 CO_2 固定率高,常见的 C_4 植物有玉米、甘蔗、高粱、苋菜。

[器材与试剂]

1. 实验器材

LI-6400 便携式光合测定仪,塑料花盆。

2. 实验材料

C_3 植物大豆,C_4 植物玉米。

[实验流程]

1. 大豆和玉米种子消毒后,浸种萌发,播种于装有泥土的塑料花盆中(盆口的直径约 10 cm),每盆播 3 颗出芽整齐的种子,待幼苗生长约一个星期,每盆留 2 棵苗,常规水肥管理。

2. 挑选长势一致的 5 盆幼苗,每株幼苗取 2 片成熟叶片并标记。使叶片在 1 000 μmol·m^{-2}·s^{-1} 的光强下照射 20 min。叶室为红蓝光源叶室,显示温度为 25 ± 0.5 ℃,CO_2 浓度为 380 ± 10 μmol·mol^{-1};设定光强强度(如分别为 2 000 μmol·m^{-2}·s^{-1}、1 500 μmol·m^{-2}·s^{-1}、1 000 μmol·m^{-2}·s^{-1}、600 μmol·m^{-2}·s^{-1}、200 μmol·m^{-2}·s^{-1}、100 μmol·m^{-2}·s^{-1}、20 μmol·m^{-2}·s^{-1}、0 μmol·m^{-2}·s^{-1}),以光量子通量密度(PPFD)为横轴,净光合速率(P_n)为纵轴绘制光合 - 光响应曲线。

随光强增加,P_n 不再增加,这时纵坐标的 P_n 值即为最大净光合速率(P_{max}),横坐标的 PPFD 值即为光饱和点(LSP)。曲线中低光强(PPFD < 200 μmol·m^{-2}·s^{-1})部分,P_n 与 PPFD 呈线性关系,做直线回归方程 $Y=BX+C$,其中直线与 X 轴的交点为光补偿点(LCP),与 Y 轴的交点为暗呼吸速率(R_d),直线的斜率为表观量子效率(AQY)。测定同一植株不同叶片的光合 - 光响应曲线值,计算平均值和误差。

[实验作业]

填写表 3-2,绘制玉米或大豆叶片的光合特性。

表 3-2　玉米与大豆叶片的光合特性

	光饱和点(LSP)/ (μmo·m^{-2}·s^{-1})	表观量子效率(AQY)/ (μmol·μmol^{-1})	暗呼吸速率(R_d)/ (μmol·m^{-2}·s^{-1})	最大净光合速率(P_{max})/ (μmol·m^{-2}·s^{-1})
玉米				
大豆				

[思考题]

　　与大豆比较,分析玉米的最大净光合速率(P_{max})、光饱和点(LSP)和表观量子效率(AQY)大于花生的原因。

[参考文献]

　　1. 杜流姗,陆琦,梁紫嫣,等. 贡嘎山海螺沟冰川退缩区原生演替不同阶段优势植物光合生理特征[J]. 生态环境学报,2019,28(12):2356—2363.

　　2. 苏培玺,严巧娣. C₄荒漠植物梭梭和沙拐枣在不同水分条件下的光合作用特征[J]. 生态学报,2006,26(1):75—82.

　　3. 张昌胜,刘国彬,薛萐,等. 干旱胁迫和 CO_2 浓度升高条件下白羊草的光合特征[J]. 应用生态学报,2012,23(11):3009—3015.

　　4. 叶子飘,杨小龙,康华靖. C₃和C₄植物光能利用效率和水分利用效率的比较研究[J]. 浙江农业学报,2016,28(11):1867—1873.

（高　雷）

3-4　光合日变化测定

[实验目的]

　　1. 掌握 C₃ 植物和 C₄ 植物光合日变化的测定方法。
　　2. 了解植物光合速率随日变化的节律和植物"午休"的概念。

[实验原理]

　　在一天之内,由于光强、温度、土壤和大气的水分、CO_2 浓度等不断变化,使植物体内的水分状况、光合作用的中间产物含量以及气孔开度等也发生相应的变化,从而使光合速率出现明显的日变化。

　　在温暖的日子里,水分供应充足,光照成为光合作用的主要限制因子。光合过程一般与太阳辐射进程相符合:对无云的晴天而言,从早晨开始,光合速率逐渐加强,中午可达到高峰,以后逐渐降低,到日落则停止,呈单峰曲线;如果白天云量变化不定,则光合速率随着到达地面的光强度的变化而改变,呈不规则的曲线;当晴天无云而太阳光照强烈时,光合日变化呈双峰曲线,分别在上午和下午;中午前后光合速率下降,呈现"午休"现象。南方夏季日照强,作物"午休"会更普遍一些,在生产上应适时灌溉或选用抗旱品种,以缓和"午休"现象,增强光合能力。

[器材与试剂]

　　1. 实验器材
　　LI-6400 便携式光合测定仪,塑料花盆。

2. 实验材料

大豆、玉米等。

[实验流程]

1. 植物培养

参考实验3-3培养植株,挑选长势一致的大豆和玉米盆栽苗各5盆,每盆保留两株,每株选成熟叶片两片,并做好标记。

2. 光合日变化的测定

利用LI-6400便携式光合测定仪的透明叶室,在晴天(最好是夏天)分别在8:00、10:00、12:00、14:00、16:00、18:00测定植物的光合速率(P_n)值,进而求出平均值;光源为自然光,叶片正对太阳。以测定的时间点为横坐标,以玉米或大豆植物每个时间点的P_n平均值为纵坐标做连线图,可以获得植物的光合日变化图。

[注意事项]

一定要选择天气晴朗的日子测定光合日变化,如果是在多云或阴天条件下测定,获得的结果是没有规律的。

[实验作业]

将测定结果填入表3-3,并绘制玉米或大豆的光合日变化图。

表3-3　玉米与大豆叶片的光合速率(P_n)(单位:$\mu mol \cdot m^{-2} \cdot s^{-1}$)

			测定时间			
	8:00	10:00	12:00	14:00	16:00	18:00
玉米						
大豆						

[思考题]

大豆的光合日变化出现双峰型变化,而玉米则没有这种变化,为什么?

[参考文献]

1. 孔东,史海滨,李延林,等. 不同盐分条件下油葵光合日变化特征研究[J]. 干旱地区农业研究,2005,23(1):111-115.

2. 林植芳,彭长连. C_3、C_4植物叶片叶绿素荧光猝灭日变化和对光氧化作用的响应[J]. 作物学报,1999,25(3):284-290.

3. 皇甫超河,王志勇,杨殿林. 外来入侵种黄顶菊及其伴生植物光合特性初步研究[J]. 西北植物学报,2009,29(4):781-788.

(高　雷)

3-5 F_v/F_m 日变化测定

[实验目的]

了解光抑制的定义,掌握测定 F_v/F_m 日变化的方法。

[实验原理]

叶绿素荧光动力学技术在测定叶片光合作用过程中对光能的吸收、传递、耗散、分配等方面具有独特的作用。细胞内的叶绿素分子通过直接吸收光量子或间接通过捕光色素吸收光量子得到能量后,可从基态(低能态)跃迁到激发态(高能态)。光的波长越短能量越高,当叶绿素分子吸收红光后,电子跃迁到最低激发态;吸收蓝光后,电子跃迁到比吸收红光更高的能级(较高激发态)。处于较高激发态的叶绿素分子很不稳定,在几百飞秒(fs,1 fs=10^{-15} s)内,通过振动持续向周围环境辐射热量,回到最低激发态。最低激发态的叶绿素分子可以稳定存在几纳秒(ns,1 ns=10^{-9} s)。处于较低激发态的叶绿素分子可以通过几种途径释放能量,回到稳定的基态。

活体细胞内,由于激发能从叶绿素 b 到叶绿素 a 的传递效率几乎达到 100%,因此检测不到叶绿素 b 荧光。在室温下,绝大部分(约 90%)活体叶绿素荧光来自 PS II 的天线色素系统,而且光合器官吸收的能量只有 3% ~ 5% 用于产生荧光。

叶绿素荧光的测定涉及较多参数,本实验仅测定 F_v/F_m 值的大小。其计算公式为:$F_v/F_m=(F_m-F_o)/F_m$,其中 F_o 为植物的最小荧光,又称碱性荧光或固定荧光,植物经过充分暗适应后,光系统 II(PS II)反应中心完全开放时的荧光产额,与叶片叶绿素浓度有关;F_m 为植物最大荧光,是 PS II 反应中心处于完全关闭时的荧光,可反映经过 PS II 的电子传递情况。F_v 为可变荧光,反映了叶绿素分子的还原情况。F_v/F_m 表示原初光能转化效率,与 PS II 潜在量子效率,又称为 PS II 最大光化学效率,其值的大小与光合电子传递活性呈正比。F_v/F_m 的下降是植物光抑制发生的指标之一。

玉米和花生 F_v/F_m 的日变化呈抛物线型,在早晨和傍晚的弱光条件下,光化学效率要高于中午的光化学效率,且两种植物在中午光强最强时 F_v/F_m 值最低,发生了明显的光抑制现象。

[器材与试剂]

1. 实验器材

便携式调制叶绿素荧光仪(PAM-2100,WALZ 公司,德国)。

2. 实验材料

大豆、玉米盆栽苗。

[实验流程]

1. 植物培养

挑选长势一致的大豆和玉米盆栽苗各 5 盆待测,每盆两株,每株选成熟叶片两片,并做好标记。

2. F_v/F_m 日变化的测定

选择晴朗的天气,用便携式调制叶绿素荧光仪分别在一天中 8:00、10:00、12:00、14:00、16:00 和 18:00 测定同一个叶片的最大荧光(F_m)和初始荧光(F_o),进而求出平均值。在测定 F_m 和 F_o 时,叶片要在暗条件下适应 15 min。根据公式 $F_v/F_m=(F_m-F_o)/F_m$ 计算 F_v/F_m 值。

以测定的时间点为横坐标,以玉米或花生每时间点的 F_v/F_m 平均值为纵坐标做连线图,即可以获得两种植物 F_v/F_m 的光合日变化图。

[注意事项]

1. 测定 F_v/F_m 日变化要在天气晴朗的日子进行。

2. 植物的 F_v/F_m 与叶片暗适应的时间有关,所以测定 F_v/F_m 前,要用锡箔纸包裹待测的整个叶片进行暗适应 15 min 左右。

[实验作业]

1. 填写表 3-4,绘制玉米、大豆的 F_v/F_m 日变化图。

2. 填写表 3-5,比较两种植物在中午强光下 F_v/F_m 下降最大幅度。

表 3-4 玉米与大豆叶片 F_v/F_m 日变化

	测定时间					
	8:00	10:00	12:00	14:00	16:00	18:00
玉米						
大豆						

表 3-5 玉米与大豆叶片中午 F_v/F_m 下降幅度

	F_v/F_m(最大)	F_v/F_m(最小)	中午强光下 F_v/F_m 的下降幅度
玉米			
大豆			

注:中午强光下 F_v/F_m 的下降幅度 =100%×[F_v/F_m(最大)-F_v/F_m(最小)]/F_v/F_m(最大)。

[思考题]

分析玉米与大豆在中午强光下的光抑制强度的差异及其原因。

[参考文献]

1. 林植芳,彭长连. C_3、C_4 植物叶片叶绿素荧光猝灭日变化和对光氧化的响应. 作物学报,1999,25(3):284-290.

2. 王群,郝四平,栾丽敏,等. 玉米、花生叶片光合效率比较分析. 河南农业大学学报,2004,38(4):243-248.

3. 张守仁. 叶绿素荧光动力学参数的意义及讨论. 植物学通报, 1999, 16(4):444-448.

（高　雷）

3-6　叶绿体色素理化性质

[实验目的]

了解和掌握叶绿体色素提取、分离的原理和方法, 掌握植物中叶绿体色素定性分析的原理和方法。

[实验原理]

叶绿体中含有绿色素（包括叶绿素 a 和叶绿素 b）和黄色素（包括胡萝卜素和叶黄素）两大类色素, 它们与类囊体膜相结合成为色素蛋白复合体。这两类色素都不溶于水, 而溶于有机溶剂, 故可用乙醇、丙酮等有机溶剂提取。提取液可用色谱分析的原理加以分离。因吸附剂对不同物质的吸附力不同, 当用适当的溶剂推动时, 混合物中各种成分在两相（固定相和流动相）间具有不同的分配系数, 所以移动速度不同。经过一定时间后, 可分开各种色素。

叶绿素是二羧酸酯, 可与强碱反应, 形成绿色的可溶性叶绿素盐, 就可与有机溶剂中的类胡萝卜素分开; 取代反应指的是在酸性或加温条件下, 叶绿素卟啉环中的 Mg^{2+} 可依次被 H^+ 和 Cu^{2+} 取代, 形成褐色的去镁叶绿素和绿色的铜代叶绿素; 叶绿素受光激发, 可发出红色荧光, 反射光下可见红色荧光。

[器材与试剂]

1. 实验器材

分光光度计, 电子天平, 量筒, 研钵, 剪刀, 漏斗, 滤纸, 移液管（1 mL）, 试管, 试管架, 洗耳球, 酒精灯, 称量纸, 烧杯, 量筒, 盖玻片, 培养皿, 层析定性滤纸。

2. 实验试剂

95% 乙醇溶液, 醋酸铜, 5% 盐酸, 碳酸钙, 石英砂, 无水乙醇, 石油醚（60~90℃）, 丙酮, 乙酸乙酯, 蒸馏水, 二氧化硅, 碳酸钙。

叶绿体色素层析液:石油醚与乙酸乙酯的体积比值分别为 10∶1, 9∶1, 8∶2, 7∶3 和 6∶4。

3. 实验材料

玉米幼苗、菠菜、水稻。

[实验流程]

1. 叶绿体色素的提取

取新鲜玉米叶片 0.3 g, 洗净擦干, 去掉中脉剪碎, 放入研钵中。加入少量石英砂及碳酸钙粉和 2~3 mL 95% 乙醇溶液, 研磨成匀浆, 再加入 2~3 mL 95% 乙醇溶液, 过滤, 滤液为叶绿体色素提取液。

2. 叶绿体色素的分离

将叶绿体色素提取液放置于黑暗处,直接静置分层。将展层用的层析滤纸剪成 1.5 cm × 10 cm 的滤纸条,其中一端在 2 cm 处剪去两侧,中间留一窄条,并在 2 cm 处用铅笔划一细线,以便于点样。用盖玻片蘸取适量的叶绿体色素提取液划于窄条上方的细线上,风干后重复操作。在 500 mL 烧杯中加入石油醚与乙酸乙酯比值不同的层析液,然后将滤纸条固定于培养皿上,插入烧杯内,让窄条浸入层析液中,直立于阴暗处层析(图 3–4)。待溶剂前沿到达距离滤纸条上方 1.5 ~ 2.0 cm 时,取出滤纸条,立即用铅笔在溶剂前沿画线做记号,并观察色素分离后带的分布。

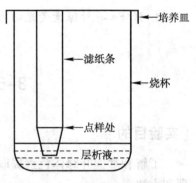

图 3–4 叶绿素层析装置图

3. 荧光现象的观察

取 1 支试管加入叶绿体色素提取液,在直射光下,分别观察透射光与反射光溶液的颜色。

4. 氢和铜对叶绿素分子中镁的取代作用

取 2 支试管。分别加入叶绿体色素溶液 2 mL,第一支试管作为对照,第二支试管另加 1 滴稀盐酸,摇匀并观察溶液颜色变化。第二支试管内的溶液变色后,再加入少量醋酸铜粉末,微微加热,与对照试管比较,观察溶液颜色变化。

5. 皂化作用(绿色素与黄色素的分离)

取叶绿体色素提取液 2 mL 于大试管中,加入 4 mL 乙醚,摇匀,再沿试管壁慢慢加入 3 ~ 6 mL 蒸馏水,轻轻混匀静置片刻,溶液即分为两层,色素已全部转入上层乙醚中。用滴管吸取上层色素 – 乙醚溶液,放入另一试管中,再用蒸馏水冲洗 1 ~ 2 次。在色素 – 乙醚溶液中加入 30% KOH– 甲醇溶液,充分摇匀,再加入蒸馏水约 3 mL,摇匀静置。此时可以看到溶液逐渐分为两层,下层是水溶液,其中溶有皂化的叶绿素 a 和叶绿素 b;上层是乙醚溶液,其中溶有黄色的胡萝卜素和叶黄素。将上下层溶液分入两试管中,观察吸收光谱。

6. 叶绿体色素吸收光谱曲线

将叶绿体色素提取液适当稀释,注入 1 cm 比色杯中;另取比色杯加入 95% 乙醇溶液作空白对照。用分光光度计测定叶绿体色素 400 ~ 700 nm 的光密度值(间隔 10 nm 读取)。

[注意事项]

由于分光光度计具有一定的测定范围(光密度值在 0.2 ~ 1 范围),叶片提取的叶绿体色素浓度较高时,需要用 95% 乙醇溶液进行稀释,以使提取的叶绿素溶液的光密度值在分光光度计测定范围内。在绘制叶绿素吸收光谱曲线时,要将测得的光密度值乘以相应的稀释倍数,否则,吸收光谱曲线峰值将低于实际峰值。

[实验作业]

1. 以波长为横坐标,以光密度为纵坐标,绘制玉米叶片叶绿体色素的吸收光谱曲线。用同样的方法绘制经过皂化作用后分离出绿色素与黄色素的吸收光谱曲线,分析结果。

2. 分析叶绿体色素提取液经过条形滤纸层析后出现的色素带。

[思考题]

解释叶绿体色素提取液经条形滤纸层析后出现色素带的原因[从上到下依次为胡萝卜素(橙黄色)、叶黄素(黄色)、叶绿素 a(蓝绿色)和叶绿素 b(黄绿色)]。

[参考文献]

1. 刘玉杰,常世民.叶绿体色素提取、分离及理化性质测定实验的改进[J].生物学杂志,2007,24(4):75-76.

2. 王超,王文秀,张兵涛.小麦叶片色素的分离与理化性质研究[J].湖南农业科学,2012,(21):39-42.

3. 庄枫红,黄胜琴,张茜,等.叶绿体色素的提取与分离实验中层析液的绿色化改进[J].教育与装备研究,2020,36(8):44-46.

(高　雷　庄枫红)

3-7　叶绿素含量测定

[实验目的]

掌握测定叶绿素 a 和叶绿素 b 含量的方法及计算方法。

[实验原理]

根据叶绿体色素提取液对可见光谱的吸收,利用分光光度计在某一特定波长测定其光密度,即可计算出提取液中各色素的含量。根据朗伯比尔定律,某有色溶液的光密度与其中溶质浓度 c 和液层厚度 L 成正比,即 $OD = \alpha cL$,式中 α 是比例常数。当溶液浓度以百分浓度为单位,液层厚度为 1 cm 时,α 为该物质的吸光系数。各种有色物质溶液在不同波长下的吸光系数可通过测定已知浓度的纯物质在不同波长下的光密度而求得。如果溶液中有数种吸光物质,则此混合液在某一波长下的总光密度等于各组分在相应波长下光密度的总和,这就是光密度的加和性。测定叶绿体色素混合提取液中叶绿素 a、叶绿素 b 和类胡萝卜素的含量,测定该提取液在三个特定波长下的光密度,并根据叶绿素 a、叶绿素 b 及类胡萝卜素在该波长下的吸光系数即可求出其浓度,进而求出其含量。在测定叶绿素 a、叶绿素 b 的含量时,为了排除类胡萝卜素的干扰,所用单色光的波长选择叶绿素在红光区的最大吸收峰处的单色光波长。

[器材与试剂]

1. 实验器材

分光光度计,电子天平,研钵,研磨棒,玻璃棒,棕色容量瓶,漏斗,吸水纸,擦镜纸,滴管。

2. 实验试剂

95% 乙醇溶液,石英砂,碳酸钙。

3. 实验材料

水稻幼苗或玉米幼苗。

[实验流程]

1. 取新鲜水稻或玉米幼苗的叶片,擦净,剪碎(去掉中脉),混匀。

2. 称取剪碎的新鲜样品 0.3 g,加少量石英砂、碳酸钙粉及 5 mL 95% 乙醇溶液,研磨成匀浆。再加 95% 乙醇溶液 5 mL,在暗处静置 5 ~ 10 min,充分提取色素。

3. 取滤纸一张置于漏斗中,用 95% 乙醇溶液湿润,沿玻璃棒把提取液倒入漏斗中,过滤到 25 mL 棕色容量瓶中。用少量乙醇冲洗研钵、研磨棒及残渣数次,滤液同残渣一起倒入漏斗中。

4. 用滴管吸取 95% 乙醇溶液,将滤纸上的叶绿体色素全部洗入容量瓶中,直至滤纸和残渣中无绿色为止。最后用 95% 乙醇溶液定容至 25 mL,摇匀。

5. 以 95% 乙醇溶液为空白,分别测定 665 nm 和 649 nm 的光密度值。计算叶绿素 a、叶绿素 b 和总叶绿素的浓度。

$$c_a = 13.95 OD_{665} - 6.88 OD_{649}$$
$$c_b = 24.96 OD_{649} - 7.32 OD_{665}$$

总叶绿素的浓度 $\rho = c_a + c_b$

[注意事项]

1. 测量叶片提取的叶绿体色素的吸光度时,需要用 95% 乙醇溶液进行稀释,计算植物样品叶绿素含量,要考虑稀释倍数。若提取的叶绿体色素提取液液样品不需要稀释,计算含量时则不需要乘以稀释倍数。

2. 根据色素提取溶剂的不同,如果用 80% 丙酮溶液提取,则计算叶绿素含量的公式为:

$$c_a = 12.70 OD_{663} - 2.69 OD_{645}$$
$$c_b = 22.90 OD_{645} - 4.68 OD_{663}$$

总叶绿素的浓度 $\rho = c_a + c_b$

[实验作业]

计算玉米叶片或水稻叶片的叶绿素 a 和叶绿素 b 的浓度($mg \cdot L^{-1}$)和叶片总叶绿素的含量($mg \cdot g^{-1}$):

$$叶片总叶绿素含量(mg \cdot g^{-1}) = \frac{\rho \times V \times n}{m}$$

式中:ρ 为总叶绿素的浓度($mg \cdot L^{-1}$);V 为提取液体积(mL);n 为稀释倍数;m 为样品质量(g)。

[思考题]

为什么提取叶绿体色素使用有机溶剂的浓度大于提取叶绿素使用的浓度,说明原因?

[参考文献]

1. Amon D I. Copper enzymes in isolated chloroplast, polyphenol oxidase in *Beta vulgaris*

[J]. Plant Physiology,1949,24(1):1-15.

2. 陈宇炜,高锡云.浮游植物叶绿素 a 含量测定方法的比较测定[J].湖泊科学,2000,12(2):185-188.

3. 张秋英,李发东,刘孟雨.冬小麦叶片叶绿素含量及光合速率变化规律的研究[J].中国生态农业学报,2005,13(3):95-98.

（高　雷）

模块 4 呼吸作用

植物的呼吸作用是葡萄糖等有机物在有氧条件或无氧条件下,进行有氧呼吸或无氧呼吸,生成 CO_2 和水,并为生命活动提供能量。植物体内存在糖酵解和三羧酸循环等多条呼吸途径。

糖酵解发生在细胞质基质中,葡萄糖在一系列酶作用下逐步降解氧化形成丙酮酸。释放的能量经底物磷酸化,形成较少的 ATP,脱下的氢则形成 NADH。

丙酮酸在无氧条件下进行酒精发酵(释放 CO_2)或乳酸发酵(不释放 CO_2)。此过程为无氧呼吸,是一个非彻底氧化过程,形成较少的 ATP。不同植物或同一植物的不同组织具有其中一种发酵方式,因此植物无氧呼吸不一定都释放 CO_2。丙酮酸在有氧条件下可从细胞质基质转移到线粒体基质,进入三羧酸循环。此过程为有氧呼吸,是一个彻底氧化过程,产生较多 CO_2 和 ATP,脱氢形成 NADH 和 $FADH_2$,并进入线粒体内膜上的呼吸链。

植物的呼吸链由一系列的氢传递体所组成。NADH 和 $FADH_2$ 在其中再脱氢,最后经细胞色素 C 氧化酶(即末端氧化酶)催化 H_2 和 O_2 形成 H_2O,而释放的能量经氧化磷酸化形成较多 ATP。线粒体膜 H^+-ATP 酶催化 ATP 水解,形成 ADP 并释放能量。植物细胞质和微体中还存在另外的末端氧化酶,如酚氧化酶和抗坏血酸氧化酶等,同样消耗 O_2 但不产生 ATP。

衡量呼吸作用的指标分别有:呼吸速率[即单位质量(鲜重或干重)或单位面积的植物材料在单位时间内释放的 CO_2 量或消耗的 O_2 量]、线粒体膜 H^+-ATP 酶活性、酚氧化酶活性和抗坏血酸氧化酶活性。

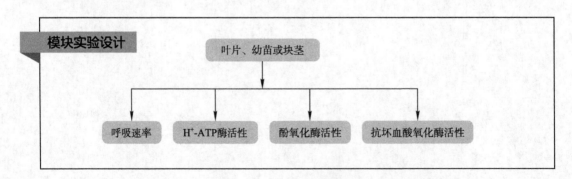

4-1 呼吸速率测定

[实验目的]

掌握测定植物叶片呼吸速率的方法。

[实验原理]

无论是有氧呼吸或无氧呼吸(除乳酸发酵外),叶片呼吸作用均释放 CO_2。单位质量的叶片在单位时间释放的 CO_2 量即为呼吸速率。由于植物叶片在光下会进行光呼吸,也消耗 O_2 和释放 CO_2,故测定叶片呼吸速率要在黑暗下进行。

叶片在含有 $Ba(OH)_2$ 溶液的黑暗密闭空间里,经过呼吸作用释放 CO_2。该 CO_2 与部分 $Ba(OH)_2$ 作用生成 $BaCO_3$ 沉淀,剩下的 $Ba(OH)_2$ 则用草酸滴定法测定其含量。$Ba(OH)_2$ 总量减去剩余量,就是和 CO_2 作用的 $Ba(OH)_2$ 的量。通过化学剂量关系可计算叶片释放 CO_2 的量。

$$Ba(OH)_2 + CO_2 \longrightarrow BaCO_3 \downarrow + H_2O$$
$$Ba(OH)_2 + H_2C_2O_4 \longrightarrow BaC_2O_4 + 2H_2O$$

[器材与试剂]

1. 实验器材

广口瓶,天平,吊篮,酸式滴定管。

2. 实验试剂

0.1% 酚酞指示剂。

200 mmol·L^{-1} 草酸:1.8 g 草酸加蒸馏水定容至 100 mL。

200 mmol·L^{-1} $Ba(OH)_2$ 溶液:3.4 g $Ba(OH)_2$ 加蒸馏水定容至 100 mL。

3. 实验材料

菠菜叶片或玉米幼苗。

[实验流程]

1. 测定广口瓶内氢氧化钡总量

在黑暗密闭的广口瓶内放入 200 mmol·L^{-1} $Ba(OH)_2$ 溶液 10 mL。30 min 后打开广口瓶的盖子,加入几滴 0.1% 酚酞指示剂。用 200 mmol·L^{-1} 草酸滴定至终点,记录消耗草酸的体积(mL)。

$Ba(OH)_2$ 总量(mol) = 草酸的浓度(mol·L^{-1}) × 滴定时消耗的草酸体积(mL)

2. 测定叶片在呼吸作用后广口瓶内的氢氧化钡剩余量

取不同生理状态下的实验材料(菠菜叶片或玉米幼苗)10 g 放在吊篮中,同样置于上述放有 200 mmol·L^{-1} $Ba(OH)_2$ 溶液 10 mL 的广口瓶内,叶片不要和 $Ba(OH)_2$ 溶液相接触。每 5 min 摇动广口瓶一次,30 min 后取出吊篮和其中的叶片。同样用草酸滴定氢氧化钡至终点,记录消耗草酸的体积(mL)。

$Ba(OH)_2$ 剩余量(mol) = 草酸浓度(mol·L^{-1}) × 滴定时消耗的草酸体积(mL)

3. 计算

叶片呼吸速率用下面公式计算:

$$植物叶片呼吸速率(以\ CO_2\ 计,mol·g^{-1}·min^{-1}) = \frac{n_A - n_B}{m \times t}$$

式中:n_A 为 $Ba(OH)_2$ 总量(mol);n_B 为 $Ba(OH)_2$ 剩余量(mol);m 为实验材料质量(g);t 为反

应时间(min)。

[注意事项]

1. 注意酚酞指示剂的酸碱变色范围,当颜色刚从红色褪去为滴定终点。

2. 由于植物在光下发生光呼吸,也释放 CO_2 和消耗 O_2,因此测定呼吸速率要在暗条件下进行。

[实验作业]

利用本实验方法测定呼吸速率,有时也用 NaOH 溶液,分析采用 $Ba(OH)_2$ 溶液或 NaOH 溶液测定呼吸作用的优缺点。

[思考题]

1. 定性测定叶片的呼吸作用的简单方法:将叶片放在密闭遮光的容器中,一段时间后,用吸管将容器和澄清的石灰水相连通,观察石灰水是否会变浑浊。请分析原理。

2. 用种子测定呼吸作用,需要避光吗?

[参考文献]

1. 杰姆斯. 植物的呼吸作用[M]. 李明启,译. 北京:科学出版社,1959:73—83.

2. 刘顺枝,彭永宏. 猕猴桃果实采后呼吸作用的研究[J]. 嘉应大学学报(自然科学),1995(1):125—129.

(徐 杰)

4–2 线粒体膜 H⁺–ATP 酶活性测定

[实验目的]

掌握分离线粒体膜蛋白以及测定 H^+–ATP 酶活性的方法。

[实验原理]

线粒体膜 H^+–ATP 酶催化 ATP 生成 ADP 和无机磷酸,并为生命活动提供能量。由于叶片蛋白具有 ATP 酶活性,因此要排除其干扰。叶片总蛋白经 30% ~ 50% 硫酸铵分段盐析,可获得较纯的线粒体膜蛋白,其中含有线粒体膜 H^+–ATP 酶。

线粒体膜 H^+–ATP 酶活性可用单位质量的线粒体膜蛋白在单位时间内产生的无机磷酸的量来表示。无机磷酸用钼蓝法测定,其原理是强酸性下无机磷酸与钼酸铵作用生成黄色磷钼酸铵,再被还原剂 N– 甲基 – 对氨基苯酚硫酸盐等还原成蓝色的钼蓝,其吸收峰在 650 nm。无机磷酸的含量与光密度值成正比,符合朗伯 – 比尔定律。

[器材与试剂]

1. 实验器材

匀浆器,离心管,水浴锅,比色杯,分光光度计,研钵,离心机,试管。

2. 实验试剂

硫酸铵,10% 三氯乙酸溶液。

100 mmol·L⁻¹ 磷酸二氢钠 – 磷酸氢二钠缓冲液(磷酸缓冲液,PBS;pH=8.0):参考附录 12 配制,调 pH 至 8.0。

考马斯亮蓝试剂:称取考马斯亮蓝(G–250)50 mg 加 95% 乙醇溶液 25 mL 溶解。加 H_3PO_4 50 mL,再定容至 500 mL,过滤后避光保存。

不同浓度标准蛋白溶液:称取牛血清白蛋白(BSA)10 mg 加入蒸馏水 10 mL 溶解,配成 1 000 μg·mL⁻¹ 母液,再分别稀释至 500、250、125、63 和 32 μg·mL⁻¹,得到不同浓度的标准蛋白溶液。

50 mmol·L⁻¹ ATP 溶液:称取 ATP 60.52 mg 加入蒸馏水 20 mL 溶解。

10 μg·mL⁻¹ 磷标准溶液:将 KH_2PO_4 放瓷盘中于 105 ℃ 干燥 3 h,称取 43.94 mg 加 50 mmol·L⁻¹ H_2SO_4 20 mL 溶解,定容至 1 000 mL,避光保存。

磷试剂 I:称取钼酸铵 24 g 用适量蒸馏水溶解,稀释至 240 mL。360 mL 浓硫酸缓慢倒入 240 mL 蒸馏水中。将两者混匀于棕色瓶中,避光保存。

磷试剂 II:称取 N– 甲基 – 对氨基苯酚硫酸盐 0.8 g 和亚硫酸钠 4 g 溶于 40 mL 蒸馏水中。称取亚硫酸氢钠 176 g 溶于 760 mL 蒸馏水中。两者混合后过滤,于棕色瓶中避光保存。

3. 实验材料

菠菜叶片或烟草幼苗。

[实验流程]

1. 线粒体膜蛋白提取

取菠菜叶片或烟草幼苗 50 g 放入研钵,加入 100 mol·L⁻¹ PBS(pH=8.0)50 mL,研磨为匀浆,过滤获得叶片总蛋白。加入硫酸铵,使溶液中硫酸铵达 30% 饱和度,4℃ 静置 8 min,在 4℃ 下 6 000 r/min 离心 8 min,保留上清液。加硫酸铵,使溶液中硫酸铵到上清液中,使上清液中硫酸铵达 50% 饱和度,4℃ 静置 10 min,4℃ 条件下 6 000 r/min 离心 10 min,保留沉淀,用 100 mmol·L⁻¹ PBS(pH=8.0)10 mL 溶解,即获得线粒体膜蛋白溶液。

2. 考马斯亮蓝法测定线粒体膜蛋白浓度

取 7 支试管并编号按照表 4-1 加入不同溶液。第 1 管为空白对照,用于调零。测定第 2 ~ 6 管的 OD_{595} 作为纵坐标,以各蛋白浓度(32 ~ 1 000 μg·mL⁻¹)为横坐标,绘制蛋白浓度标准曲线。取线粒体膜蛋白溶液 0.05 mL,加入考马斯亮蓝试剂 3 mL 后测定 OD_{595},根据蛋白浓度标准曲线求出膜蛋白浓度。

3. 测定线粒体膜 H⁺-ATP 酶促反应产生的无机磷酸

取 3 支试管并编号,按照表 4-2 加入各种溶液。25℃ 酶促反应 5 min 后,加入 10% 三氯乙酸溶液以结束酶促反应。第 1、2 管过滤得到 H⁺-ATP 酶反应液,其中含 ADP 和无机磷酸。第 3 管过滤得到本底液。

表 4-1 绘制蛋白浓度标准曲线

试管编号	1	2	3	4	5	6	7
取各浓度标准蛋白 /mL	0.000	0.050	0.050	0.050	0.050	0.050	0.050
蒸馏水 /mL	0.050	0.000	0.000	0.000	0.000	0.000	0.000
蛋白质量浓度 / (μg·mL^{-1})	0	32	63	125	250	500	1000
加入考马斯亮蓝试剂 /mL	3.000	3.000	3.000	3.000	3.000	3.000	3.000
OD$_{595}$							

表 4-2 线粒体膜 H$^+$-ATP 酶促反应

试管编号	1	2	3
部分纯化的线粒体膜蛋白 /mL	0.500	0.500	0.500
10% 三氯乙酸溶液 /mL	0.000	0.000	5.000
蒸馏水 /mL	1.500	1.500	1.500
50 mmoL·L^{-1} ATP/mL	5.000	5.000	5.000
		25℃酶促反应 5 min	
10% 三氯乙酸溶液 /mL	5.000	5.000	0.000
		过滤	
	反应液 1	反应液 2	本底液

取 7 支试管并编号按照表 4-3 分别加入各种溶液。100℃加热 30 min,冷却后以第 1 管为空白对照用于调零,测定第 2~7 管的 OD$_{650}$ 作为纵坐标,不同磷质量浓度(0.5~5 μg·mL^{-1})为横坐标,绘制无机磷浓度标准曲线。

取反应液 1、反应液 2 以及本底液各 5 mL,分别加入蒸馏水 3 mL,以及磷试剂 I 和磷试剂 II 各 1 mL,100℃加热 30 min 后测定 OD$_{650}$。计算反应液 1 和反应液 2 的 OD$_{650}$ 的平均值,再减去本底液的 OD$_{650}$,并根据无机磷浓度标准曲线,求出酶促反应产生的无机磷酸的浓度。

表 4-3 绘制无机磷浓度标准曲线

试管编号	1	2	3	4	5	6	7
标准磷溶液 /mL	0.000	0.500	1.000	2.000	3.000	4.000	5.000
蒸馏水 /mL	8.000	7.500	7.000	6.000	5.000	4.000	3.000
磷试剂 I /mL	1.000	1.000	1.000	1.000	1.000	1.000	1.000
磷试剂 II /mL	1.000	1.000	1.000	1.000	1.000	1.000	1.000
磷质量浓度 / (μg·mL^{-1})	0	0.5	1.0	2.0	3.0	4.0	5.0
				100℃	30 min		
OD$_{650}$							

$$线粒体膜 H^+–ATP 酶的活性 = \frac{m_1}{m_2 \times t}$$

式中:m_1 为酶促反应产生的无机磷酸的质量(μg),即 12 mL × 2 × 无机磷酸浓度(μg·mL^{-1});m_2 为膜蛋白质量(μg),即 0.5 mL × 膜蛋白质量浓度(μg·mL^{-1});t 为反应时间(min)。

[注意事项]

酶促反应后,采用过滤方法获得酶反应液和本底液。过滤时水不能润湿滤纸,以免降低无机磷酸的浓度。制定无机磷浓度标准曲线和测定酶促反应的无机磷酸应同时进行。

[实验作业]

1. 计算菠菜叶片线粒体膜 H$^+$–ATP 酶活性。
2. 解释计算中 OD$_{650}$ 反应液要减去 OD$_{650}$ 本底液的原因。
3. 指出在计算酶促反应产生无机磷酸的量的公式中 12 mL × 2 的含义?

[思考题]

1. 本实验中还原性物质会干扰实验结果吗?
2. 测定叶片线粒体膜 H$^+$–ATP 酶,需要排除叶片总蛋白的干扰,如何排除?

[实验拓展]

得到的叶片总蛋白经过 30%～50% 分段盐析,能获得纯线粒体膜蛋白吗? 如果想更准确测定线粒体膜 H$^+$–ATP 酶的活性,如何改进实验?

[参考文献]

林善枝,张志毅. 毛白杨幼苗低温锻炼过程中 Ca^{2+} 的作用及细胞 Ca^{2+}–ATP 酶活性的变化[J]. 植物生理与分子生物学学报,2002,28(6):449–456.

(徐 杰)

4-3 酚氧化酶活性测定

[实验目的]

掌握测定植物酚氧化酶活性的方法。

[实验原理]

酚氧化酶是单酚氧化酶和多酚氧化酶的总称,在有氧条件下可将一元酚和二元酚(如邻苯二酚等)氧化产生醌。酶促反应的产物——醌在 410 nm 波长下吸收较高,酶活性越强则光密度值上升速度越快。因此,可根据单位质量的酶或单位质量的材料在单位时间内 OD$_{410}$ 的变化值(增加值),计算出酚氧化酶的活性。

[器材与试剂]

1. 实验器材

分光光度计,离心机,恒温水浴锅,研钵,医用脱脂纱布。

2. 实验试剂

聚乙烯吡咯烷酮(PVP),硫酸铵,0.2% 邻苯二酚。

100 mmol·L^{-1} 磷酸缓冲液(pH=6.5):参照附录 12 配制。

3. 实验材料

马铃薯块茎、玉米幼苗或菠菜叶片。

[实验流程]

1. 获得部分纯化的酚氧化酶

称取马铃薯块茎等实验材料 5 g,加入 PVP 0.5 g 和 100 mmol·L^{-1}(pH 6.5)磷酸缓冲液 100 mL,研磨成匀浆后,用四层医用脱脂纱布过滤,滤液即为总蛋白。向总蛋白溶液缓慢加入固体硫酸铵至 30% 饱和度,4 ℃ 放置 5 min,6 000 r/min 离心 10 min,去除沉淀。向上清液中再加硫酸铵达 60% 饱和度,4 ℃ 放置 5 min,6 000 r/min 离心 10 min,收集沉淀。沉淀溶于 100 mmol·L^{-1}(pH=6.5)磷酸缓冲液 2 mL 中,即为部分纯化的酚氧化酶。

2. 测定蛋白浓度

采用考马斯亮蓝法(见实验 4-2 方法)测定部分纯化的酚氧化酶的质量浓度(μg·mL^{-1})。

加入 10 mmol/L 磷酸缓冲液(pH=6.5)2.0 mL、0.2% 邻苯二酚溶液 2.0 mL,并在 37 ℃ 水浴中保温 10 min,加入部分纯化的酚氧化酶 0.5 mL 后迅速摇匀。马上倒入比色杯内,每隔 30 s 在 410 nm 下测定一次 OD_{410},共测定 4 min,计算 1 min 内 OD_{410} 的最大变化值(Δ_{max})。按下式计算酚氧化酶的比活力。

$$U=\frac{A}{m \times t}$$

式中:A 为 1 min 内 OD_{410} 的最大变化值;m 为酚氧化酶的质量(μg),即 0.5 mL × 酚氧化酶的蛋白质量浓度(μg·mL^{-1});t 为反应时间(min)。

[注意事项]

提取马铃薯块茎总蛋白时,通常要加入 PVP,提取叶片总蛋白时则不需要。

[实验作业]

样品中葡萄糖等还原性物质是否会干扰酚氧化酶的测定?如果会,将如何排除其干扰?

[思考题]

酚氧化酶可催化酚氧化为醌,而醌在放置太长时间后又会被重新还原为酚,导致 OD_{410} 会下降。如何确定测定时间为 4 min?

[实验拓展]

叶片总蛋白经过 30% ~ 60% 分段盐析,所获得的是部分纯化的酚氧化酶。如果想更为准确地测定酚氧化酶的活力,如何改进实验?

[参考文献]

刘军伟,胡志和,苏莹. 紫薯中多酚氧化酶活性的研究及褐变控制[J]. 食品科学,2012,(33)17,207-211.

(徐 杰)

4-4 抗坏血酸氧化酶活性测定

[实验目的]

掌握测定植物抗坏血酸氧化酶活性的方法。

[实验原理]

在有氧条件下,抗坏血酸氧化酶能氧化抗坏血酸(即维生素 C)为脱氢抗坏血酸。因此,测定单位时间内单位质量的酶催化抗坏血酸的减少量,可代表抗坏血酸氧化酶的比活力。抗坏血酸的减少量可用反应前后的抗坏血酸量的差值表示。用碘滴定法测定抗坏血酸量,其原理是:碘酸钾在酸性条件下与碘化钾反应生成碘,生成的碘会与抗坏血酸作用。当两者反应刚到达终点时,多余的碘能使指示剂淀粉变为蓝色,此时消耗的碘与抗坏血酸存在化学计量关系。也就是说,用已知浓度的碘来滴定,当到达反应终点时,消耗碘的体积(mL)乘以其浓度,就是碘的物质的量,也是抗坏血酸的物质的量。

因此,可将失活的酶与抗坏血酸混合作为空白管,碘液滴定后计算出抗坏血酸的量,即为抗坏血酸总量;再将有活性的酶与等量抗坏血酸混合作为反应管,反应后部分抗坏血酸会被酶催化为脱氢抗坏血酸,剩余的抗坏血酸同样用碘液滴定,此时测定的是抗坏血酸剩余量。抗坏血酸总量减去抗坏血酸剩余量,就是反应前后抗坏血酸的减少量。再根据反应时间和反应所加入的酶量,就可以计算抗坏血酸氧化酶的比活力。

[器材与试剂]

1. 实验器材

恒温水浴锅,台秤,离心机,滴定管。

2. 实验试剂

0.1% 抗坏血酸溶液,10% 三氯乙酸溶液,1% 淀粉溶液。

100 mmol·L^{-1} 磷酸缓冲液(pH=6.0):参照附录 12 配制。

0.05 mol·L^{-1} 碘液:碘化钾 2.5 g 溶于 200 mL 蒸馏水,加冰醋酸 1 mL,再加 0.1 mol·L^{-1} 碘酸钾溶液 12.5 mL,定容至 250 mL。

3. 实验材料

豌豆幼苗、苹果果实或马铃薯块茎。

[实验流程]

1. 酶液制备

称取实验材料 10.0 g,加入少量预冷的 100 mol·L^{-1} 磷酸缓冲液(pH=6.0),研磨匀浆,定容至 50 mL,在 20℃ 水浴中浸提 30 min,中间摇动数次,3 000 r/min 离心 10 min,取上清液为酶液。

2. 酶液的蛋白浓度测定

可用考马斯亮蓝法(见实验 4-2 方法)测定酶液的蛋白质量浓度(μg·mL^{-1})。

3. 启动酶反应

取 2 个 50 mL 左右的三角烧瓶,加入以下试剂后,在反应瓶和空白瓶中分别加入酶液以及 100℃ 加热 5 min 后的失活酶液。

试管	蒸馏水 /mL	0.1% 抗坏血酸溶液 /mL	酶液 /mL	失活的酶液 /mL
反应管	4	2	2	0
空白管	4	2	0	2

将反应管和空白管同时放入 20℃ 水浴中反应 5 min,随后分别加入 10% 三氯乙酸溶液 6 mL 摇匀,终止酶反应。过滤后分别取滤液,为反应液和空白液。

4. 滴定

分别取反应液和空白液各 8 mL,均加入几滴 1% 淀粉溶液,用碘液滴定。当溶液刚好出现蓝色时,表明已经滴定至终点。记录反应液和空白液所消耗的碘液体积(mL)。

5. 计算

$$抗坏血酸氧化酶比活力 = \frac{(V_A - V_B) \times c}{m \times t \times 1\,000}$$

式中：V_A 为空白液滴定消耗的碘液体积(mL);V_B 为反应液滴定消耗的碘液体积(mL);c 为碘液浓度(mol·L^{-1}),m 为酶的质量(μg);t 为反应时间(min)。

[注意事项]

如果测定马铃薯块茎的抗坏血酸氧化酶的活性,则不需要加入淀粉指示剂。

[实验作业]

抗坏血酸氧化酶催化抗坏血酸成为脱氢抗坏血酸;酚氧化酶则催化酚为醌,形成的醌能被抗坏血酸还原。设计一个方案,同时测定植物抗坏血酸氧化酶和酚氧化酶的活性。

[思考题]

　　植物抗坏血酸氧化酶的测定会受哪些因素的干扰？如何避免？

[实验拓展]

　　测定抗坏血酸氧化酶活性还有其他方法,如脉冲极谱法等。注意这些方法的优缺点。

[参考文献]

　　1. 郭燕,朱杰,许自成,等 . 植物抗坏血酸氧化酶的研究进展[J]. 中国农学通报,2008,24(3):196-199.

　　2. 汪乃兴,张晓岚 . 抗坏血酸氧化酶活性的脉冲极谱法测定[J]. 生物化学与生物物理进展,1992,19(3):206-208

（徐　杰）

模块 **5** 植物次生代谢

　　植物次生代谢物如萜类、酚类和生物碱等,是由初生代谢物衍生出来的物质。某些次生代谢物如赤霉素、叶绿素等是植物生命活动必需的,而大多数次生代谢物不直接参与植物的生长发育。植物次生代谢物在传粉、种子传播、适应不良环境、抵御病原微生物侵害以及植物的代谢调控等方面发挥重要作用。次生代谢物也是药物、染料、油料、蜡、调味料、香料等的有效成分,具有重要的经济价值。

　　萜类化合物(terpene)是由异戊二烯组成的化合物,有链状的,也有环状的,一般不溶于水。根据分子中异戊二烯的数目,萜类化合物可分为单帖、倍半萜、二萜、三萜、四萜和多萜等。酚类化合物(phenol)是芳香环上的氢原子被羟基或功能衍生物取代后生成的化合物,根据芳香环上侧链基团的碳原子数目,酚类化合物可以分为苯甲基类、苯乙基类、苯丙基类、香豆素类、黄酮类、双苯基类、鞣质、木质素等。生物碱(alkaloid)是一类含氮杂环化合物,生物碱的种类有吡咯烷类、托品烷类、哌啶类、双吡咯烷类、喹嗪类、异喹啉类、吲哚类等。本模块实验将介绍几种常见次生代谢物的测定方法,为学习与评价中药材质量奠定基础。

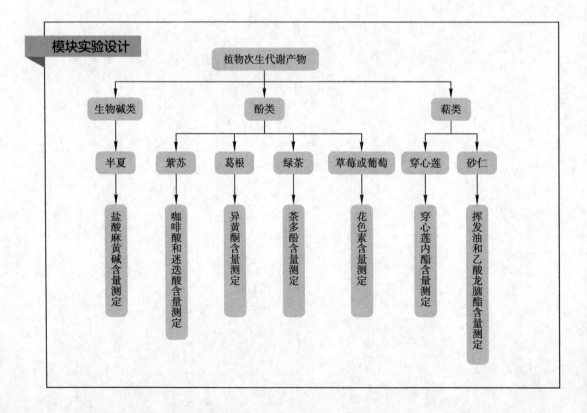

模块实验设计

5-1　挥发油和乙酸龙脑酯含量测定

[**实验目的**]

1. 掌握挥发油的提取原理和方法。
2. 掌握气相色谱法测定乙酸龙脑酯含量的原理与方法。

[**实验原理**]

挥发油也称精油,是存在于植物中的一类具有挥发性、可随水蒸气蒸馏、与水不相溶的油状液体的总称。挥发油因其大多具有芳香性气味,故又称为芳香油。其广泛分布于植物中,如砂仁(又称阳春砂)、白豆蔻、苍术、柑橘、茴香等。植物组织中的挥发油多以油滴形式存在于植物表皮的腺毛、油室、油细胞或油管中,或与树脂共存于树脂道内。植物组织的不同部位挥发油含量亦各有差异。挥发油的种类复杂多样,基本组成为脂肪族、芳香族和萜类化合物等,挥发油的提取方法有水蒸气蒸馏法、溶剂萃取法、冷压法、微波辅助萃取法、超声波辅助萃取法、超临界流体萃取法、亚临界水萃取法、酶解提取法等。水蒸气蒸馏时,由于水比挥发性有机物质的分子量小,因此当水与某些不相溶的挥发性物质混合蒸馏时,挥发性有机物质可在低于其沸点的温度下沸腾馏出。

药用植物砂仁(*Aomomum villosum* Lour.)是姜科豆蔻属(*Amomum* Roxb.)多年生常绿草本植物,以其干燥成熟的果实入药,药效成分是挥发油。挥发油中含有乙酸龙脑酯(bornyl acetate)。乙酸龙脑酯是一种单萜类化合物,也是《中国药典》(2020 年版)规定的砂仁药材质量的指标性成分,具有止泻、止痛、抗炎、解痉等作用。

气相色谱(gas chromatography,GC)方法具有灵敏度高、稳定性好等优点,根据样品各组分在固定相和流动相中的分配系数不同,待测物按照分配系数大小顺序被分离,依据出峰时间和面积进行定性和定量分析。本实验采用水蒸气蒸馏法测定砂仁果实中的挥发油含量以及气相色谱法测定挥发油中乙酸龙脑酯的含量。

[**器材与试剂**]

1. 实验器材

Agilent 7890B 气相色谱仪,Agilent HP-5(30 m × 0.25 mm × 0.25 μm)毛细管柱,挥发油提取器,台式冷冻离心机 5471R,CP423S 电子天平,超声波清洗器,电热鼓风干燥箱,套式恒温器,IKA A11 Basic 打粉机,二号筛,注射器(1 mL),微孔滤膜(0.22 μm),容量瓶,圆底烧瓶,移液管,样品瓶,移液器,离心管(1.5 mL),胶头滴管,玻璃棒。

2. 实验试剂

乙酸龙脑酯标准品,无水乙醇(色谱级),无水硫酸钠粉末。

3. 实验材料

砂仁鲜果。

[实验流程]

1. 挥发油的提取和测定

将砂仁鲜果置于电热鼓风干燥箱中,50℃烘至恒重(约需3 d),去壳,用打粉机打粉,过二号筛获得种子团粉末,备用。取粉末 15.0 g,放入 1 000 mL 圆底烧瓶中,加入 400 mL 蒸馏水,并加几粒沸石,连接挥发油提取装置,加热至沸腾,调节温度保持微沸 5 h,停止加热,放置约 1 h,将液面降至 0 刻度线上,读取挥发油体积,计算挥发油得率。挥发油得率以每克种子团所含挥发油体积(mL)计算。用离心管收集挥发油,加入 0.2 g 无水硫酸钠粉末,振摇后静置过夜,于 9 000 r/min 离心 2 min,用注射器将挥发油吸出,并用新的离心管收集,置4℃保存,备用。

挥发油提取装置如图 5-1 所示。

2. 乙酸龙脑酯含量测定

(1) 色谱条件

DB-1(30 m × 0.25 mm × 0.25 μm)毛细管柱,FID 检测器,进样口温度230℃,接口温度280℃,检测器温度250℃,载气为氦气,柱流量 1 mL·min^{-1},进样量 1 μL,分流进样,分流比 20∶1,50℃程序升温 4℃·min^{-1}至150℃保持 2 min。

(2) 对照(标准)品溶液的制备

精密称取乙酸龙脑酯标准品 0.017 4 g 置于 5 mL 容量瓶中,加无水乙醇(色谱级)定容至刻度,摇匀即得质量浓度为 3.427 8 mg·mL^{-1}的乙酸龙脑酯标准品贮备液,使用时取 0.5 mL 置于 5 mL 容量瓶中,用无水乙醇(色谱级)定容至刻度,摇匀即得标准品工作液。乙酸龙脑酯标准品为液体,称量时用注射器或滴管取液。

(3) 供试品溶液的制备

取挥发油 0.01 mL,置于 5 mL 容量瓶中,加入无水乙醇(色谱级)定容至刻度线,摇匀后用 0.22 μm 微孔滤膜过滤,取续滤液,即得供试品溶液。

(4) 专属性试验

精密量取同一批次砂仁果实挥发油,按"(3)"项的方法制备供试品溶液,分别取空白标准品(色谱级无水乙醇)、供试品溶液、标准品工作液各 1 μL,在"(1)"项色谱条件下进样测定,记录色谱图。比较供试品色谱图与标准品色谱图在相应的位置上是否显示相同保留时间的色谱峰,观察空白标准品是否有待测色谱峰。

(5) 标准曲线绘制

精密量取同一批次砂仁果实挥发油,按"(3)"项的方法制备供试品溶液,分别取供试品溶液、标准品工作液各 1 μL,在"(1)"项色谱条件下进样测定,记录色谱图。计算分离度及拖尾因子。

(6) 线性关系考察

精密量取标准品工作溶液 0 mL、0.1 mL、0.25 mL、0.5 mL、1.0 mL 和 2.5 mL,分别置于

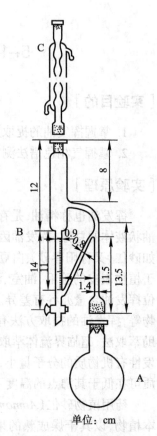

单位:cm

图 5-1 挥发油提取装置
A:硬质圆底烧瓶(1 000 mL);
B:挥发油测定器;C:回流冷凝管

5 mL 量瓶中,用无水乙醇稀释至刻度,摇匀,即得系列浓度混合标准品溶液。精密吸取上述溶液 1 μL,分别注入气相色谱仪,按照实验流程"(1)"中的色谱条件进行测定,记录色谱图。以标准品质量浓度(mg·mL^{-1})为 X 轴,峰面积为 Y 轴,绘制标准曲线,要求相关系数 $r \geq 0.999$。

(7) 样品中乙酸龙脑酯含量测定

按照实验流程"(3)"中的方法按样品批次制备供试品溶液,精密量取供试品溶液 1 μL,注入气相色谱仪中,按照实验流程"(1)"中的色谱条件进行测定,并记录峰面积,通过峰面积计算乙酸龙脑酯的含量,重复测定 3 次。

$$乙酸龙脑酯含量(\%) = \frac{\rho \times n \times R}{1\,000} \times 100$$

式中:ρ 为从标准曲线查得的供试品乙酸龙脑酯的质量浓度(mg·mL^{-1});n 为供试品稀释倍数(本实验中是 500);R 是从 15 g 砂仁粉末中提取挥发油的得率(mL·g^{-1});

[注意事项]

1. 启动仪器前,必须先打开载气(氢气)2 min 左右,因为刚开始通入载气时,流路中有空气,此时如果柱温较高,会损害色谱柱。

2. 实验前,必须对气相色谱仪整个气路系统进行检漏。

3. 砂仁种子团打粉时应间断性打粉,防止打粉机过热。

[实验作业]

1. 计算阳春砂中挥发油含量和乙酸龙脑酯含量。

2. 分析本实验中影响挥发油测定的因素,思考如何优化实验条件。

[思考题]

1. 进行气相色谱实验时,为什么要先开通载气,后开机?结束时为什么要先关机,后关载气?

2. 如何通过气相色谱建立某新物质的检测条件?如何利用气相色谱方法分离检测未知物质?

3. 是否所有的物质均可通过气相色谱检测?气相色谱适用于哪几类物质的检测?

[实验拓展]

1. 重复性试验

称定同一批样品挥发油 6 份,按实验流程"(3)"方法制备供试品溶液。精密量取供试品溶液 1 μL,注入气相色谱仪中,按照实验流程"(1)"色谱条件进行测定,记录峰面积计算乙酸龙脑酯的含量,并计算其 RSD 值。要求 $RSD \leq 3\%$。

2. 系统适用性试验

精密量取同一批次砂仁果实挥发油,按实验流程"(3)"项的方法制备供试品溶液。分别取供试品溶液、标准品工作液各 1 μL,在实验流程"(1)"项色谱条件下进样测定,记录色谱图,并计算分离度及拖尾因子。此步可与专属性试验同时进行。

3. 加样回收率试验

分别取同一批挥发油样品6份,各加入等量的乙酸龙脑酯标准品溶液,按照实验流程"(3)"中的方法制备供试品溶液。精密量取供试品溶液1 μL,在实验流程"(1)"项色谱条件下进样测定,记录峰面积计算乙酸龙脑酯的含量,并计算回收率及其 *RSD* 值。要求 *RSD*≤3%。

若系统适应性试验中发现目标色谱峰前后1 min中内有其他物质的色谱峰,则以此步骤做进一步的验证。即加入对照品之后,目标峰面积有明显增加,且其他色谱峰面积无明显变化,则认为在该保留时间内的色谱峰为目标色谱峰。

4. 精密度试验

精密量取供试品溶液1 μL,注入气相色谱仪中,连续进样6次,按照实验流程"(1)"中的色谱条件进行测定,并记录峰面积,及计算其 *RSD* 值。要求 *RSD*≤3%。

5. 稳定性试验

精密量取供试品溶液1 μL,注入气相色谱仪中,先后于0 h、2 h、4 h、6 h、8 h、12 h、24 h进样,按照实验流程"(1)"中的色谱条件进行测定,并记录峰面积,及计算其 *RSD* 值。要求 *RSD*≤3%。

[**参考文献**]

1. 高梅,潘久香,贾茹.挥发油提取方法的研究进展[J].生命科学仪器,2012,10(5):3-7.

2. 国家药典委员会.中华人民共和国药典(一部)[M].北京:中国医药科技出版社,2020:264-265.

3. 国家药典委员会.中华人民共和国药典(四部)[M].北京:中国医药科技出版社,2020:233.

4. 李明晓.道地产区阳春砂优良种质的筛选研究[D].广州:广州中医药大学,2019.

5. 王雅琪,杨园珍,伍振峰,等.中药挥发油传统功效与现代研究进展[J].中草药,2018,49(2):455-461.

6. 张兆旺,孙秀梅.水蒸气蒸馏提取挥发油类物质的原理[J].山东中医药大学学报,1998,(1):67-68.

(何国振 吕秉鼎)

5-2 穿心莲内酯含量测定

[**实验目的**]

学习并掌握高效液相色谱法测定植物组织内穿心莲内酯含量。

[**实验原理**]

穿心莲内酯(andrographolide)为二萜内酯类化合物,是药用植物穿心莲的主要有效成分,具有抗炎、抗病毒、抗肿瘤、抗心血管疾病、增强免疫等多种作用。穿心莲对细菌性与病毒性上呼吸道感染及痢疾有特殊疗效,被誉为天然抗生素药物。穿心莲内酯呈白色粉末或柱状结晶,味极苦,易溶于甲醇、乙醇和丙酮,难溶于水、石油醚和苯。

高效液相色谱法(HPLC)是测定药物中穿心莲内酯类化合物的常用方法,具有高速、高效、高灵敏度等特点。本实验介绍用高效液相色谱法测定植物组织中穿心莲内酯含量。

[器材与试剂]

1. 实验器材

Waters e2695 高效液相色谱仪,Waters 2489 紫外检测器,Waters 2998 PDA 检测器,BS 124 S 电子分析天平(感量 0.1 mg),KQ2200E 超声波清洗器,电热鼓风干燥箱,IKA A11 Basic 打粉机,四号筛,注射器,微孔滤膜(0.22 μm),锥形瓶,样品瓶,烧杯,移液管,容量瓶,玻璃棒,胶头滴管,试管架。

2. 实验试剂

穿心莲内酯对照品,甲醇(色谱级)。

3. 实验材料

穿心莲叶片粉末:取新鲜穿心莲叶,使用前置于鼓风干燥烘箱中 50℃烘至恒重(约需 5 h)。使用时用打粉机打粉,过四号筛,备用。

[实验流程]

1. 色谱条件

ECOSIL C$_{18}$ 色谱柱(4.6 mm × 250 mm,5 μm);流动相:甲醇：水 =60：40(体积比);流速:1.0 mL·min^{-1};检测波长:250 nm;进样量:5 μL;柱温:30℃;保留时间:20 min;理论塔板数 ≥2 000。

2. 对照品溶液的制备

精密称量穿心莲内酯对照品 5.80 mg 置于 50 mL 容量瓶中,用甲醇(色谱级)定容至刻度,摇匀即得质量浓度为 0.116 mg·mL^{-1} 的穿心莲内酯标准品贮备液。使用时取 2.5 mL 置于 5 mL 容量瓶中,用甲醇(色谱级)定容至刻度,摇匀即得标准品工作液。

3. 供试品溶液的制备

取穿心莲叶片粉末约 5 g,精密称定质量,置具塞锥形瓶中。精密加入甲醇 25.0 mL,密塞,称定质量,浸泡 1 h。超声处理(功率 25 W,频率 33 kHz)30 min,放冷。再称定质量,用甲醇补足减失的质量,摇匀,用 0.22 μm 微孔滤膜过滤,取续滤液即得。

4. 标准曲线制作

精密量取对照品溶液 0 μL、2 μL、4 μL、6 μL、8 μL 和 10 μL,按照"1"项下色谱条件进行测定,记录峰面积,以对照品进样量 X 为横坐标、峰面积值 Y 为纵坐标,绘制标准曲线。要求相关系数 r≥0.999。

5. 样品含量测定

精密吸取供试品溶液 5 μL,按照"1"项下色谱条件测定,并记录峰面积,计算样品中穿心莲内酯的含量,重复测定 3 次。

$$穿心莲内酯含量(mg·g^{-1}) = \frac{\rho \times V}{m}$$

式中:ρ 为从标准曲线上查得的供试品穿心莲内酯的浓度(mg·mL^{-1});V 为提取液总体积

(mL);m 是样品的质量(g)。

[注意事项]

1. 流动相必须使用选择色谱级,现配现用,长时间放置易滋生细菌。过滤时注意区分水系膜和油系膜的使用范围。

2. 仪器使用前需要匀速缓慢梯度提高流速,待基线、柱压稳定后才可进样分析,仪器使用后使用不同梯度的流动相冲洗色谱柱,待基线、柱压稳定后,再缓慢降低流速至 0。

[实验作业]

计算穿心莲叶的穿心莲内酯含量。

[思考题]

1. 供试品制备时为何要补足质量?

2. 流动相的选择原则与方法学考察的意义?

3. 如何确认色谱峰为目标物质的色谱峰?

4. 影响本实验穿心莲内酯测定的因素有哪些? 如何改进实验条件?

[实验拓展]

1. 方法学考察

(1) 专属性试验

精密量取穿心莲粉末约 5 g,按照实验流程"(3)"项下方法制备供试品溶液,分别取空白标准品(色谱级甲醇)、供试品溶液、标准品工作液各 5 μL,按照"(1)"项下色谱条件进样测定,记录色谱图。比较供试品色谱图与标准品色谱图在相应的位置上是否显示相同保留时间的色谱峰,空白标准品是否有待测色谱峰。

(2) 系统适用性试验

精密量取穿心莲粉末约 5 g,按照实验流程"(3)"项下方法制备供试品溶液,分别取空白标准品(色谱级甲醇)、供试品溶液、标准品工作液各 5 μL,按照实验流程"(1)"项下色谱条件进样测定,记录色谱图。计算分离度及拖尾因子。此步可与专属性试验同时进行。

(3) 加样回收试验

精密称取已知穿心莲内酯含量的同一批样品 6 份,每份约 2 g,精密称定。分别精密加入等量的对照品溶液,按照实验流程"(3)"项下方法制备供试品溶液,按照实验流程"(1)"中的色谱条件进样分析,计算回收率及其 RSD 值。要求 $RSD \leqslant 3\%$。

(4) 精密度试验

精密称取同一供试品溶液 5 μL,重复进样 6 次,按照实验流程"(1)"项下色谱条件进样分析,记录色谱图,计算峰面积及 RSD 值。要求 $RSD \leqslant 3\%$。

(5) 稳定性试验

取同一供试品溶液,在 0 h、2 h、4 h、8 h、12 h 各进样 5 μL,按照实验流程"(1)"项下色谱条件进样分析,记录色谱图,计算峰面积及 RSD 值。要求 $RSD \leqslant 3\%$。

（6）重复性试验

精密称取同一穿心莲粉末样品 6 份,每份约 5 g,按照实验流程"（3）"项下方法制备供试品溶液,按照实验流程"（1）"项下色谱条件进样分析,记录色谱图,计算峰面积及 *RSD* 值。要求 *RSD*≤3%。

2. 穿心莲总内酯是药用植物穿心莲的有效成分,包括去氧穿心莲内酯、穿心莲内酯、新穿心莲内酯、脱水穿心莲内酯等。查阅资料,测定穿心莲中去氧穿心莲内酯、穿心莲内酯、新穿心莲内酯、脱水穿心莲内酯等的含量。

[参考文献]

1. 国家药典委员会 . 中华人民共和国药典（一部）[M]. 北京:中国医药科技出版社,2020:280-281.

2. 黄炜忠,丘迅华,叶祖辉,等 . 不同干燥方法下的穿心莲质量稳定性研究[J]. 今日药学,2015,25（12）:843-845.

3. 杨琳,赵昕,王锦,等 . HPLC 法同时测定穿心莲中 2 种内酯的含量[J]. 中国药事,2010,24（7）:690-692.

4. 汪剑飞,吴静,胡杰,等 . 双波长 HPLC 法同时测定穿心莲浸膏中穿心莲内酯和脱水穿心莲内酯的含量[J]. 安徽医药,2014,18（7）:1237-1240.

（何国振　吕秉鼎　杨博涵）

5-3　茶多酚含量测定

[实验目的]

学习用酒石酸亚铁比色法测定茶多酚含量。

[实验原理]

茶多酚（tea polyphenol）是一类儿茶素类为主体的类黄酮化合物,具有 C_6–C_3–C_6 碳骨架结构,它是一种重要的天然抗氧化性物质,是超氧自由基和羟自由基强捕获剂,能清除自由基。本实验介绍酒石酸亚铁比色法测定植物组织中茶多酚含量。

[器材与试剂]

1. 实验器材

分光光度计,离心机,研钵,水浴锅,移液管,烘箱,具塞的三角瓶。

2. 实验试剂

0.1 mol·L^{-1} 磷酸缓冲液（pH=6.8）,1.5% 酒石酸亚铁溶液。

100 μg·mL^{-1} 儿茶素标准溶液:称取 10 mg 儿茶素,用蒸馏水定容至 100 mL。

3. 实验材料

绿茶叶片。

[实验流程]

1. 称取 1 g 干燥的绿茶叶片,研磨成粉末。用 50 mL 沸蒸馏水将粉末洗入三角瓶,于沸水浴中浸提 20 min,过滤,滤渣用 50 mL 沸蒸馏水同样提取一次。合并上清液,5 000 g 离心 15 min,取上清液待测。

2. 将儿茶素标准溶液稀释成 0 μg·mL^{-1}、20 μg·mL^{-1}、40 μg·mL^{-1}、60 μg·mL^{-1}、80 μg·mL^{-1} 和 100 μg·mL^{-1}。分别吸取 1 mL 稀释的儿茶素标准溶液,各加 0.1 moL·L^{-1} 磷酸缓冲液 (pH=6.8)3 mL 和 1.5% 酒石酸亚铁溶液 1 mL,混匀。用紫外分光光度计测定 540 nm 的光密度值,并绘制浓度 – 光密度标准曲线。

3. 取样品提取液 1 mL,按上述同样方法制备并测定 540 nm 的光密度值。根据下述公式计算叶片的茶多酚含量。

$$茶多酚含量(μg·g^{-1})=\rho \times V \times n$$

式中,ρ 为从标准曲线查得提取液中茶多酚含量(μg·mL^{-1});V 为提取液总体积(mL);n 为体积稀释倍数。

[注意事项]

提取茶多酚的时间过长,所提的茶多酚会发生氧化反应,转化成其他物质,致使一部分茶多酚丢失。提取时间在 1 ~ 2 h 之间对茶多酚含量的影响不大。

[实验作业]

计算绿茶叶片的茶多酚含量,分析结果。

[思考题]

1. 哪些因素会影响茶多酚含量的测定?
2. 比较不同植物的茶多酚含量差异,或比较同一植物不同部分的茶多酚含量差异。

[实验拓展]

根据茶多酚易溶于水、乙醇、乙酸乙酯等性质,可以选择使用不同的提取溶剂以及应用萃取技术,优化茶多酚提取方法。

[参考文献]

1. 葛宜掌,金红. 茶多酚提取新方法[J]. 中草药. 1994,(3):124-125,166.
2. Wang L, Gong L H, Chen C J, et al. Column-chromatographic extraction and separation of polyphenols, caffeine and theanine from green tea[J]. Food Chemistry, 2012, 131(4):1539-1545.

(倪 贺)

5-4 异黄酮含量测定

[**实验目的**]

学习并掌握高效液相色谱法测定植物组织内异黄酮类化合物含量。

[**实验原理**]

通常把 2 个苯基通过三碳链相连而形成的具有 C_6-C_3-C_6 碳骨架结构的一类物质统称为类黄酮化合物,包括黄酮类(flavonoid)、黄酮醇类(flavonol)、黄烷酮类(flavanonol)、花色素苷类(anthocyanidin)等。这类化合物广泛存在于植物各器官中,且大都以糖苷的形式存在。而黄酮 C2 上的苯基转移到 C3 的化合物称为异黄酮(isoflavone),多数也形成糖苷。主要分布于被子植物的豆科、蔷薇科和鸢尾科中。

葛根素(puerarin)为异黄酮类化合物,是豆科药用植物粉葛(*Pueraria montana* var. *thomsonii*)根中的主要有效成分,具有神经保护、提高免疫力、增强心肌收缩力、抗氧化应激、抗炎、抗过敏、改善微循环等作用。葛根素为白色至微黄色结晶性粉末,易溶于甲醇、乙醇,微溶于水,不溶于三氯甲烷。

本实验介绍用高效液相色谱法(HPLC)测定植物组织中葛根素的含量,该方法是测定药物中异黄酮类化合物的常用方法,具有高速、高效、高灵敏度等特点。

[**器材与试剂**]

1. 实验器材

Waters e2695 高效液相色谱仪,Waters 2996 PDA 检测器,BS 124 S 电子分析天平(感量 0.1 mg),KQ2200E 超声波清洗器,电热鼓风干燥箱,运邦 YB-800B 打粉机,三号筛,注射器,微孔滤膜(0.22 μm),锥形瓶,样品瓶,球形冷凝管,移液管,容量瓶,玻璃棒,胶头滴管。

2. 实验试剂

葛根素对照品,无水乙醇(色谱级),甲醇(色谱级),蒸馏水。

3. 实验材料

粉葛根粉末:取新鲜粉葛的根,趁鲜切块,使用前置于电热鼓风干燥箱中 45℃烘干 12 h,用打粉机打粉,过三号筛,备用。

[**实验流程**]

高效液相色谱法相关操作参考实验 5-2。

1. 色谱条件

Diamonsil C_{18} ODS 色谱柱(250 mm × 4.6 mm,5 μm);流动相:甲醇:水 =25:75(体积比);流速:0.8 mL·min^{-1};检测波长:250 nm;进样量:10 μL;柱温:35℃;保留时间:20 min;理论塔板数≥4 000。

2. 对照品溶液的制备

精密称定葛根素对照品 4.0 mg,加 30% 乙醇溶液定容至 5 mL 的容量瓶中,即得 800 μg·mL^{-1}

的对照品母液,保存备用。用时取 1 mL 母液,加 30% 乙醇溶液定容至 10 mL 的容量瓶中,即得 80 μg·mL⁻¹ 的标准品工作液。

3. 供试品溶液的制备

取粉葛根粉末约 0.8 g,精密称定,置具塞锥形瓶中。精密加入 30% 乙醇溶液 50 mL,密塞,称定质量,加热回流 30 min,放冷。再称定质量,用 30% 乙醇溶液补足减失的质量,摇匀,用 0.22 μm 微孔滤膜过滤,取续滤液即得。

4. 样品含量测定

精密吸取供试品溶液 10 μL,按照"1"项下色谱条件测定,并记录峰面积,根据峰面积计算样品中葛根素的含量,重复测定 3 次。

5. 数据分析

$$葛根素含量(mg \cdot g^{-1}) = \frac{\rho \times V}{m}$$

式中:ρ 为从标准曲线上查得的供试品葛根素的质量浓度(mg·mL⁻¹);V 为提取液总体积(mL);m 是样品的质量(g)。

[**注意事项**]

1. 为防止堵塞色谱柱,所有色谱用试剂以及待测量用样品液都需经微孔滤膜过滤。

2. 流动相等需要进样分析的试剂必须为色谱级,流动相宜现配现用,过膜后超声脱气 10 ~ 20 min。

[**实验作业**]

计算植物的葛根素含量。

[**思考题**]

1. 检测器的选择依据是什么?

2. 什么是梯度洗脱,常应用于哪些样品的检测?

[**参考文献**]

1. 国家药典委员会. 中华人民共和国药典(一部)[M]. 北京:中国医药科技出版社, 2020:302.

2. 李宗民,朱浩东,于丹,等. 葛根主产区药材质量研究[J]. 中医药导报,2019,25(14): 76-79.

3. 王东红,王春爱,薛建军. 葛根素的研究进展[J]. 西部中医药,2017. 30(1):139-142.

4. 张双. 基于葛根等鲜药材的产地初加工工艺研究[D]. 长沙:湖南农业大学,2014.

(何国振　吕秉鼎)

5-5　咖啡酸和迷迭香酸含量测定

[实验目的]

1. 掌握药用植物中酚酸类物质常规提取方法。
2. 掌握紫外分光光度法对药用植物中总酚酸的定量检测方法。
3. 掌握高效液相色谱法对酚酸类化合物中迷迭香酸定量检测的方法。

[实验原理]

酚酸类化合物是植物的一类次生代谢产物,是指带有酚类基团的有机酸,主要包括迷迭香酸(rosmarinic acid)、咖啡酸(caffeic acid)、绿原酸(chlorogenic acid)等。酚酸类化合物普遍具有较高的抗氧化、抗肿瘤及抗菌活性,因而被广泛用于食品、化妆品与杀虫剂等行业。

凡具有双键和三键等不饱和键的化合物,尤其是有共轭不饱和键的化合物,在紫外光谱中有特征吸收峰,所以紫外可见光谱仪适用于鉴定化合物中是否存在不饱和键,或用以推断化合物中的不饱和键是否存在共轭关系。酚类物质多含有酚羟基,有些含有羧基,属于极性有机化合物。利用酚类物质的强还原性,将 Fe^{3+} 还原为 Fe^{2+},生成的 Fe^{2+} 与铁氰化钾进一步反应,产生了蓝色化合物——亚铁氰化铁(即普鲁士蓝)。通过 UV-Vis 吸收光谱测定 700 nm 处的光密度值,即可反映样品总酚含量。高效液相色谱法也可用于酚酸类化合物含量测定。

[器材与试剂]

1. 实验器材

紫外可见分光光度计,酶标仪,分析天平,台式离心机,超声波清洗仪,高效液相色谱仪,研钵,镊子,剪刀,Eppendorf 管(2 mL),离心管,微孔滤膜(0.45 μm),容量瓶,移液管,移液器,移液器头,一次性手套,记号笔,称量纸。

2. 实验试剂

80% 甲醇,色谱级甲醇,分析纯甲醇,色谱级乙腈,色谱级磷酸,液氮,三氯化铁,铁氰化钾,盐酸,氯仿,十二烷基硫酸钠,迷迭香酸标准品。

3. 实验材料

新鲜紫苏叶片。

[实验流程]

1. 总酚酸提取

取新鲜紫苏叶片 0.1~0.2 g,置于研钵中,用液氮速冻后研磨至粉末状。加入 80% 甲醇提取液 2.5 mL,用超声提取法进行提取(振动频率 40 kHz,提取温度 60 ℃,提取时间 30 min)。以 12 000 r/min,25 ℃,离心 10 min。取上清液 1 mL,用提取液定容至 5 mL,得待测样品溶液,避光保存备用。

2. 总含量测定

（1）对照品溶液的制备

取咖啡酸对照品适量，精密称定，加无水甲醇制成 30 μg·mL⁻¹ 的溶液即得。

（2）标准曲线的制备

精密量取咖啡酸对照品溶液 0.25 mL、0.5 mL、1.0 mL、1.5 mL、2.0 mL、2.5 mL、3.0 mL 和 4.0 mL，分别置于 25 mL 容量瓶中，加无水乙醇补至 5.0 mL，加 3 g/L 十二烷基硫酸钠溶液 2 mL 及 0.6% 三氯化铁 –0.9% 铁氰化钾（1：9）混合溶液 1 mL，混匀，在暗处放置 5 min。加 0.1 mol·L⁻¹ 盐酸溶液至刻度，摇匀，在暗处放置 20 min。以相应的试剂为空白对照，采用紫外可见分光光度法，在 700 nm 波长测定光密度值。以光密度为纵坐标，质量浓度为横坐标，绘制标准曲线：

$$Y = k_1 X + b_1$$

式中：Y 为各标准溶液的光密度值；X 为各标准溶液的质量浓度；k_1 为标准曲线的斜率；b_1 为标准曲线的截距。

（3）紫外分光光度法测定

精密量取待测样品溶液 0.5 mL，置于 25 mL 量瓶中，照"（2）标准曲线的制备"项的方法制备供试品溶液，测定吸光度 A_1。根据公式（1）计算咖啡酸（总酚酸）质量浓度，根据公式（2）计算总酚酸含量。

$$总酚酸浓度（mg·mL^{-1}）= \frac{A_1 - b_1}{k_1} \qquad (1)$$

$$总酚酸含量（mg·g^{-1}）= \frac{\rho \times V}{m} \qquad (2)$$

式中，ρ 为总酚酸浓度（mg·mL⁻¹），V 为提取液体积（mL），m 为样品量（g）。

3. 迷迭香酸定量测定

液相色谱方法参考实验 5–2。

（1）色谱条件

依利特 –E3022860–C₁₈ 色谱柱，以十八烷基硅烷键合硅胶为填充剂；以甲醇 –0.15% 磷酸（33：67）混合溶液为流动相；检测波长为 330 nm；流速：1 mL·min⁻¹；理论板数按迷迭香酸峰计算应不低于 3 000（此条件下出峰时间约为 18 min）。

（2）迷迭香酸标准品准备

取迷迭香酸对照品适量，精密称定，加甲醇制成 0.16 mg·mL⁻¹ 的母液。后按 2 倍稀释至 0.08 mg·mL⁻¹、0.04 mg·mL⁻¹、0.02 mg·mL⁻¹、0.01 mg·mL⁻¹ 和 0.005 mg·mL⁻¹，得 6 个质量浓度的标准溶液，经 0.45 μm 微孔滤膜过滤，取续滤液备用。

（3）试验样品准备

总酚酸提取样品溶液经 0.45 μm 微孔滤膜过滤，取续滤液。

（4）检测方法

6 个标准溶液分别注入液相色谱仪，进样量 10 μL，在"（1）"项色谱条件下进样测定，记录色谱图。以峰面积为纵坐标，浓度为横坐标，绘制标准曲线：

$$Y = k_2 X + b_2$$

式中,Y 为各标准溶液的峰面积;X 为各标准溶液的浓度;k_2 为标准曲线的斜率;b_2 为标准曲线的截距。

取试验样品进样量 10 μL,在"(1)"项色谱条件下进样测定,测定峰面积 A_2。以峰面积为纵坐标代入标准曲线即得样品迷迭香酸浓度,根据公式(4)计算迷迭香酸含量。

$$迷迭香酸质量浓度(mg \cdot mL^{-1}) = \frac{A_2 - b_2}{k_2} \tag{3}$$

$$迷迭香酸含量(mg \cdot g^{-1}) = \frac{\rho \times V}{m} \tag{4}$$

式中,ρ 为迷迭香酸质量浓度(mg·mL⁻¹);V 为提取液体积(mL);m 为样品质量(g)。

[注意事项]

1. 当光密度(A)大于0.8时,样品需要适当稀释再测定,用公式计算时需要乘以稀释倍数。
2. 十二烷基硫酸钠对皮肤和呼吸道有一定的刺激性,请操作时做好防护措施。

[实验作业]

计算紫苏叶片中总酚酸的总含量和迷迭香酸的含量。

[思考题]

1. 酚酸类成分在植物体中的主要作用?
2. 胁迫环境对植物体内酚酸含量有怎样的影响?

[实验拓展]

本实验中,总酚酸含量测定用的是比色法中的铁氰化钾 – 三氯化铝法。另外用于总酚酸含量测定的比色法还有哪些?

[参考文献]

1. 国家药典委员会. 中华人民共和国药典(一部)[M]. 北京:中国医药科技出版社,2020:353-355.
2. 薛姣. 紫苏迷迭香酸提取工艺及其应用研究[D]. 山西:中北大学,2016.

(沈 奇 谢观雯)

5-6 盐酸麻黄碱含量测定

[实验目的]

1. 掌握药用植物中生物碱类物质常规提取方法。
2. 掌握紫外分光光度法对药用植物中生物碱的定量检测的方法。
3. 掌握高效液相色谱法对生物碱类化合物中盐酸麻黄碱定量检测的方法。

[实验原理]

生物碱类成分是一类重要的天然含氮有机化合物,具有多种多样的生物活性,是中草药中主要的化学和生物活性成分之一。绝大多数生物碱因为其分子中氮原子上的孤电子对能接受质子而显碱性。一般情况下脂溶性生物碱主要包括仲胺和叔胺等生物碱,而水溶性生物碱主要包括季胺和某些氮氧化物的生物碱。这些生物碱的理化性质为其提取和含量测定提供了理论依据。本实验学习用紫外分光光度法和高效液相色谱法测定生物碱类化合物含量。

[器材与试剂]

1. 实验器材

电热鼓风干燥箱,高效液相色谱仪,紫外分光光度计,数控超声波清洗器,电子天平(感量 0.01 mg),水浴锅,离心机,粉碎机,60 目筛,砂芯漏斗,微孔滤膜(0.22 μm)。

2. 实验试剂

色谱纯乙腈,25% 氨水,氯仿,蒸馏水。

$0.1\ mol \cdot L^{-1}$ 柠檬酸 – 柠檬酸钠缓冲溶液(pH=5.4):称取柠檬酸及柠檬酸钠适量,加蒸馏水溶解配制为 $0.1\ mol \cdot L^{-1}$ 溶液,见附录 12。

1 g/L 溴麝香草酚蓝溶液:精密称取溴麝香草酚蓝 0.1 g 置于 100 mL 容量瓶中,加 pH=7.4 的磷酸缓冲液溶解至刻度,摇匀。

盐酸麻黄碱标准品:在电热鼓风干燥箱中,105℃下干燥至恒重。

3. 实验材料

半夏粉末:取直径为 0.5～2.0 cm 的新鲜半夏块茎,于电热鼓风干燥箱中 60℃下干燥,用粉碎机粉碎成粉末并过 60 目筛,装在自封袋中备用。

[实验流程]

1. 生物碱提取

取已制备好的半夏粉末 0.5 g 与 0.5 mL 体积分数为 25% 的氨水和 5 mL 氯仿混合,放置于 35～40℃(最适 35℃)的水浴中热浸 1 h,即可获得生物碱提取溶液。

2. 紫外分光光度法检测

(1) 对照品溶液制备

精密称取 105℃下干燥至恒重的盐酸麻黄碱标准品 10.4 mg,于 100 mL 容量瓶中用蒸馏水溶解并定容至刻度,配制成质量浓度为 $0.104\ g \cdot L^{-1}$ 的盐酸麻黄碱标准品溶液。

(2) 标准曲线绘制

准确量取盐酸麻黄碱标准品溶液 0.2 mL、0.35 mL、0.50 mL、0.65 mL 和 0.80 mL,置于分液漏斗中,分别加蒸馏水至 1.0 mL;依次加入柠檬酸 – 柠檬酸钠缓冲液 10 mL、溴麝香草酚蓝溶液 1 mL 和氯仿 10 mL;振荡 1 min 后将混合物静置 1 h。于 416 nm 波长下测量氯仿层溶液的吸收值。绘制标准曲线:

$$Y=k_1 X + b_1$$

式中,Y 为各标准溶液的吸光度值,X 为各标准溶液的浓度,k_1 为标准曲线的斜率,b_1 为标准曲线的截距。

（3）盐酸麻黄碱测定

将生物碱提取溶液离心（5 000 r/min，5 min），取上清液 2 mL、氯仿 8 mL、柠檬酸 - 柠檬酸钠缓冲液 10 mL 和溴麝香草酚蓝溶液 1 mL 混合，振荡 1 min 后将混合物静置 1 h。于 416 nm 波长下测定氯仿层溶液光密度值 A_1，依照以下公式并根据标准曲线计算盐酸麻黄碱的含量。

$$盐酸麻黄碱质量浓度（mg \cdot mL^{-1}）= \frac{A_1 - b_1}{k_1} \tag{1}$$

$$盐酸麻黄碱含量（mg \cdot g^{-1}）= \frac{\rho \times V}{m} \tag{2}$$

式中：ρ 为盐酸麻黄碱质量浓度（$mg \cdot mL^{-1}$）；V 为提取液体积（mL）；m 为样品质量（g）。

3. HPLC 法检测

（1）色谱条件

采用 Hypersil ODS2（4.6 mm × 150 mm，μm）色谱柱，以甲醇溶液（A 液）-0.01 moL·L⁻¹ KH₂PO₄ 缓冲液（B 液，pH=2.3）为流动相，流速 1.0 mL·min⁻¹；进样量 10 μL；柱温 30℃；检测波长 210 nm。洗脱条件如表 5-2。

表 5-2　梯度洗脱条件

时间 /min	A 液	B 液
0 ~ 10	2%	98%
10 ~ 25	10%	90%
25 ~ 30	20%	80%

（2）标准曲线溶液的制备

精密称取盐酸麻黄碱 2.08 μg，加超纯水溶解并定容至 10 mL，制成质量浓度 208 μL·mL⁻¹ 的对照品贮备液。精密吸取对照品贮备液 200 μL、100 μL、50 μL、25 μL、20 μL、10 μL，分别用超纯水定容至 1 mL，配置成质量浓度为 41.60 μg·mL⁻¹、20.80 μg·mL⁻¹、10.40 μg·mL⁻¹、5.20 μg·mL⁻¹、4.16 μg·mL⁻¹ 和 2.08 μg·mL⁻¹ 的溶液。

（3）供试品溶液的制备

称取半夏粉末 2 g，用 40 mL 超纯水超声 2 h 提取，提取液用砂芯漏斗过滤，重复一次后合并提取液，用超纯水定容至 100 mL，即得样品贮备液。经 0.22 μm 微孔滤膜滤过后进样。

（4）线性关系考察

分别精密吸取各浓度的对照品溶液 10 μL，按照色谱条件注入液相色谱仪进行测定，记录色谱峰面积。以对照品质量浓度 X 为横坐标，峰面积 Y 为纵坐标，绘制标准曲线：

$$Y = k_2 X + b_2$$

式中：Y 为各标准溶液的峰面积；X 为各标准溶液浓度；k_2 为标准曲线的斜率；b_2 为标准曲线的截距。

（5）半夏盐酸麻黄碱含量测定

在色谱条件进行测定，记录峰面积 A_2。计算半夏粉末中盐酸麻黄碱的含量。

$$盐酸麻黄碱质量浓度（mg\cdot mL^{-1}）=\frac{A_2-b_2}{k_2} \tag{3}$$

$$盐酸麻黄碱含量（mg\cdot g^{-1}）=\frac{\rho\times V}{m} \tag{4}$$

式中：ρ 为盐酸麻黄碱质量浓度（$mg\cdot mL^{-1}$）；V 为提取液体积（mL）；m 为样品质量（g）。

［注意事项］

为防堵塞色谱柱，所有流动相试剂和样品溶液都需经微孔滤膜过滤。

［实验作业］

1. 分析两种方法测定半夏根茎中盐酸麻黄碱的含量。
2. 对比两种检测方法的差异，分析原因。

［思考题］

HPLC 法检测要考虑进行精密度、稳定性、重复性实验，其意义是什么？

［实验拓展］

改变样品生物碱的提取参数，用以上两种方法测定样品盐酸麻黄碱含量。

［参考文献］

1. 杨冰月，敬勇，赖月月，等. HPLC 法同时测定半夏中 5 个代表性成分的含量[J]. 药物分析杂志，2019，39（11）：1992-1997.

2. 张楠，郭春延，薛晶晶，等. 半夏生物碱提取方法及抗氧化性研究[J]. 实验技术与管理，2019，36（8）：61-64.

（沈 奇 常 琴）

模块 6 植物生长物质

植物生长物质调节植物的生长发育。不同种类的植物生长物质作用规律不同,表现出不同的作用机理。

本模块实验将了解生长素对植物插条不定根发生的影响,测定吲哚乙酸氧化酶活性和生长素含量;学习植物激素(脱落酸和细胞分裂素等)影响蚕豆叶片气孔大小的方法;分析赤霉酸(GA_3)和乙烯利对黄瓜性别分化的诱导作用,了解乙烯利促进香蕉果实的成熟。通过以上实验,可以认识植物生长物质的生理作用以及适宜的作用方式。

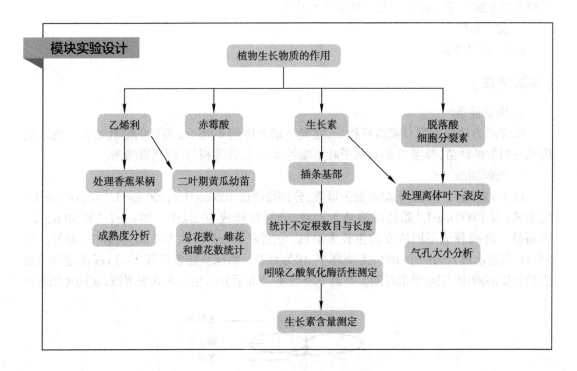

模块实验设计

6-1 生长素促进不定根形成

[实验目的]

观察与分析植物生长物质对不定根形成的影响。

[实验原理]

用植物生长物质(生长素类)处理植物插条基部,可以促进插条基部的细胞恢复分裂能力,诱导根原基发生,促进不定根的发生和伸长。大量研究结果表明,生长素及其类似物处理可诱导木本植物的插条形成不定根,提高无性繁殖率;处理植株根部后,可提高其移栽后的成活率,根深苗壮,效果显著,已在生产中广泛应用。

[器材与试剂]

1. 实验器材

电子天平,烘箱,分光光度计,烧杯(100 mL),容量瓶(100 mL)。

2. 实验试剂

$1\ 000\ mg \cdot L^{-1}$ 吲哚丁酸溶液:准确称取 100 mg 吲哚丁酸粉剂,加 90% 乙醇溶液 0.5 mL 完全溶解,用蒸馏水定容至 100 mL,置于冰箱 4℃保存。

$1\ 000\ mg \cdot L^{-1}$ 萘乙酸溶液:准确称取 100 mg 萘乙酸粉剂,加少量 90% 乙醇溶液溶解,然后用蒸馏水定容至 100 mL。置于冰箱 4℃保存。

3. 实验材料

绿豆、黄豆幼苗。

[实验流程]

1. 准备插条

用常规方法萌发绿豆或黄豆种子,在光下培养得到 4~6 cm 高度的健壮幼苗。挑选生理状态相似的幼苗,参考图 6-1,从子叶下端约 4 cm 处切除根部,即获得插条。

2. 处理插条

以 $1\ 000\ mg \cdot L^{-1}$ 吲哚丁酸溶液为母液,分别稀释成 $100\ mg \cdot L^{-1}$、$200\ mg \cdot L^{-1}$ 和 $300\ mg \cdot L^{-1}$ 的溶液;以 $1\ 000\ mg \cdot L^{-1}$ 萘乙酸溶液为母液,分别稀释成 $10\ mg \cdot L^{-1}$、$20\ mg \cdot L^{-1}$ 和 $30\ mg \cdot L^{-1}$ 的溶液。将稀释成不同浓度的生长素溶液,分别取 35 mL 放入 100 mL 烧杯中,编号。将 35 mL 蒸馏水放入另一个 100 mL 烧杯中,作为对照。将绿豆插条基部 2~3 cm 浸泡在植物生长物质溶液中,记录浸泡时间。室温下浸泡 4~5 h 后弃去生长素处理溶液,加同体积水。

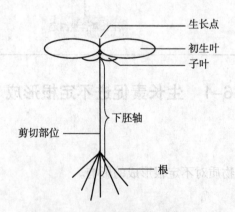

图 6-1　绿豆幼苗插条示意图

3. 插条培养

将插条置于盛有水或盛有干净砂的容器(烧杯、矿泉水瓶等),在培养箱内以 25℃光照培养 7 d,或放置在弱光通风处(室温为 20～35℃)培养,记录温度、光照等条件。每天换水。

4. 观察结果

每日观察插条基部不定根形成的情况,记录形成根所需要的天数。培养 5～10 天,统计每个插条上形成的长度大于 0.5 cm 不定根的数目。测量从插条基部到不定根之间的距离,统计 10 条不定根的长度,计算插条不定根条数与长度的平均值。

[实验作业]

1. 用表格记录不同生长素处理的插条,在培养 5～10 d 时每条插条形成不定根的数目,并统计不定根长度。

2. 从不定根形成的位置、根的数量与根的长度,分析不同种类的生长素对绿豆或黄豆幼苗插条不定根形成的影响。

[思考题]

1. 研究植物生长物质对朱槿、一品红、茉莉花等侧枝不定根形成的作用,并分析设计实验时要注意什么?

2. 要了解吲哚丁酸和萘乙酸混合溶液对植物插条不定根发生的影响,如何设计实验?

[实验拓展]

1. 可用砂培诱导插条形成不定根,使用的砂用水冲洗干净后方可使用,培养条件同实验流程 3,注意砂面要保持湿润。

2. 如果以朱槿等植株的插条为材料,应选用当年发生的半木质化(呈红褐色)枝条,剪成长 10 cm,保留 1 片叶片,作为插条。南亚热带地区观叶植物香龙血树(俗称太阳神)则可用叶片(带有少量的茎段部分)作为插条。对于蟛蜞菊植株,可在茎顶端向下 10～15 cm 处剪去植株地下部分,除花,保留 1、2 片叶片作为插条。富贵竹则可将茎剪成 10 cm 长的茎段作为插条。

[参考文献]

1. Haissig B E. Influences of auxin and auxin synergists on adventitious root primordium initiation and development[J]. New Zealand journal of forestry science. 1974,4(2):311-323.

2. 朱广廉,钟海文,张爱琴. 植物生理学实验[M]. 北京:北京大学出版社,1990:229.

数字课程资源

教学课件　　自测题

(李　玲)

6-2　生长素含量测定

Ⅰ　固相抗原型酶联免疫法

[实验目的]

1. 学习生长素(吲哚乙酸,IAA)的提取、纯化的方法。
2. 学习固相抗原型酶联免疫法测定生长素含量的方法。

[实验原理]

酶联免疫法(ELISA)是指将被分析物与其相应的抗原或抗体反应后,检测抗原或抗体上酶标记物的活性,进行定性或定量测定的方法。常用的酶有辣根过氧化物酶和碱性磷酸酯酶。酶可直接标记激素分子,也可标记第二抗体成为酶标二抗。这两类标记物分别用于固相抗体型和固相抗原型酶联免疫法。本实验使用固相抗体型酶联免疫法测定生长素含量,测定的生长素为吲哚乙酸(IAA)。

将抗 IAA 甲酯的单克隆抗体与已吸附于固相载体上的兔抗鼠 IgG 抗体结合,加入 IAA 甲酯标准品或待测样品,使其与固相化的单克隆抗体结合,再加入辣根过氧化物酶标记 IAA。通过测定酶标生长素的被结合量,计算出样品中的 IAA 含量。

[器材与试剂]

1. 实验器材

酶联免疫检测仪,酶标板,低温离心机,恒温培养箱,旋转蒸发仪,可调微量液体加样器(10 μL,40 μL,200 μL,1 000 μL),研钵,真空泵,带盖瓷盘,烧杯,试管,离心管,分液漏斗。

2. 实验试剂

酶联免疫试剂盒(中国农业大学研制)。

包被缓冲液:称取 1.5 g Na_2CO_3,2.93 g $NaHCO_3$,用蒸馏水溶解,定容至 1 000 mL,pH 调至 9.6。

磷酸缓冲液:称取 8.0 g NaCl,0.2 g KH_2PO_4 和 2.96 g $Na_2HPO_4 \cdot 12H_2O$,用蒸馏水溶解定容至 1 000 mL,pH=7.5。

样品稀释液:100 mL 磷酸缓冲液加 0.1 mL 吐温 −20 和 0.5 g 明胶(先加热溶解)。

底物缓冲液:称取 5.1 g 柠檬酸,18.43 g $Na_2HPO_4 \cdot 12H_2O$ 溶解定容至 1 000 mL,加 1 mL 吐温 −20,pH=5.0。

洗涤液:1 000 mL 磷酸缓冲液中加入 1 mL 吐温 −20。

终止液:2 $mol \cdot L^{-1}$ H_2SO_4 溶液。

标 准 IAA 溶 液:用 IAA 甲 酯(Sigma 产 品)母 液 配 成 0 $ng \cdot mL^{-1}$,0.781 25 $ng \cdot mL^{-1}$,1.562 5 $ng \cdot mL^{-1}$,3.125 $ng \cdot mL^{-1}$,6.25 $ng \cdot mL^{-1}$,12.5 $ng \cdot mL^{-1}$,25 $ng \cdot mL^{-1}$,50 $ng \cdot mL^{-1}$ 系列溶液。

邻苯二胺基质液:称取 10~20 mg 邻苯二胺,溶于 10 mL 底物缓冲液(小心勿用手接触邻苯二胺），使用前加入 2~4 μL 30%H_2O_2，混匀（显色液要现用现配）。

提取液：80% 甲醇溶液，内含 1 mmol·L^{-1} 2,6- 二叔丁基对甲酚（BHT）为抗氧化剂。先用甲醇溶解 BHT，再配成 80% 甲醇溶液。

3. 实验材料

绿豆或黄豆的幼苗插条。

[实验流程]

1. 提取生长素

称取新鲜绿豆或黄豆的幼苗插条基部材料 0.5~1 g（若取样后不能马上测定，用液氮速冻后保存在 −20℃冰箱中），加入 2 mL 提取液研磨至匀浆，转入试管中，再用 2 mL 提取液分次将研钵冲洗干净。4℃条件下放置 4 h, 3 500 r/min 离心 8 min, 取上清液。残渣加 1 mL 提取液，搅匀，置于 4℃条件下再提取 1 h, 3 500 r/min 离心 8 min, 合并上清液，记录体积，弃去残渣。

2. 生长素纯化

取 3 mL 上清液转入 5 mL 离心管中，用旋转蒸发仪真空浓缩干燥；或用氮气吹干，用样品稀释液定容（一般为 1 g 鲜重样品用 1.5 mL 左右样品稀释液定容）。

3. 生长素测定

（1）包被。取酶标板用蒸馏水冲洗数次，在 10 mL 包被缓冲液中加入一定量的包被抗原（用于包被聚苯乙烯反应板的微孔），混匀，在酶标板每小孔中加 100 μL。将酶标板放入内铺湿纱布的带盖瓷盘内，37℃条件下放置 3 h（或 4℃过夜）。

（2）洗板。将包被好的酶标板取出，室温下平衡。弃去孔内包被液，用洗涤液洗涤酶标板 3 次，甩干。

（3）竞争。将稀释成不同浓度的标准 IAA 溶液和待测液分别加到酶标板上，每个浓度加 3 孔，每孔 50 μL；各孔加入 50 μL 抗体，然后将酶标板放入湿盒内开始竞争，37℃条件下 0.5 h。

（4）洗板。取出包被好的酶标板，室温下平衡。弃去孔内包被液，用洗涤液从标准样品的低浓度一边向高浓度一边加，酶标板向高浓度一边倾斜。立即甩干，洗涤酶标孔 3 次。

（5）加二抗。取一定量的 IAA 酶标兔抗鼠 IgG 抗体，加入 10 mL 样品稀释液中，混匀后在酶标板每孔加 100 μL。将其放入湿盒内，37℃条件下温育 0.5 h。

（6）洗板。方法同第（4）步骤，洗 5 次。

（7）加底物显色。在暗处，每孔加入邻苯二胺基质液 100 μL，然后放入湿盒内。显色适当后（肉眼能看出标准曲线有颜色梯度），每孔加入 50 μL 终止液。

（8）比色。用标准 IAA 溶液最高浓度孔调零，用酶联免疫检测仪依次测定标准物和待测样品 490 nm 处光密度值。以加入不含标准 IAA 溶液的磷酸缓冲液孔的光密度值为 B_o，以加入标准 IAA 溶液各浓度标准溶液孔的光密度值为 B。

用 Logit 曲线计算酶联免疫结果，横坐标用标准 IAA 溶液浓度的自然对数表示，纵坐标用各浓度显色值的对数值表示，计算方法如下：

$$\log(B/B_o) = \frac{\ln B/B_o}{1 - B/B_o} = \frac{\ln B}{B_o/B}$$

式中,B_0 是 IAA 甲酯浓度为 0 ng·mL^{-1} 的孔内溶液的光密度值,B 是其他孔内溶液(不同 IAA 甲酯浓度)的光密度值。

此外,也可以以标准 IAA 溶液中 IAA 的摩尔数的常用对数 log(IAA) 为横坐标(X),对应的 ln[$B/(B_0-B)$] 为纵坐标(Y),得到一条直线 $Y=a+bX$。将样品孔的光密度值代入公式,换算出 IAA 摩尔数,乘以稀释倍数,除以样品质量,即为每克鲜重样品的 IAA 含量。

$$IAA\ 含量(ng·g^{-1}) = \frac{\rho \times V_2 \times V_3 \times n}{m \times V_1}$$

式中,ρ 为 IAA 质量浓度(ng·mL^{-1});m 为样品鲜重(g);n 为样品的稀释倍数;V_1 为真空浓缩干燥的上清液总体积(mL);V_2 为提取样品后,上清液的总体积(mL);V_3 为真空浓缩干燥后用样品稀释液定容的体积(mL)。

[注意事项]

整个操作过程应在弱光条件下进行。

[实验作业]

分析生长 0 d 和 3 d 的插条基部生长素含量,并用 Excel 将结果绘制成柱形图。

[思考题]

检测植物组织内 IAA 含量,并思考为什么取样后要用液氮速冻后在 –20℃ 下保存?

[参考文献]

1. 李宗霆,周燮. 植物激素及其免疫检测技术[M]. 南京:江苏科学技术出版社,1996:279–288.

2. 张炜,高巍,曹振,等. 干旱胁迫下小麦(*Triticum aestivum* L.)幼苗中 ABA 和 IAA 的免疫定位及定量分析[J]. 中国农业科学,2014,47(15):2940–2948.

Ⅱ　高效液相色谱法(HPLC)

[实验目的]

学习 HPLC 法测定植物体内生长素含量。

[实验原理]

植物样品中的 IAA 溶于含水的有机溶剂,在 40℃ 以下减压蒸去有机溶剂后,IAA 溶于水中。IAA 是酸性化合物,在酸性条件下,用乙酸乙酯萃取,然后将乙酸乙酯减压蒸干后,用乙腈溶解残留物(含 IAA);由于乙腈溶液中 IAA 和其他物质在液相色谱中流动相和固定相的分配系数的不同,从而导致出峰时间不同,根据这个原理可测定植物材料中的生长素含量。

[器材与试剂]

1. 实验器材

高速冷冻离心机,旋转蒸发仪,超低温冰箱,研钵,分液漏斗,烧杯,试管,纱布,Sep-Pak C_{18} 纯化小柱,高效液相色谱仪,注射器,微孔滤膜(0.45 μm),进样器(20 μL)。

2. 实验试剂

吲哚乙酸(IAA)标样,甲醇,重蒸水,乙腈(色谱级),液氮,2,6- 二叔丁基对甲酚(BHT),石英砂,聚乙烯吡咯烷酮(PVP,不溶性),三氯甲烷,乙醚,乙酸乙酯,1 mol·L^{-1} 盐酸。

3. 实验材料

花生叶片。

[实验流程]

1. 提取生长素

(1)称取花生叶片 2 g,液氮冷冻后放入超低温冰箱(-80℃)保存。将花生叶片、10 mL 预冷甲醇、100 mg BHT、少许石英砂和 PVP 一起加入研钵,快速研磨至匀浆,4℃下浸提过夜。四层纱布过滤,滤液转到离心管中,滤渣用 5 mL 80% 甲醇溶液浸提,合并滤液。

(2)取滤液在 4℃、1 000 r/min 离心 20 min,取上清液,沉淀用 5 mL 80% 甲醇浸洗一次,再次离心,合并上清液。40℃暗条件下,用旋转蒸发仪除去甲醇,得水相。用等体积的三氯甲烷萃取 3 次,去除色素。以上步骤完成后,即得 IAA 浸提液。

2. IAA 纯化

(1)用 3 mL 100% 甲醇洗 Sep-Pak C_{18} 小柱,弃去流出液;用 70% 甲醇溶液缓慢流经小柱,弃去流出液。

(2)用 5 mL 生长素浸提液缓慢流经小柱,收集流出液。

(3)分别用 5 mL 100% 和 70% 甲醇洗柱,弃去流出液。

(4)用 1 mol·L^{-1} 盐酸将收集的 IAA 提取液调 pH 为 2.8,并用等体积的乙酸乙酯,用分液漏斗萃取 3 次。合并乙酸乙酯相,用旋转蒸发仪除去乙酸乙酯,残留物用 0.5 mL 100% 乙腈溶解。

3. IAA 含量测定

(1)HPLC 测定

ODS C_{18} 反相柱,洗脱液为乙腈和乙酸溶液($V_{水}$：$V_{乙酸}$ =98：2),流速 1 mL·min^{-1},60% 乙腈和 40% 乙酸溶液等度洗脱。IAA 样液用 0.45 μm 微孔滤膜过滤。进样量为 10 μL,检测波长为 254 nm。

(2)标准曲线的绘制

用甲醇配制 1 ng·L^{-1}、10 ng·L^{-1}、20 ng·L^{-1}、100 ng·L^{-1}、200 ng·L^{-1} 和 1 000 ng·L^{-1} 的 IAA 系列溶液,分别进样,记录保留时间,以 IAA 系列溶液浓度为横坐标,峰面积为纵坐标作图,计算出直线方程和相关系数。

4. 计算回收率

用预冷的甲醇配制标准浓度 100 ng·L^{-1} IAA 溶液,按照上面第 2、3 步骤,检测出峰面积,通过标准曲线得到 IAA 含量。按照下列公式计算回收率：

$$回收率(\%) = \frac{\rho_A}{\rho_B} \times 100\%$$

式中,ρ_A 为经过纯化等步骤测得的 IAA 质量浓度($ng \cdot L^{-1}$),ρ_B 为添加 IAA 标样质量浓度($ng \cdot L^{-1}$)。

5. 样品 IAA 含量计算

$$生长素含量(ng \cdot g^{-1}) = \frac{\rho \times V_1 \times V_2}{m \times V_3 \times 回收率}$$

式中,ρ 为从标准曲线查得的样品提取液中 IAA 的质量浓度($ng \cdot L^{-1}$),m 为样品的鲜重(g),V_1 为提取液(甲醇)总体积(L),V_2 为提取样品后上清液的总体积(L),V_3 为纯化后用乙腈定容的体积(L)。

[注意事项]

萃取过程中要注意分层效果,尽量不要丢失所要的成分,同时将杂质去除干净。

[实验作业]

绘制 IAA 的标准曲线,分析花生叶片的 IAA 含量。

[思考题]

1. HPLC 法测定 IAA 含量的优点是什么? 在测定过程中应注意什么?
2. 为什么要检测回收率?

[参考文献]

1. 丁静,沈镇德,方亦雄,等. 植物内源激素的提取分离和生物鉴定[J]. 植物生理学通讯,1979,(2):27–29.

2. 李金昶,石晶,赵晓亮,等. 高效液相法分离和测定 3 种植物内源激素[J]. 分析化学,1994,22(8):801–804.

3. 肖爱华,陈发菊,贾忠奎,等. 梯度洗脱高效液相色谱法测定红花玉兰中 4 种植物激素[J]. 分析实验室,2020,39(3):249–254.

数字课程资源

⬇ 教学课件　　📝 自测题

（李　玲　陈容钦　曾丽丹）

6-3 吲哚乙酸氧化酶活性测定

[实验目的]

学习用比色法测定吲哚乙酸氧化酶的方法。

[实验原理]

生长素调节植物的生长发育。高等植物体内吲哚乙酸氧化酶能使吲哚乙酸氧化脱羧失去活性,其酶活力的大小影响着植物体内吲哚乙酸的水平。吲哚乙酸氧化酶活力的大小以其破坏吲哚乙酸的速度表示,用比色法测定吲哚乙酸含量。

[器材与试剂]

1. 实验器材

分光光度计,离心机,恒温水浴锅,天平,研钵,试管,移液管,烧杯,容量瓶。

2. 实验试剂

20 mmol·L^{-1} 磷酸缓冲液(pH=6.0)。

1 mmol·L^{-1} 2,4-二氯酚溶液:称取 2,4-二氯酚 16.3 mg,用蒸馏水溶解并定容至 100 mL。

1 mmol·L^{-1} MnCl$_2$ 溶液:称取 MnCl$_2$·4H$_2$O 19.8 mg,用蒸馏水溶解并定容至 100 mL。

1 mmol·L^{-1} 吲哚乙酸溶液:称取吲哚乙酸 17.5 mg 用少量乙醇溶解,而后用蒸馏水定容至 100 mL。

吲哚乙酸试剂:取 10 mL 0.5 mol·L^{-1} FeCl$_3$ 溶液和 500 mL 35% 高氯酸,使用前混合即成,避光保存。使用时 1 mL 样品中加入吲哚乙酸试剂 2 mL。

3. 实验材料

绿豆插条

[实验流程]

1. 按照实验 6-1 获得绿豆插条。称取插条基部 1 g,置于研钵中,加 5 mL 预冷的磷酸缓冲液研磨成匀浆,再加 10 mL 磷酸缓冲液稀释,4 000 r/min 离心 20 min,上清液即为粗酶提取液。

2. 取试管 2 支,于一支试管中加入 MnCl$_2$ 溶液 1 mL,2,4-二氯酚溶液 1 mL,吲哚乙酸溶液 2 mL,粗酶提取液 1 mL,磷酸缓冲液 5 mL,混合。另一支试管中除粗酶提取液用磷酸缓冲液代替外,其余成分相同,2 支试管一起置于恒温水浴锅中,30℃条件下处理 20 min 即获得反应液。

3. 吸取反应液 2 mL,加入吲哚乙酸试剂 4 mL,摇匀。在黑暗条件下,置于恒温水浴锅中,30℃条件下处理 20 min,使反应液显色。

4. 将显色的反应液置于分光光度计中,测定 OD$_{530}$ 值。

5. 配制浓度从 0~30 μg·mL^{-1} 的吲哚乙酸溶液,按照上述方法,分别测定 OD$_{530}$ 值,绘制标准曲线或计算直线回归方程。根据反应液的 OD$_{530}$ 值从标准曲线上查出相应的吲哚乙酸残留量。

按照下列公式,测定绿豆插条的吲哚乙酸氧化酶活力（μg·g⁻¹·h⁻¹）

$$吲哚乙酸氧化酶活力（μg·g^{-1}·h^{-1}）= \frac{(\rho_2-\rho_1) \times 10}{1/V_1 \times V \times t/60}$$

式中,ρ_1 指反应液中残留的酶 IAA 量（μg·mL⁻¹）;ρ_2 代表无酶提取液中的 IAA 量（μg·mL⁻¹）;V_1 是指 1 g 鲜重绿豆插条制得的粗酶提取液体积（mL）;V 表示反应液中粗酶提取液体积（mL）;t 为反应时间（min）;10 为反应液体积（mL）。

[注意事项]

制作标准曲线时,OD 值在 0.2～0.6 范围内测量结果的误差最小,所以当反应液浓度测定的 OD 值大于 0.6 或接近 1 时,需要稀释后才能测定。

[实验作业]

计算不同处理的绿豆插条,在不同培养时期的吲哚乙酸氧化酶的活力,并绘制柱形图。

[思考题]

反应液与吲哚乙酸试剂混合后,为什么要在暗条件下对 IAA 进行显色反应?

[参考文献]

1. 黄群声. 对吲哚乙酸氧化酶测定方法中某些步骤的改进[J]. 植物生理学通讯,1996,32(4):283-284.

2. Li F C, Wang J, Wu M M, et al. Mitogen-activated protein kinase phosphatases affect UV-B-induced stomatal closure via controlling NO in guard cells[J]. Plant physiology, 2017, 173(1): 760-770.

数字课程资源

📥教学课件　　📝自测题

（李　玲）

6-4　植物激素调控气孔运动

[实验目的]

了解植物激素对气孔运动的调控及信号转导,学习并掌握气孔开度的测定方法。

[实验原理]

气孔是陆生植物与外界环境进行水分和气体交换的主要通道及调节结构。气孔在叶片上的分布、密度、大小、形状以及开闭等情况显著影响着植物的光合作用和蒸腾作用等生理过程。因此,研究气孔的运动规律非常重要。

气孔运动受多种环境因素所影响。光照是调节气孔运动的主要环境因素,大多数植物的气孔在白天张开,大气中的 CO_2 扩散进入叶内用于光合作用;而在夜晚光合作用停止,气孔关闭以减少水分的散失。组成气孔的一对保卫细胞对外界环境因子非常敏感,而外界因子又通过植物内源激素水平变化传递信息。脱落酸能有效地诱导光照条件下的气孔关闭,并能抑制被光诱导的气孔开放。生长素和细胞分裂素对黑暗条件和脱落酸诱导的气孔关闭表现出一定程度的拮抗作用。

[器材与试剂]

1. 实验器材

光照培养箱,电子天平,显微镜(带测微尺)或机联显微镜(含 DigiLab Ⅱ 软件),表面皿,称量瓶,容量瓶,毛刷,尖头镊子,载(盖)玻片。

2. 实验试剂

MES/KCl 缓冲液:准确称取 0.975 g 的 2-(N- 吗啡啉)乙烷磺酸(MES)、1.865 g KCl 和 5.5 mg $CaCl_2$,用乙醇溶解后定容至 500 mL,即为含 10 mmol·L^{-1} MES、50 mmol·L^{-1} KCl 和 100 μmol·L^{-1} $CaCl_2$ 的缓冲液。用 1 mmol·L^{-1} 的 KOH 溶液将缓冲液 pH 调至 6.15。

0.1 mmol·L^{-1} 脱落酸(ABA)溶液,低温保存。

0.1 mmol·L^{-1} 萘乙酸(NAA)溶液,低温保存。

0.2 mmol·L^{-1} 6- 苄基腺嘌呤(6-BA)溶液,低温保存。

0.1% $HgCl_2$ 溶液。

3. 实验材料

蚕豆或紫色鸭跖草。

[实验流程]

1. 材料培养

蚕豆种子以 0.1% $HgCl_2$ 溶液消毒 10 min,冲洗干净,浸种 24 h,于 25℃条件下催芽 3 d 后播种。置于 25℃、光照强度 300 μmol·m^{-2}·s^{-1},在设置完光周期(14 h 光照,10 h 黑暗)和相对湿度(80%)的光照培养箱中进行培养。培养期间每日浇水 1 次,一周浇灌营养液 1 次,培养至 3～4 周龄待用。

2. 叶片表皮条撕取

在表面皿中加入 MES/KCl 缓冲液,剪取 3～4 周龄蚕豆幼苗顶部完全展开的第 1 对叶片,清洗后用镊子轻轻撕取下表皮条,置于表面皿中。用毛刷或毛笔轻刷下表皮,以除去黏附在其上的叶肉细胞,然后将下表皮分割成约 1.0 cm × 0.5 cm 大小。

3. 植物激素处理

配制植物激素处理液(2 mL),试剂组成与终浓度如表 6-1 所示,分别加入到不同称量瓶中。将表皮条加入称量瓶中(每组 3～5 个表皮条),轻轻摇动使其浸入处理液中,将 1、2、3、4 号称量瓶放于光照培养箱,5 号和 6 号称量瓶放于暗箱中,25℃条件下各处理 2.5～3 h 后,以 MES/KCl 缓冲液处理为对照,制作临时装片,测量气孔开度。

表 6-1　实验处理和激素浓度

编号	实验处理	试剂组成与终浓度
1	光照	MES/KCl 缓冲液
2	ABA	含 1 μmol·L⁻¹ ABA
3	ABA+NAA	含 1 μmol·L⁻¹ ABA+10 μmol·L⁻¹ NAA
4	ABA+6-BA	含 1 μmol·L⁻¹ ABA+0.2 μmol·L⁻¹ 6-BA
5	黑暗	MES/KCl 缓冲液
6	NAA	含 10 μmol·L⁻¹ NAA

4. 气孔开度测量

打开电脑,打开机联显微镜,将临时装片放于显微镜置物台上,双击电脑桌面上"DigiLab Ⅱ"图标,登录后进入测量界面。先在 10 倍镜下找到表皮条材料,然后换 40 倍镜观察测量。点击测量界面内"动态测量"标识,继续点击"直线测量"标识,将光标置于气孔一侧内壁中间位置,拉动光标至另一侧气孔内壁中间,即得到气孔孔径数据,记录。每个处理随机选取 5 个视野,每个视野随机测量 6~10 个气孔孔径并记录,重复 3 次。

如果没有机联显微镜系统,可以用普通光学显微镜,将测微尺放入目镜中,通过测微尺直接观察测量。

[注意事项]

1. 应将表皮条完全浸没在溶液中,保证水分的顺利进出以达到水势平衡。
2. 试验应在上午或者下午进行。
3. 观察时要避免统计已损伤的气孔。

[实验作业]

试比较不同植物激素对植物的气孔运动的影响,并分析各种激素作用差异的原因。

[思考题]

1. ABA 如何影响气孔运动?
2. ABA、NAA 和 6-BA 如何共同调节气孔运动?
3. 如何设计实验,观察干旱对植物气孔运动的影响?

[实验拓展]

蚕豆和紫色鸭跖草的叶表皮易于撕取,且气孔大,易观察,换用其他植物材料时应做预备实验。

[参考文献]

1. 阎伟,杨利娟,王保军,等. 生长素和细胞分裂素在光、暗调控气孔运动中的作用及其机制[J].陕西师范大学学报(自然科学版),2010,38(1):75-78.

2. Wang X Q, Wu W H, Assmann S M. Differential responses of abaxial and adaxial guard cells of broad bean to abscisic acid and calcium[J]. Plant Physiology, 1998, 118(4):1421-1429.

数字课程资源

📥教学课件　　📝自测题　　▶️实验操作视频(视频10　植物激素调控气孔运动)

(李桂双)

6-5　植物激素调节性别分化

[实验目的]

探究乙烯利和赤霉酸对黄瓜性别分化的调节作用。

[实验原理]

瓜类作物大多是雌雄同株异花。植物生长调节剂可以调节瓜类花的性别,满足生长和育种工作的需要。乙烯利(2-氯乙基膦酸)是一种人工合成的生长调节剂,它在 pH>4.1 的条件下,可分解并释放乙烯,具有与内源乙烯相同的生理效应,因此常作为乙烯的释放剂在生产上应用。采用适宜浓度的乙烯利处理黄瓜幼苗,可以促进雌花的发生,增加雌花数。而在黄瓜中,有些植株所开的花全部或绝大多数是雌花,通过选育可获得遗传稳定的雌花系统,称为雌花系。生产上用赤霉酸诱导雄花形成。

本实验利用乙烯利和赤霉酸调节黄瓜花的性别形成。

[器材与试剂]

1. 实验器材

脱脂棉,容量瓶,标签卡,移液器(量程 100 μL),分析天平,喷壶。

2. 实验试剂

100 mg·L^{-1} 乙烯利溶液:用移液器吸取 40% 乙烯利溶液(商品)25 μL 于 100 mL 容量瓶中,加蒸馏水定容至 100 mL。使用当天配制。使用时加入一滴 0.2% 吐温 80 溶液。

250 mg·L^{-1} 赤霉酸溶液:称取 0.25 g 赤霉酸,用少量的 95% 乙醇溶液溶解,然后定容至 1 000 mL。

3. 实验材料

黄瓜幼苗。

[实验流程]

将黄瓜种子播入土壤中,以常规方法管理,使其萌发与生长。选择具有两片真叶、长势一致的黄瓜幼苗,用两种方法处理:①分别用脱脂棉蘸蒸馏水(对照)、100 mg·L^{-1} 乙烯利溶液和 250 mg·L^{-1} 赤霉酸溶液置于幼苗茎顶端生长点。放置 20 min 后,将乙烯利处理组的脱脂棉重新蘸乙烯利溶液后再放到茎顶端,连续处理 3 次并挂上标签做记号。2 d 后拿掉脱脂棉。②分别在蒸馏水(对照)、100 mg·L⁻¹ 乙烯利溶液和 250 mg·L⁻¹ 赤霉酸溶液中添加米粒大小的洗衣粉,然后分别喷施幼苗全株,重点是茎尖生长点。

处理后的幼苗培养 15~21 d 后,统计植株的总开花数目、雌花数和雄花数,以及各节位的开花数目。

[注意事项]

选择晴天的下午 4 点左右开展实验。

[实验作业]

用表格记录乙烯利处理、赤霉酸处理和对照的处理天数、处理方式,开花节位和花朵性别等,计算开花率、雌花或雄花占总花数的百分率,并分析乙烯利和赤霉酸对黄瓜花的发生的结果。

[思考题]

1. 本实验为什么要选择黄瓜幼苗作为实验材料?

2. 用乙烯利和赤霉酸溶液喷施黄瓜幼苗时,为什么要在溶液中加入米粒大小的洗衣粉?

[参考文献]

1. 何晓明,谢大森. 植物生长调节剂在蔬菜上的应用[M]. 北京:化学工业出版社,2010:34-37.

2. 潘瑞炽,李玲. 植物生长发育的化学调控[M]. 2版. 广州:广东高等教育出版社,1999:137-138.

数字课程资源

📥教学课件　　📝自测题

(李　玲)

6-6　乙烯对果实成熟的调控

[实验目的]

探究乙烯利对香蕉果实成熟的促进作用。

[实验原理]

乙烯利促进多种果实的成熟。采用适宜浓度的乙烯利处理香蕉、苹果、猕猴桃等具有呼吸跃变型特征的水果,可促进成熟。

[器材与试剂]

1. 实验器材

保鲜盒,水桶,塑料带,瓷盘,量筒,移液器(量程 1 000 μL),容量瓶。

2. 实验试剂

500 mg·L^{-1} 乙烯利溶液:用移液器吸取 40% 乙烯利溶液(商品)1.25 mL 于 1 000 mL 容量瓶中,加蒸馏水定容至 1 000 mL。使用当天配制。

3. 实验材料

未成熟(绿转白)的香蕉或苹果、猕猴桃、芒果等。

[实验流程]

挑选未成熟(绿转白)的香蕉 15 个,分成 3 组。在配制好的 500 mg·L^{-1}、250 mg·L^{-1} 乙烯利溶液中加入 1 滴 0.01% 吐温 80 溶液,对照组则是在同体积的蒸馏水中加入 1 滴 0.01% 吐温 80 溶液。3 组香蕉分别用蒸馏水(对照)、250 mg·L^{-1} 和 500 mg·L^{-1} 的乙烯利溶液中浸泡果柄 1 min,也可以涂果柄。分别放入瓷盘,在室温下晾干,然后置于 3 只塑料袋中缚紧袋口,并放在 25~30℃阴暗处,春、秋季节可放入箩筐或纸箱内室温保存,1~10 d 可观察果皮颜色和果实的成熟度。

[注意事项]

选择的香蕉或其他果实,其成熟度要一致。

[实验作业]

用照片和表格呈现用不同浓度乙烯利处理对香蕉果实成熟的影响,分析影响实验结果的因素。

[思考题]

橙、柠檬能否作为乙烯利催熟的果实材料?分析原因。

[实验拓展]

在生产中可选择 1-甲基环丙烯(1-MCP)来有效地延缓植物组织的成熟与衰老。1-MCP 是一种乙烯受体抑制剂,常用于果蔬、花卉的保鲜。1-MCP 是一种气态的小环烯烃,性质活跃,且毒性低(LD$_{50}$ > 5 000 mg·kg^{-1},根据毒性分类,属于实际无毒的物质)。

[参考文献]

Jiang Y,Joyce D C,Macnish A J. Response of banana fruit to treatment with 1-methylcyclopropene[J]. Plant Growth Regulation,1999,28(2):77-82.

数字课程资源

教学课件　　自测题

（李　玲　黄胜琴）

模块 7　种子生理

种子是高等植物所特有的延存器官,同时与人类生活密切相关。当种子发育完全后,在田间状态下,高活力的种子萌发迅速而形成整齐度高且健壮的幼苗。种子活力是衡量种子质量的一个重要指标,其在种子发育中形成,在生理成熟期达到高峰,是种子萌发的生理基础,所以寻找实用而准确的种子活力的测定方法很有必要。种子活力主要决定于遗传因素、种子发育成熟程度以及贮藏期间的环境因素,是一项综合性指标,通过多种测定种子活力的方法,便于综合考察。

种子萌发需要适宜的条件(即足够的水分、充足的氧、适宜的温度和光照强度)。种子中贮藏有大量淀粉、脂质和蛋白质。淀粉类种子在萌发时,种子所贮藏的淀粉在淀粉酶的作用下被水解为可溶性糖,运送到正在生长的幼胚中以供给幼胚生长发育所需,根据其作用方式,淀粉酶分为 α- 淀粉酶与 β- 淀粉酶。粗脂肪是油类种子的主要贮藏成分之一,其含量可以鉴别其品质的优劣,是食品工业中常用的检测指标。

谷类作物种子(玉米、水稻、高粱、大麦、小麦和黑麦等)和油料作物种子(芝麻、花生、油菜、大豆等)常作为种子研究的实验材料。本模块实验利用玉米种子,介绍衡量种子活力的几种方法,以及测定种子萌发过程中 α- 淀粉酶与 β- 淀粉酶活性,同时学习测定粗脂肪含量的方法。

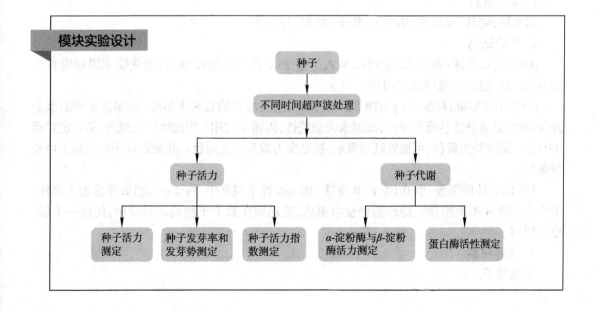

7-1　种子活力测定

[实验目的]

掌握快速测定种子活力的方法

[实验原理]

种子活力指在广泛的田间条件下,种子本身具有的决定其迅速而整齐出苗及维持正常幼苗发育的全部潜力。通过检测种子的正常生理代谢功能是否受到损害以及胚是否存活,可判断种子的发芽潜力。本实验介绍氯化三苯基四氮唑法、溴麝香草酚蓝法和红墨水染色法。

活种子的胚在呼吸作用过程中能进行氧化还原反应,而死种子则无此反应。当氯化三苯基四氮唑(TTC)渗入活种子胚细胞内时,其作为氢受体而被脱氢辅酶($NADH_2$ 或 $NADPH_2$)上的氢还原,此时无色的 TTC 转变为红色的三苯基甲䐶(TTF)。

活种子进行呼吸作用会释放出 CO_2。CO_2 溶于水成为 H_2CO_3,H_2CO_3 解离为 H^+ 和 HCO_3^-,使得种子周围环境的酸度增加。溴麝香草酚蓝(BTB)法的原理是测定种子周围环境酸度的变化,BTB 变色范围为 pH=6.0 ~ 7.6,酸性呈黄色,碱性呈蓝色,中间态则为绿色(变色点为 pH=7.1)。色泽差异显著,易于观察。

红墨水染色法的原理是活种子的胚细胞的原生质膜具有选择性吸收物质的特性,而死种子的胚细胞原生质膜已丧失此性质,于是红墨水进入死细胞而染色。

[器材与试剂]

1. 实验器材

培养箱,烧杯,容量瓶,培养皿,镊子,单面刀,天平。

2. 实验试剂

0.5% TTC 溶液:称取 0.5 g TTC,加入少量 95% 乙醇溶液助溶后,用蒸馏水稀释定容至 100 mL。避光保存,最好现配现用。

0.1% BTB 溶液:称取 0.1 g BTB 放入烧杯中,用煮沸过的自来水溶解(配制指示剂的水应为微碱性,溶液呈蓝色或蓝绿色;蒸馏水为微酸性,因而不宜用),用滤纸滤去残渣,最后定容至 100 mL。滤液若为黄色,可加数滴稀氨水,使之变为蓝色或蓝绿色。此液贮存于棕色瓶中可长期保存。

1% BTB 琼脂凝胶:取 0.1% BTB 溶液 100 mL 置于烧杯中,将 1 g 琼脂剪碎后加入烧杯,用小火加热并不断搅拌。待琼脂完全溶解后,趁热倒在数个干净的培养皿中,使成一薄层,冷却后用。

3. 实验材料

玉米种子。

[**实验流程**]

1. 浸种

取 100 粒玉米种子,在 30~35℃温水中浸种 5 h。

2. 0.5% TTC 溶液显色

用单面刀沿吸胀的种子胚的中心线纵切为两半,其中一半置于培养皿中,每皿 100 个半粒,加入 0.5% TTC 溶液,以覆盖种子为度,置于 30℃培养箱中培养 0.5~1 h,设 3 个重复。观察浸种胚是否为红色。另 100 个半粒在沸水中处理 5 min 以杀死胚,取出后置于培养皿中,同样加入 0.5% TTC,置于 30℃培养箱中培养 0.5~1 h 作为对照观察。计算种子活力:

种子活力(%)=(被染成红色的种子粒数 / 实验种子的总粒数)×100%

3. 1% BTB 琼脂凝胶显色

将吸胀的玉米种子 100 粒,整齐地埋于 1% BTB 琼脂凝胶培养皿中,种子平放,间距至少 1 cm。然后将培养皿置于 30℃培养箱中培养 2~4 h,在蓝色背景下观察,如种子附近呈现较深黄色晕圈的是活种子,设 3 个重复。用沸水中杀死的种子进行对比观察。计算种子活力:

种子活力(%)=(出现黄色晕圈的种子粒数 / 实验种子的总粒数)×100%

4. 5% 红墨水溶液显色

将吸胀的玉米种子 100 粒,用单面刀沿种子胚的中心线纵切为两半,其中一半置于培养皿中,每皿 100 个半粒;加入 5% 红墨水溶液,以覆盖种子为度,置于 30℃培养箱中培养 10 min,设 3 个重复;染色后倒去红墨水并用水冲洗种子多次至冲洗液无色为止。凡种胚不着色或着色很浅的为活种子,种胚与胚乳着色程度相同的为死种子。用另 100 个半粒在沸水中处理 5 min 以杀死胚,同样加入 5% 红墨水溶液染色处理作为对照观察。计算种子活力:

种子活力(%)=(不着色或着色很浅的种子粒数 / 实验种子的总粒数)×100%

[**注意事项**]

种子发芽试验取样品时要有代表性;实验过程中要保持足够的水分,保持适宜的温度和空气流通。

[**实验作业**]

计算玉米种子的活力。

[**思考题**]

各种方法测定活力种子的结果是否相同?

[**参考文献**]

1. 黄胜琴,陈润政. 不同贮藏条件下豆薯种子的脂质过氧化研究[J]. 热带亚热带植物学报,2004,12(2):163-166.

2. 李铁华,朱祥云. 闽楠种子活力测定方法的研究[J]. 浙江林学院学报,2003,20(3):321-324.

数字课程资源

📥教学课件　　📝自测题

（黄胜琴）

7-2　种子发芽率和发芽势测定

[实验目的]

掌握测定种子发芽率和发芽势的方法。

[实验原理]

种子发芽力指种子在适宜条件下（实验室可控制的条件下）发芽并长成正常植株的能力，通常用发芽势和发芽率表示。在最短条件和规定天数内，发芽的种子数占测定种子数的百分比，称作发芽率。为了表示萌发速度和整齐度，反映种子活力程度，将在较短的时间内能正常萌发的种子数定义为发芽势。在一定天数内统计的每日发芽数与发芽需要的天数之比之和称为发芽指数。

[器材与试剂]

1. 实验器材

培养箱，培养皿，滤纸或湿砂，镊子，移液器，容量瓶。

2. 实验试剂

1% NaClO 溶液：即有效氯 1% 的 NaClO 溶液。NaClO（有效氯≥10%）10 mL，无菌水 90 mL，混合。

3. 实验材料

玉米种子。

[实验流程]

1. 选取完整、健壮的玉米种子 100 粒，用表面消毒剂 1%NaClO 溶液浸泡 10 min 后用蒸馏水冲洗干净。将种子放在水中浸泡 5～6 h，充分吸胀后，均匀排列在有滤纸的培养皿中（注意种子间留有一定间隔），加入适量蒸馏水，置于 30℃培养箱中暗萌发。每天注意补充水分，使滤纸保持湿润即可。

2. 每天记录发芽粒数。3 d 后测定种子的发芽势，7 d 后测定种子的发芽率，并计算发芽指数。

$$发芽率(\%) = \frac{发芽结束时正常发芽的种子数}{供试种子数} \times 100\%$$

$$发芽势(\%) = \frac{3\ d\ 后正常发芽的种子数}{供试种子数} \times 100\%$$

$$发芽指数 = \sum \left(G_t/D_t \right)$$

式中,D_t 为发芽日数,G_t 是与 D_t 对应的发芽种子数。玉米实验通常统计 7 d 的结果。

[注意事项]

1. 发芽势或发芽指数能表示种子活力。种子活力与种子发芽力(生活力)对种子劣变的敏感性存在差异。当种子劣变很严重时,其发芽力较高,但种子活力极低,种子已没有实际应用价值。

2. 能在 1~2 d 内迅速萌发的种子不适用于测定种子发芽率和发芽势。

[实验作业]

计算玉米种子的发芽率、发芽势和发芽指数,用表格呈现结果,分析产生差异的原因。

[思考题]

1. 农业上种子发芽试验有哪些具体的规定? 测定种子的发芽率和发芽势在农业上有何应用?

2. 浸种有时需要高温,有时需要低温,目的是什么?

3. 指出种子活力与种子发芽率在概念上的区别?

[参考文献]

1. 黄学林,陈润政 . 种子生理实验手册[M]. 北京:中国农业出版社,1990:73-78.

2. 农业部全国农作物种子质量监督检验测试中心 . 农作物种子检验员考核学习读本[M]. 北京:中国工商出版社,2006:154-188

3. 姜艳丽,黄国峰,黄修梅,等 . 种子活力测定在玉米育种中的应用[J]. 种子,2016,35(3):53-54.

数字课程资源

📥教学课件　　✍自测题

(黄胜琴)

7-3　种子活力指数测定

[实验目的]

掌握种子活力指数的测定及计算方法。

[实验原理]

萌发种子幼苗生长量是反映种子活力的一个较好的生理指标。将发芽指数与幼苗生长量联系起来(两者相乘),称为种子活力指数,是表示种子活力的指标之一。幼苗生长量可用质量或长度表示。

[器材与试剂]

1. 实验器材

玻璃板,培养箱,发芽箱(或发芽缸,约 20 cm 高),尺子,天平,滤纸,镊子,细绳或橡皮筋。

2. 实验试剂

1%NaClO 溶液同实验 7-2。

3. 实验材料

玉米种子

[实验流程]

1. 选取完整、健壮的种子 100 粒,设置 3 组重复。用 1% NaClO 溶液消毒玉米种子 1 min 后用蒸馏水冲洗干净。将种子放在 30～35℃温水中浸种 5 h 后,采取玻璃板直立发芽法培养并萌发。

2. 玻璃板直立发芽法:发芽箱由塑料板制成,规格为 20 cm×15 cm×20 cm,玻璃板规格为 20 cm×15 cm,滤纸规格为 42 cm×15 cm。对折滤纸,平铺在玻璃板上。掀开上层滤纸,用蒸馏水湿润下层滤纸,将种子横向排列在滤纸中部,胚向下并保持一定间距,然后将上层滤纸覆盖在种子上。若种子较大,可用细绳或橡皮筋扎在覆盖种子处的滤纸外面,以防种子滑落。玻璃板垂直插入发芽箱中,玻璃板间保持一定的距离。在发芽箱中加入蒸馏水,形成约 2 cm 深蒸馏水层,加盖,留气孔,置于 30℃的培养箱中萌发。

3. 萌发 3 d 后统计种子的发芽率、生长量;按照下面的公式计算种子的活力指数。

$$种子活力指数 = 发芽指数 × 幼苗生长量(长度或质量)$$
$$简化活力指数 = 发芽率(\%) × 幼苗生长量(长度或质量)$$

[实验作业]

计算玉米种子的种子活力指数和简化活力指数,并用柱形图表示结果。

[思考题]

种子活力指数测定适用于何种类型种子?

[实验拓展]

对于萌发迅速的种子,适宜用简化活力指数(发芽率乘幼苗生长量)表示;对于具有明显主根的种子(如花生、大豆等),则可用胚根长度或胚根质量表示幼苗生长量。

[参考文献]

1. 盛焕银.种子检验的意义及工作中存在的问题[J].种子,2003(1):84-85.

2. 李振,廖同庆,冯青春,等.基于机器视觉的蔬菜种子活力指数检测算法研究及系统实现[J].浙江农业学报,2015,27(12):2218-2224.

数字课程资源

📥 教学课件　　📝 自测题

（黄胜琴）

7-4　α- 淀粉酶与 β- 淀粉酶活性测定

[实验目的]

了解种子萌发时淀粉的水解过程以及 α- 淀粉酶与 β- 淀粉酶活性测定的原理。

[实验原理]

在种子萌发时,淀粉酶水解淀粉是重要的生理过程。在萌发的禾谷类种子中,存在 α- 淀粉酶和 β- 淀粉酶,其中 α- 淀粉酶活性在种子发芽过程中不断增加,催化淀粉分子中的 α-1,4 糖苷键被任意切断,形成长短不一的短链糊精及少量麦芽糖和葡萄糖。根据这个特性,以每小时生成 1 mg 麦芽糖所需的酶量作为一个 α- 淀粉酶的活性单位。β- 淀粉酶从淀粉的非还原性末端分解 2 个葡萄糖单位的 α-1,4 糖苷键生成麦芽糖。可以用 3,5- 二硝基水杨酸(DNS)试剂测定溶液中还原糖含量。

[器材与试剂]

1. 实验器材

分光光度计,水浴锅,离心机,烘箱,天平,离心管,尼龙布,烧杯,试管,容量瓶。

2. 实验试剂

0.01% I_2-KI 溶液:称取 20 mg KI 溶解在 10 mL 蒸馏水中,再加入 10 mg I_2,溶解后加蒸馏水定容至 100 mL。

1% 可溶性淀粉溶液:称取 1 g 淀粉溶于 100 mL 0.1 mol·L^{-1} NaAC 缓冲液(pH=5.0)

10 mg·mL^{-1} β- 极限糊精溶液:称取 100 mg β- 极限糊精,加少量蒸馏水调成糊状,倒入 10 mL 沸蒸馏水,不断搅拌加热,煮至透明。冷却后定容至 10 mL。

200 μg·mL^{-1} 标准葡萄糖液:称取已在 80℃烘箱中烘至恒重的葡萄糖 100 mg,用蒸馏水溶解并定容至 500 mL。

0.1 mol·L^{-1} Ca(Ac)$_2$ 缓冲液(pH=6.0):称取 6.8 g NaAc 和 0.735 g Ca(Ac)$_2$,溶于 400 mL 水中,调 pH 至 6.0,加水定容至 500 mL。

DNS 试剂:称取 10 g DNS 溶解于水中,加 20 g NaOH,200 g 酒石酸钾钠,加蒸馏水 500 mL,加热溶解后加重蒸酚 2 g,无水亚硫酸钠 0.5 g,加热搅拌。冷却后定容至 1 000 mL,贮藏于棕色瓶中,放置 1 周后使用。

10 mmol·L^{-1} NaAc 缓冲液(pH=5.0):配制方法见附录 12。

3. 实验材料

玉米种子。

[实验流程]

1. 粗酶液制备

称取 1 g 已萌动的玉米种子,加入 5 mL 0.1 moL·L⁻¹Ca(Ac)₂缓冲液及少量石英砂,研磨至匀浆,用单层尼龙布过滤,5 mL 缓冲液冲洗。滤液在 20 000 r/min 离心 20 min,取上清液,用 10 mmoL·L⁻¹ NaAc 缓冲液透析。过夜后以 20 000 r/min 离心 10 min,上清液定容至 25 mL 备用。

2. β- 极限糊精标准曲线绘制

配制质量浓度为 0、1、2、3、4 mg·mL⁻¹ 的 β- 极限糊精溶液,分别取 0.5 mL,各加入 5.0 mL 0.01% I₂-KI 溶液,测定 560 nm 的光密度值。以 OD₅₆₀ 值为纵坐标,β- 极限糊精含量为横坐标,绘制 β- 极限糊精标准曲线。

3. α- 淀粉酶活力测定

取 0.5 mL 粗酶液,加 0.5 mL β- 极限糊精溶液,用 10 mmol·L⁻¹ NaAc 缓冲液定容至 1 mL 摇匀后 30℃保温。不同时间取 0.1 mL 反应液,加 5.0 mL I₂-KI 试剂和 0.4 mL 水,摇匀后测定 560 nm 的光密度值。根据标准曲线计算 β- 极限糊精含量。

4. β- 淀粉酶活力测定

在具塞试管中加入 5 mL 2% 可溶性淀粉溶液,1 mL Ca(Ac)₂缓冲液,3.9 mL 水。在 37℃下保存 5 min,加入 0.1 mL 粗酶液后,继续保温 30 min。沸水浴中处理 10 min,冷却。取 0.5 mL 样品于试管中,加入 1.5 mL DNS 试剂,沸水浴中处理 15 min。冷却,加 10 mL 水,摇匀后测定 560 nm 的光密度值。

5. 葡萄糖标准曲线绘制

取标准葡萄糖溶液,稀释成 0～200 μg·mL⁻¹ 不同浓度的系列溶液,按上述方法测定 OD₅₆₀ 值,绘制成标准曲线。

根据测定结果,利用公式计算酶活性。

$$\text{酶活性}(\mu g \cdot g^{-1} \cdot h^{-1}) = \frac{\rho \times n \times 25}{0.5 \times 1.9 \times 0.1}$$

式中,n 为酶液体积稀释倍数;ρ 为标准曲线上查得的样品中所含的葡萄糖浓度($\mu g \cdot mL^{-1}$);1.9 为麦芽糖换算成葡萄糖的换算因子。

[实验作业]

计算玉米种子萌发不同时期的 α- 淀粉酶和 β- 淀粉酶活性,并分析酶活性是否与所采用的材料质量有关。

[思考题]

测定淀粉酶活性还有哪些方法?

[参考文献]

1. 李小方,张志良. 植物生理学实验指导[M]. 5 版. 北京:高等教育出版社,2016:100-103.

2. 黄学林,陈润政. 种子生理实验手册[M]. 北京:中国农业出版社,1990:110–111.

3. 凌腾芳,林锦山,刘辉,等. 一种微量、快速测定植物种子 β- 淀粉酶活性的方法[J].
植物学通报,2006,23(3):281–285.

数字课程资源

📥教学课件　　📝自测题

（黄胜琴）

7-5　蛋白酶活性测定

[实验目的]

了解种子萌发过程中蛋白酶活性测定的原理与方法。

[实验原理]

蛋白酶对酪蛋白、乳清蛋白、谷物蛋白等都有很好的水解作用。磷钨酸和磷钼酸混合试剂（即 Folin- 酚试剂）在碱性条件下极不稳定,易被酚类化合物还原而呈蓝色的（钨蓝混合物）。由于蛋白质中的水解产物酪氨酸具有酚基,可以与 Folin- 酚试剂发生显色反应,因此,可利用蛋白酶分解酪蛋白生成酪氨酸进而与 Folin- 酚试剂发生呈色反应,从而间接测定蛋白酶的活力。

[器材与试剂]

1. 实验器材

电子天平,恒温水浴锅,计时表,分光光度计,pH 计,容量瓶,玻璃棒。

2. 实验试剂

各质量浓度酪氨酸标准溶液（10～60 μg·mL^{-1}）。

0.4 mol·L^{-1} 碳酸钠溶液:称取碳酸钠 42.4 g 溶于去离子水,定容至 1 000 mL。

磷酸缓冲液(pH=7.8):称取磷酸氢二钠(Na$_2$HPO$_4$·12H$_2$O)6.02 g 和磷酸二氢钠(NaH$_2$PO$_4$·2H$_2$O)0.5 g,加去离子水溶解定容至 1 000 mL,用 pH 计校正。

0.4 mol·L^{-1} 三氯乙酸溶液:称取三氯乙酸 65.2 g,用去离子水溶解并定容至 1 000 mL。

1% 酪蛋白溶液:称取酪蛋白 1.00 0 g,用 10～20 mL 0.5 mol·L^{-1} 氢氧化钠溶液湿润后,加入磷酸缓冲液约 60 mL,在沸水浴中边加热边用玻璃棒小心搅拌,直至完全溶解。冷却后转入 100 mL 容量瓶中,用磷酸缓冲液定容,此溶液在 4℃保存,有效期为 3 d。

Folin- 酚试剂:在 1 000 mL 的圆底烧瓶中,加入 20 g 钨酸钠(Na$_2$WO$_4$·2H$_2$O)、5 g 钼酸钠(Na$_2$M$_o$O$_4$·H$_2$O)和 140 mL 蒸馏水,再加入 10 mL 85% 磷酸(H$_3$PO$_4$)及 20 mL 浓盐酸,充分混合,加入沸石防暴沸。使用回流装置微沸 2 h,回流结束及冷却后,加入 300 g 硫酸锂(Li$_2$SO$_4$)、10 mL 蒸馏水及 2～3 滴溴,在通风橱内加热煮沸 15 min(不必回流),驱除过量的溴。冷却后加蒸馏水到 200 mL,过滤,保存于带玻璃塞的棕色玻璃瓶中备用。所制成的试剂应为淡黄色而不带绿色。使用前用标准 NaOH 溶液滴定(酚酞做指示剂),算出酸的浓度。然后适当稀释,约加水一倍,使最终的酸浓度为 1 mol·L⁻¹ 左右。Folin– 酚试剂也可直接购买使用。

3. 实验材料

玉米种子。

[实验流程]

1. 酶液制备

取已萌发的玉米种子 0.5 g 于研钵中,加入少许石英砂以及 2 mL 的磷酸缓冲液研碎,再加入 3 mL 磷酸缓冲液,继续研磨至匀浆,匀浆转移至容量瓶定容至 10 mL。10 000 r/min 离心 10 min,上清液即为酶液。

2. 绘制标准曲线

取不同质量浓度的酪氨酸标准溶液各 1 mL,分别加入 0.4 mol·L⁻¹ 碳酸钠溶液 5 mL,Folin– 酚试剂 1 mL,摇匀,置于 40℃恒温水浴中显色 10 min。用空白管(只加水、碳酸钠溶液和 Folin– 酚试剂)做对照,利用分光光度计测定 680 nm 处的光密度值,以 OD_{680} 值为纵坐标,以酪氨酸质量为横坐标,绘制标准曲线(做两组及以上平行实验以保证准确性)。

3. 酶活性测定

吸取 1% 酪蛋白溶液 1 mL 置于试管中,在 30℃水浴中预热 5 min 后加入预热(30℃水浴 5 min)的酶液 1 mL,立即计时。反应 5 min 后,立即加入 0.4 mol·L⁻¹ 三氯乙酸溶液 2 mL,摇匀,静置后过滤。取滤液 1 mL,按照第 2 步中的方法测定 OD_{680}。另取灭活酶做空白对照,3 次重复。

4. 计算蛋白酶活力

蛋白酶活力的大小用酶活力单位表示,定义为:在 30℃条件下,1 g 种子在 1 min 内能催化水解 1 μg 酪氨酸为一个酶活力单位(U)。

$$蛋白酶活力(U) = \frac{m_1 \times V \times n}{t \times m_0}$$

式中,　m_1:由标准曲线得出的样品中酪氨酸释放量(μg·mL⁻¹);

　　　　V:反应体系的总体积(4 mL);n:样品的稀释倍数;

　　　　t:反应时间(5 min);m_0:样品量(g)。

[实验作业]

比较玉米种子在不同萌发时期蛋白酶活力的变化。

[思考题]

种子在萌发过程中有机物质是如何变化的? 与哪些外界因素有关?

[参考文献]

1. 杨红,王锁民. 豌豆种子萌发时的含水量对子叶中蛋白酶和淀粉酶活性的影响[J]. 西北植物学报,2002,22(5):1136–1143.

2. 王学标,何云侠,刘强.福林酚试剂法与缩二脲试剂法测定饲用蛋白酶活力的分析[J].畜牧与兽医,2019,51(3):23-28.

3. 郑东影,陈玮,张卫卫,等.福林酚法测定酿酒白曲酸性蛋白酶活力的条件试验[J].酿酒,2020,47(2):63-66.

数字课程资源

⬇ 教学课件　　　📝 自测题

（黄胜琴）

模块 8 植物的开花

植物成年后,在一定的环境因素影响下,营养顶端转变为生殖顶端而实现开花。通常,花的早期发育包括成花诱导、形成花原基以及花器官的形成及发育 3 个阶段。其中成花诱导是关键的第一步。应用现代遗传学理论和分子生物学手段,以拟南芥、金鱼草、矮牵牛等为研究材料,已提出 4 条成花诱导途径,即光周期途径(photoperiodic pathway)、自主(春化)途径(autonomous/vernalization pathway)、碳水化合物(或蔗糖)途径以及赤霉素途径(gibberellin pathway)。至今已经克隆和鉴定了一批与 4 条途径相关的基因,如光周期途径中的 *CO* 基因、自主(春化)途径中的 *FLC* 基因等。4 条途径都集中于 *AGL20/SCO1* 基因或 *FT* 基因的表达,它们通过整合 4 条途径传来的信号,进而调节下游花分生组织决定基因 *LEAFY*(*LFY*)和器官决定基因(即 ABCDE 花同源异型基因)的表达,实现花器官的形成,完成花发育的早期阶段。本模块实验在于了解低温与光周期如何影响模式植物拟南芥的开花。

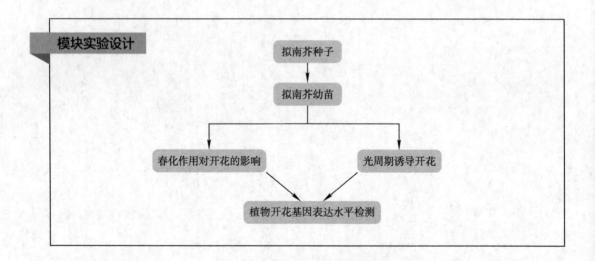

8-1　春化作用对开花的影响

[实验目的]

以模式植物拟南芥为材料,研究春化作用对拟南芥开花时间的影响,并为研究环境因子调控植物开花的机理奠定基础。

［实验原理］

　　低温诱导植物开花的过程,称为春化作用(vernalization)。一些二年生植物如芹菜、萝卜、白菜等和一些冬性一年生植物如冬小麦、冬黑麦、拟南芥等需要春化作用诱导开花。春化作用所需的低温介于 0℃ 至 10℃ 之间,最适温度是 1~7℃,具体有效温度和低温持续时间随植物种类而定。如果温度低于 0℃,代谢被抑制,春化过程不能完成。在春化过程结束之前遇到高温,低温效果会削弱甚至消除,这种现象称为脱春化作用(devernalization)。种子萌发时感受低温的部位是胚,营养体时期的感受低温的部位为茎尖,以及发生细胞分裂的幼嫩叶片和叶柄等部位。

　　模式植物拟南芥的种子需要在 4℃ 条件下放置 2~4 d,以促进种子的同步萌发。拟南芥的开花标志事件是茎尖开始抽出花序轴,即营养生长的顶部出现白色花苞,计算从播种到此时的天数即为拟南芥的开花时间。开花时间的另一种表示方法是统计茎尖出现白色花苞时拟南芥的总叶片数。

［器材与试剂］

　　1. 实验器材

　　250 mL 锥形瓶,玻璃培养皿(直径 10 cm),封口膜,1.5 mL 离心管,1 mL 移液器,1 mL 移液管,多穴拟南芥塑料培养盘,营养土,光照培养箱,冰箱,电炉,灭菌锅,烧杯,量筒。

　　2. 实验试剂

　　70% 乙醇溶液:无水乙醇 70 mL,无菌水 30 mL,混合。

　　1%NaClO 溶液:NaClO(有效氯≥10%)10 mL,无菌水 90 mL,混合。

　　MS 培养基:配方见附录 10,含 15 $g \cdot L^{-1}$ 蔗糖和 8 $g \cdot L^{-1}$ 琼脂。

　　3. 实验材料

　　拟南芥种子。

［实验流程］

　　1. MS 培养基的配制

　　MS 基本培养基 +8 $g \cdot L^{-1}$ 琼脂 +15 $g \cdot L^{-1}$ 蔗糖(pH=5.6~5.7),灭菌后在每个培养皿(直径 10 cm)倒 25 mL 左右培养基。

　　2. 种子的消毒与播种

　　取哥伦比亚生态型的野生型拟南芥种子 0.5 g,分装到 4 个 1.5 mL 的离心管中。在超净工作台上,将拟南芥种子用 70% 乙醇溶液表面消毒 30 s,然后用 1% NaClO 溶液消毒 10 min,无菌水冲洗 5~6 次(用移液器吸取水分)。用移液器或 1 mL 的移液管把拟南芥种子播种在准备好的 MS 培养基上,吹干培养基表面的水分,用封口膜封好培养皿。

　　3. 种子的春化处理

　　把播种后的培养皿用锡箔纸包好后放入 4℃ 冰箱中,春化处理组需要 21 d,对照组放置 3 d。

　　4. 幼苗培养

　　光照培养箱的培养条件为:光强 100~120 $mol \cdot m^{-2} \cdot s^{-1}$,相对湿度为 60%~80%,温度为

21~23℃,光周期设置为光照 16 h,黑暗 8 h。

5. 拟南芥营养土的准备

在拟南芥幼苗从培养皿中移出前一天,用自来水浸泡营养土 12~24 h,以手捏一把营养土后手指缝之间有水但不会滴下为宜。

6. 幼苗移栽

拟南芥幼苗长出 3、4 片真叶时(在光照培养箱中培养 11 d 左右)可移栽到营养土中。每个穴种 1 棵幼苗,用透明的保鲜膜或者塑料盖覆盖多穴拟南芥塑料培养盘,置于光照培养箱中培养(条件与上述在培养皿中培养幼苗相同),3 d 后揭去覆盖物。

[注意事项]

1. 灭菌后的 MS 培养基 pH 控制在 5.6~5.7。

2. 使用 1% NaClO 溶液消毒过程中,应每隔 2~3 min 振荡一次,保证消毒充分;用无菌水清洗种子时,用移液器吹打几次,使种子清洗充分。

3. 种子要在黑暗条件下进行 4℃ 春化处理。

4. 拟南芥种子数不要太多,每个培养皿播种 30~40 粒种子,使幼苗保持均匀的生长状态;土不能太湿,否则容易长菌;光照培养箱的温度要保持在 22℃ 左右。

[实验作业]

1. 统计开花时间。当拟南芥幼苗顶端出现白点(即观察到第一个花芽)时做记录,记录每株幼苗的第一个花芽出现日期,统计此时每株幼苗的总叶片数。

2. 比较开花时间点。列表展示对照组和处理组幼苗第一个花芽出现时总叶片的平均数目和萌发后至花芽出现的平均天数,比较开花的时间。

[思考题]

1. 春化处理不同时间的拟南芥种子,再用高温处理,开花时间会有什么变化?

2. 能否利用拟南芥的幼苗进行春化作用处理?

[实验拓展]

按实验流程 3 分别作为两个对照组,再设 3 个处理组,在 4℃ 分别处理 5 d、10 d、15 d 后转入 21~23℃ 条件下培养,其余培养条件与统计方法相同。分析实验结果。

[参考文献]

1. Chinoy J J. Effect of vernalization and photoperiodic treatments on growth and development of wheat[J]. Nature,1950,165(4205):882.

2. Fait A,Angelovici R,Less H,et al. Arabidopsis seed development and germination is associated with temporally distinct metabolic switches[J]. Plant Physiology,2006,142(3):839-854.

3. Chandler J,Wilson A,Dean C. Arabidopsis mutants showing an altered response to vernalization[J]. The Plant Journal,1996,10(4):637-644.

数字课程资源

⬇ 教学课件　　📝 自测题

（张盛春）

8-2　光周期诱导开花

［实验目的］

以模式植物拟南芥为材料,了解拟南芥发育过程中光周期诱导和夜间断对拟南芥花期的调控作用,以及该调控作用发生的可能时期。

［实验原理］

植物对白天和黑夜的相对长度的反应,称为光周期现象(photoperiodism)。日照长度必须长于一定时数才能开花的植物称为长日植物(long-day plant,LDP),短日植物(short-day plant,SDP)是指日照长度必须短于一定时数才能开花的植物,在任何日照长度条件下都可以开花的植物称为日中性植物(day-neutral plant,DNP)。临界日长(critical day length)是指昼夜周期中诱导短日植物开花所必需的最长日照,或诱导长日植物开花所必需的最短日照。不同植物的临界日长各有不同。临界暗期(critical dark period)是指在昼夜周期中短日植物能够开花所必需的最短暗期长度,或长日植物能够开花所必需的最长暗期长度。临界暗期比临界日长对开花更为重要。短日植物实际是长夜植物(long-night plant),长日植物实际是短夜植物(short-night plant)。

在临界暗期中间给予一定强度的闪光或短时间光照,可产生与所预期的光周期效应相反的结果,这种光处理称为夜间断。本实验以模式植物拟南芥为材料,以正常培养条件下生长的拟南芥为对照,观察改变光周期和进行夜间断对拟南芥开花的影响,学习光周期控制开花临界日长或临界夜长的方法。

［器材与试剂］

1. 实验器材

光照培养箱,冰箱,1.5 mL 离心管,1 mL 移液器,1 mL 移液管,多穴拟南芥塑料培养盘,保鲜膜或塑料盖。

2. 实验试剂

70% 乙醇溶液:无水乙醇 70 mL,无菌水 30 mL,混合。

1% NaClO 溶液:取 NaClO(有效氯≥10%)10 mL,无菌水 90 mL,混合。

营养土(品氏托普泥炭土,丹麦)。

3. 实验材料

拟南芥种子。

[实验流程]

1. 种子的消毒、春化处理与播种

同实验 8-1。

2. 幼苗培养

把种有拟南芥的培养盘分别放到不同光周期的培养箱中培养，长日照(LD)处理为光照 16 h(6∶30 am～22∶30 pm)，黑暗 8 h(22∶30 pm～6∶30 am)；短日照(SD)处理为光照 8 h (6∶30 am～14∶30 pm)，黑暗 16 h(14∶30 pm～6∶30 am)。光强为 100～120 mol·m^{-2}·s^{-1}，相对湿度为 60%～80%，温度为 21～23℃。

3. 间苗

种有拟南芥的培养盘用透明的保鲜膜或者塑料盖覆盖，放在光照培养箱中培养，当种子萌发(子叶变绿)后揭去覆盖物，并把多余的小苗除掉，保持每个穴盘中有 2 棵并分散均匀。

4. 光周期诱导与夜间断实验

每盘拟南芥为一个处理。将 7 个处理置于长日照条件下，其中 1 个处理在长日照条件下直至开花；其余的每隔 5 d 将 1 个处理置于短日照条件下，直至开花。统计 7 个处理的露白日期和每株幼苗露白时的总叶片数。

将 13 个处理放入短日照条件下，其中 1 个处理在短日照条件下直至到开花，其余的每隔 5 d 将 1 个处理做黑暗中断处理：放到强光(200 mol·m^{-2}·s^{-1})下照射 10 min，处理时间为 16 h 暗期的中间，即 22∶30 pm。

5. 开花时间的统计

当幼苗顶端出现第一个花芽时，记录每株幼苗的出现第一个花芽的日期，同时统计每株幼苗的总叶片数。

[注意事项]

每个穴盘种 2～3 颗拟南芥种子，并均匀分散，以便不同穴盘中的幼苗保持均匀的生长状态。

[实验作业]

1. 列表展示对照组和不同处理组幼苗出现第一个花芽时，总叶片的平均数目和萌发后至出现花芽的平均天数，比较开花的时间。

2. 分析光周期诱导与夜间断实验的两种处理获得的开花结果，说明了什么问题？

[思考题]

1. 种子在播种入土前为什么要在 4℃处理 3 d？

2. 温度对光周期诱导是否有影响？

3. 如果通过实验流程中步骤 5 还没有精确获得拟南芥在长日照和短日照下的临界日长或临界夜长，如何设计测定临界日长或临界夜长的实验？

[参考文献]

1. Cerdán P D, Chory J. Regulation of flowering time by light quality [J]. Nature, 2003, 423(6942): 881-885.

2. Hayama R, Coupland G. Shedding light on the circadian clock and the photoperiodic control of flowering[J]. Current Opinion in Plant Biollogy, 2003, 6(1): 13-19.

数字课程资源

⤓ 教学课件　　📝 自测题

（张盛春）

8-3　植物开花基因表达的检测

[实验目的]

掌握植物 RNA 提取以及半定量 RT-PCR 检测植物开花基因表达的原理与方法。

[实验原理]

CO 和 *FLC* 基因在开花级联途径中起重要作用。*CO* 基因可能是光周期途径中特异的激发子,光和植物体内"时间"精确地调控着 CO 蛋白的积累。*FLC* 基因是自主开花途径和春化作用的结合点。开花信号大部分或部分地通过 *CO* 基因和 *FLC* 基因来诱导一系列花分生组织特异性基因的表达。*FT* 基因编码植物开花素,在促进植物开花过程中起重要调控作用。*SOC1* 基因和 *FT* 基因被认为是不同植物开花途径信号的整合子,能够整合不同的外源、内源信号促进植物的开花。在植物成花转变过程中,*FLC* 基因表达下降,而 *SOC1* 和 *FT* 基因表达量升高,这 3 个基因表达模式的变化可以作为植物是否进入成花转变的分子标记。

[器材与试剂]

1. 实验器材

移液器,离心机,冰箱,PCR 仪,电泳槽,制胶板,电泳仪,匀浆仪,离心管,核酸测定仪,凝胶成像系统。

2. 实验试剂

TRIzol®试剂,氯仿,异丙醇,无水乙醇,Oligo dT18,焦碳酸二乙酯(DEPC),DNA 聚合酶,琼脂糖,逆转录酶 ReverTraAce®(TOYOBO),无菌双蒸水(dd H₂O),冰块。

TBE 缓冲液:各组分浓度为 Tris-base 54 g·L⁻¹,硼酸 27.5 g·L⁻¹,Na₂EDTA·2H₂O 3.72 g·L⁻¹。

DEPC 溶液处理的无菌双蒸水:取 1 mL DEPC 溶液加入到无菌双蒸水中,定容至 1 000 mL。

75%乙醇溶液:取 DEPC 溶液处理的无菌双蒸水 25 mL,与 75 mL 无水乙醇混合。

3. 实验材料

穴盘中培养 14、21、28 和 35 d 的拟南芥植株。

[实验流程]

1. 取材

采用穴盘中培养 14 d、21 d、28 d 和 35 d 的拟南芥植株地上部分 100 mg，放置于 1.5 mL 离心管中，用液氮速冻后存于 –80℃ 条件下。

2. 总 RNA 提取

将植物组织在液氮中磨碎，加入 1 mL TRIzol® 试剂，用匀浆仪进行匀浆处理。

将匀浆样品在室温放置 5 min，使核酸蛋白复合物完全分离；加入 200 μL 氯仿，转移至离心管，盖好管盖，剧烈振荡 15 s，室温放置 3 min，4℃ 12 000 r/min 离心 15 min，样品会分成三层，转移上层水相（RNA 主要在水相中）至新离心管；加入 500 μL 异丙醇，温和混匀，室温放置 10 min；4℃ 10 000 g 离心 10 min，弃去上清液，可以看到管侧和管底形成胶状沉淀；加入 1 mL 75% 乙醇溶液洗涤沉淀；4℃ 下不超过 7 500 g 离心 5 min，弃去上清液；于超净台上风干，加入 25 μL DEPC 溶液处理的无菌双蒸水溶解，即获得总 RNA 溶液。分装部分用作浓度测定和电泳，其余存于 –80℃ 条件下用于 RT–PCR。

3. 总 RNA 的浓度及纯度测定

取 2 μL 总 RNA 溶液，加 98 μL DEPC 溶液处理的无菌双蒸水（即稀释 50 倍）测其 OD_{260}，计算浓度并评价其纯度。

4. 半定量 RT–PCR

（1）cDNA 链的合成

反应体系:（所用总 RNA 溶液的体积，要根据所提 RNA 的浓度确定。）

5 × RT buffer	4.0 μL
RNase inhibitor（40 U/μL）	1.0 μL
AMV-reverse transcriptase（40 U/μL）	1.0 μL
d NTP mix（10 mmol/L）	2.0 μL
Oligo（dT）20	1.0 μL
总 RNA 溶液	X μL（=1 μg）
RNase free H_2O	（11–X）μL

反应程序
30℃	10 min
42℃	20 min
99℃	5 min
10℃	store

反应结束后，将所得 cDNA 瞬时离心，存于 –20℃ 条件下备用。

（2）PCR 反应体系及程序

引物（表 8-1）:

表 8-1　PCR 反应引物的序列及用途

引物名称	序列 $(5' \rightarrow 3')$	用途
*Actin*F	GTATGTGGCTATTCAGGCTGT	RT–PCR
*Actin*R	CTGGCGGTGCTTCTTCTCTG	RT–PCR
*CO*F	AGAGAACAACAGGGCACGACCC	RT–PCR
*CO*R	TGGATGAAATGTATGCGTTATGG	RT–PCR
*FLC*F	TAGCCGACAAGTCACCTTCTCC	RT–PCR
*FLC*R	CAGCAGGTGACATCTCCATCTC	RT–PCR
*FT*F	TAGTAAGCAGAGTTGTTGGAGACG	RT–PCR
*FT*R	TCTCATTGCCAAAGGTTGTTCC	RT–PCR
*SOC1*F	CAGCTCCAATATGCAAGATACCA	RT–PCR
*SOC1*R	TGAGATCCCCACTTTTCAGAGAG	RT–PCR

Actin 表示内参基因;F(forward)表示正向引物;R(reversed)表示反向引物。

模板为上述逆转录产物 cDNA。

反应体系:

$10 \times$ buffer(Mg^{2+}plus)	2.5 mL
dNTP mix(2.5 mmol/L)	0.5 μL
cDNA	1.0 μL
PrimerF	0.5 μL
PrimerR	0.5 μL
Taq(5 U/μL)	0.25 μL
无菌 dd H_2O	19.75 μL

反应程序:

94℃	2 min	
94℃	30 s	
55℃	30 s	30 个循环
72℃	1 min	
72℃	10 min	
10℃	store	

(3) PCR 产物的琼脂糖凝胶电泳

PCR 产物在 1.2% 或 1.5% 的琼脂糖凝胶上电泳(3～5 V/cm),使用凝胶成像系统分析结果并拍照。

5. PCR 结果的相对定量

用凝胶成像系统所带的凝胶分析软件或者 ImageJ 软件进行相对定量,方法参照参考文献。相对定量后,存为 Excel 文件格式,应用 Excel 软件进行数据处理和作图。

[注意事项]

1. 应保证基因间 PCR 产物长度相近,确保在同一延伸时间内扩增目的片段。
2. 引物长度应在 20~25 bp 范围内,保证产物的特异性。
3. 引物退火温度应在 55℃左右,上下游引物退火温度保持相近。
4. 引物自身及上下游引物间应不存在二聚体。

[实验作业]

分析不同生长时期植物中开花相关基因的表达水平及其变化的原因。

[思考题]

1. 在基因表达检测过程中,为什么要用 *Actin* 作为内参基因? 是否还有其他的基因可以作为内参基因?
2. 提取总 RNA 过程要注意什么?
3. 哪些外界条件影响植物开花基因的表达水平?

[参考文献]

Rueden C T,SchindeLin J,Hiner M C,et al. ImageJ2:Image for the next generation of scientific image data[J]. BMC Bioinformatics,2017,18(1):529

数字课程资源

⬇ 教学课件　　✍ 自测题

（张盛春）

模块 9 果实成熟与品质

　　果实成熟指果实充分发育并出现其特有的色、香、味、质的阶段。除了满足广大人民群众的美好生活需求之外,果实成熟也形成美丽鲜艳的外观、散发芬芳香气以及甘甜美味的果肉,吸引动物并成为它们的食物,通过这种转移方式把种子遗留下来,从而起到传播种子的作用。

　　果实品质包括外观品质与内在品质,它是果品的重要经济性状,提高果实品质是果树生产、科学研究中的一个重要目标。在进行果树主产区规划、育种、砧木选择、施肥、营养诊断和土壤管理等工作时,需要测定果实的品质。

　　本模块实验通过对新鲜果实的可溶性糖、维生素 C、可溶性蛋白质、可溶性固形物、花色素、可滴定酸、淀粉、挥发物等物质含量的测定,进一步认识评价果实品质的方法。

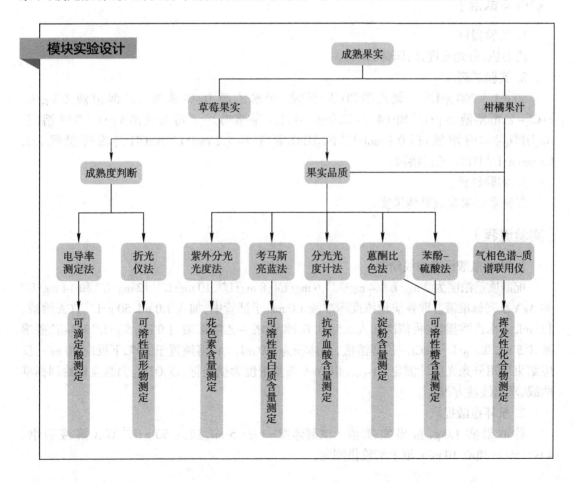

9-1　抗坏血酸含量测定

[实验目的]

抗坏血酸即维生素 C,广泛存在于新鲜水果与蔬菜中,它是一种高活性物质,参与生物体内很多新陈代谢活动。抗坏血酸是生物体内抗氧化体系成员之一,因此抗坏血酸含量作为植物抗衰老和抗逆境的重要生理指标,也可以作为果品质量、选育良种的鉴别指标。通过本实验将掌握用分光光度分析法测定植物抗坏血酸含量的方法,加强对抗坏血酸的认识,提高实验操作水平。

[实验原理]

还原型抗坏血酸(AsA)可以把铁离子还原成亚铁离子,亚铁离子与红菲咯啉(BP)反应形成红色螯合物,此物质在 534 nm 波长的吸收值与 AsA 含量成正相关,故可用比色法进行测定。脱氧抗坏血酸(DAsA)可由二硫苏糖醇还原成 AsA。测定总 AsA 含量,从中减去还原型 AsA,即为 DAsA 含量。

[器材与试剂]

1. 实验器材

离心机,分光光度计,研钵,试管。

2. 实验试剂

50 g·L^{-1}、200 g·L^{-1} 三氯乙酸(TCA)溶液,无水乙醇,0.4% 磷酸 – 乙醇溶液,0.3 g·L^{-1} FeCl$_3$– 乙醇溶液,5 g·L^{-1} BP(4,7– 二苯基 –1,10– 菲咯啉)– 乙醇溶液,0.6 g·L^{-1} DTT 溶液,Na$_2$HPO$_4$–NaOH 溶液(以 0.2 mol·L^{-1} Na$_2$HPO$_4$ 溶液和 1.2 mol·L^{-1} NaOH 溶液等量混合),60 mmol·L^{-1} DTT– 乙醇溶液。

3. 实验材料

新鲜草莓果实或其他果实。

[实验流程]

1. 抗坏血酸标准曲线绘制

配制质量浓度为 2 mg·L^{-1}、4 mg·L^{-1}、6 mg·L^{-1}、8 mg·L^{-1}、10 mg·L^{-1}、12 mg·L^{-1} 和 14 mg·L^{-1} 的 AsA 系列标准液。取各质量浓度标准液 1.0 mL 于试管中,加入 1.0 mL 50 g·L^{-1} TCA 溶液、1.0 mL 无水乙醇摇匀,再依次加入 0.5 mL 0.4% 磷酸 – 乙醇溶液、1.0 mL 5 g·L^{-1} BP– 乙醇溶液、0.5 mL 0.3 g·L^{-1} FeCl$_3$– 乙醇溶液,总体积为 5.0 mL。将溶液置于 30℃下反应 90 min,反应结束后用分光光度计测定 OD$_{534}$。以 AsA 质量浓度为横坐标,以 OD$_{534}$ 为纵坐标绘制标准曲线,求出线性方程。

2. 抗坏血酸提取

称取果实 1.0 g,按果实质量∶试剂体积=1 g∶5 mL 加入 50 g·L^{-1} TCA 溶液研磨,4 000 r/min 离心 10 min,取上清液供测定。

3. 还原型抗坏血酸(AsA)测定

取 1.0 mL 样品提取液于试管中,按上述相同的方法进行测定,并根据标准曲线计算 AsA 含量。

4. 脱氧抗坏血酸(DAsA)测定

向 1.0 mL 样品液中加入 0.5 mL 60 mmol·L^{-1} DTT- 乙醇溶液,用 Na$_2$HPO$_4$-NaOH 溶液将溶液 pH 调至 7~8,置于室温下反应 10 min,使 DAsA 还原。然后加入 0.5 mL 200 g·L^{-1} TCA 溶液,pH 调至 1~2。按上述相同的方法进行测定,计算出总抗坏血酸含量,从中减去 AsA 含量,即得 DAsA 含量。

[注意事项]

磷酸 - 乙醇溶液和抗坏血酸溶液不宜长期保存,应现配现用。

[实验作业]

计算草莓果实或其他果实中的还原型抗坏血酸含量和脱氧抗坏血酸含量。

[思考题]

1. 在抗坏血酸测定中,要考虑样品鲜重,如何计算每克样品中抗坏血酸的含量?
2. 干扰抗坏血酸测定的因素有哪些?
3. 为了准确测量果实中维生素 C 含量,在实验操作过程中需要注意哪些操作?为什么?
4. 分光光度分析法相对其他测定抗坏血酸的方法有什么优缺点?

[参考文献]

1. 李玲 . 植物生理学模块实验指导[M]. 北京:科学出版社,2009:50-54
2. 高俊山,蔡永萍 . 植物生理学实验指导[M]. 北京:中国农业大学出版社,2018:117-120

数字课程资源

📥 教学课件　　✏️ 自测题

（于 　远　傅致君）

9-2　可滴定酸测定

[实验目的]

正确理解果实中可滴定酸的概念,掌握水果可滴定酸快速测定的原理和方法。

[实验原理]

可滴定酸不仅是评价果实食用品质的一个重要指标,同时也是评价果实成熟度的重要指标,测定果实的酸度有利于我们进一步判断果实的成熟度,确定最适采摘期。果实的酸味源自于果汁中存在的游离氢离子,果实中的有机酸通常称果酸,以苹果酸、柠檬酸、酒石酸为主,此外还有草酸、琥珀酸和挥发性酸等。这些酸主要以游离态存在,所以测定果实中有机酸含量时,通常只测可滴定酸含量。由于果汁自身常带有颜色,判定指示剂滴定法的终点较为困难,测定结果误差较大。而电导率测定法不受浸出液颜色的影响,终点判定受人为因素较小,因此测定果实的可滴定酸通常采用电导率测定法。电导率测定法是借助于在测定过程中果汁氢离子所产生的电导率值来判断果汁酸度。

[器材与试剂]

1. 实验器材
糖酸仪
2. 实验试剂
超纯水。
3. 实验材料
新鲜草莓或其他果实。

[实验流程]

1. 用榨汁机榨取新鲜果汁备用。
2. 使用超纯水对糖酸仪样品槽进行清洗,并用吸水纸彻底吸干样品槽内剩余水分。
3. 取 400 μL 超纯水于糖酸仪样品槽内,对其进行读数调零。
4. 酸度测定:称取 1 g 果汁,加入 49 g 超纯水,以 1∶50 的比例稀释果汁。取 400 μL 稀释果汁置于糖酸仪样品槽,读取酸度读数,记录读数与测量时的室温温度。

[注意事项]

糖酸仪样品槽不得擦拭,避免样品槽内的传感器因为出现刮痕而产生检测误差。出现液体残留时用吸水纸清理即可。

[实验作业]

在实验纸上记录测得的可滴定酸数据以及测定时期的室温。

[参考文献]

曹建康,姜微波,赵玉梅.果蔬采后生理生化实验指导[M].北京:中国轻工业出版社,2007:130.

数字课程资源

📥教学课件　📝自测题　▶️实验操作视频(视频 11　可滴定酸测定)

(于　远　张鑫鑫)

9-3 可溶性固形物测定

[实验目的]

学习折光仪法测定样品中可溶性固形物含量的原理和方法。

[实验原理]

光线从一种介质进入另一种介质时会产生折射现象,且入射角与折射角的正弦之比为恒定值,此比值称为折光率。实验样品中可溶性固形物含量与折光率在一定条件下(同一温度、压力)成正比例,故可通过测定样品的折光率,求出样品的浓度。

[器材与试剂]

1. 实验器材

折光仪,烧杯,玻璃棒,脱脂棉。

2. 实验试剂

蒸馏水,无水乙醚或乙醇。

3. 实验材料

新鲜草莓果实。

[实验流程]

1. 样品的制备

(1)透明液体制备

充分混匀待测样品后直接测定。

(2)半黏稠制品制备

充分混匀待测草莓果实的样品,用四层纱布挤出滤液,用于测定。

(3)黏稠制品制备

称取适量草莓果实至已称量的烧杯中,加 100～150 mL 蒸馏水,用玻璃棒搅拌,并缓慢煮沸 2～3 min。冷却并充分混匀,称量后用漏斗过滤到干燥烧杯,滤液供测定用。

2. 折光率的测定

(1)折光仪的矫正

分开折光仪的两面棱镜,用擦镜纸将折光仪棱镜擦净。滴几滴蒸馏水于棱镜上,合上盖板,使进光窗对向光源或明亮处,观察视场中分界线是否与零刻度线对准,如有偏离,用螺丝刀旋动校正螺丝,使分界线与刻度上的零线对准。用擦镜纸擦干蒸馏水。

(2)样品折光率测定

① 用末端熔圆的玻璃棒蘸取制备好的样品 2～3 滴,仔细滴于折光仪棱镜平面的中央(勿使玻璃棒触及棱镜)。

② 迅速闭合上下两棱镜,静置 1 min,要求液体均匀无气泡并充满视野。

③ 对准光源,由目镜观察,调节指示规,使视野分成明暗两部分。再旋动微调螺旋,使

两部分界限明晰,其分线恰好在接物镜的十字交叉点上,读取读数,并记录棱镜温度。

3. 可溶性固形物含量的计算

(1)制备液中可溶性固形物质量分析

通过附录 8 折光率与可溶性固形物换算表,查得样品中可溶性固形物百分率,再按照附录 9 可溶性固形物对温度校正表,换算成 20℃标准的可溶性固形物百分率。重复 3 次测定,取其平均值作为结果。

(2)可溶性固形物含量的计算

不经稀释的透明液体、非黏稠制品或固相和液相分开的制品,可溶性固形物含量按折光率与可溶性固形物换算表直接读取;经过稀释的黏稠制品,则可溶性固形物含量按以下公式计算。

$$w = \frac{w_0 \times m_1}{m_0}$$

式中:w 为可溶性固形物含量(%);w_0 为稀释溶液里可溶性固形物含量的质量分数(%);m_1 为稀释后的样品质量(g);m_0 为稀释前的样品质量(g)。

[注意事项]

1. 折光仪镜面只能用擦镜纸擦拭。
2. 玻璃棒蘸取样品滴于折光仪棱镜平面时勿使玻璃棒触及棱镜。

[实验作业]

计算草莓果实样品中可溶性固形物含量。

[思考题]

1. 哪些因素会影响可溶性固形物含量的测定结果?
2. 果蔬中的可溶性固形物主要包括哪些物质?

[参考文献]

1. 樊书祥,黄文倩,李江波,等.LS-SVM 的梨可溶性固形物近红外光谱检测的特征波长筛选[J].光谱学与光谱分析,2014,34(8):2089-2093.

2. 中国食品发酵工业研究院,广东省微生物研究所,广州市产品质量监督检验所.罐头食品的检验方法.GB/T 10786-2006[S].北京:中国标准出版社,2006.

3. 曹建康,姜微波,赵玉梅.果蔬采后生理生化实验指导[M].北京:中国轻工业出版社,2007:24-28.

数字课程资源

📥 教学课件　　📝 自测题

(程　焱)

9-4 花色素含量测定

[实验目的]

1. 掌握用紫外 – 可见分光光度法定量测定总花色素含量的方法。
2. 掌握用高效液相色谱法定量检测花色素类化合物矢车菊素 –3–O– 葡糖苷的方法。

[实验原理]

花色素(也称花青素)是一类广泛存在于植物中的水溶性天然色素,属类黄酮化合物。花色素在水果、花卉及药用植物中广泛存在,为植物中的主要呈色物质。已知花色素有 20 多种,包括天竺葵色素、矢车菊色素、飞燕草色素、芍药色素、牵牛花色素和锦葵色素等。自然状态的花色素多以糖苷形式存在,故又称为花色苷。花色素主要的生理活性功能有自由基清除、抗氧化和抗癌等,主要用于食品添加剂、天然色素、染料、医药、化妆品等方面。

花色素分子中存在高度分子共轭体系,含有酸性与碱性基团,易溶于水、甲醇、乙醇、稀碱与稀酸等极性溶剂中。花色素在紫外与可见光区域均具较强吸收,紫外区域最大吸收波长在 280 nm 附近,而可见光区域最大吸收波长在 500 ~ 550 nm 范围内,因此可以用紫外 – 可见分光光度法进行测定。由于高效液相色谱(HPLC)可以快速分离样品中的各组分并进行检测,具有高速、高效、高灵敏度等特点,所以可以用 HPLC 法检测花色素。

[器材与试剂]

1. 实验器材

分析天平,台式离心机,超声波清洗仪,紫外 – 可见分光光度计,高效液相色谱仪,镊子,剪刀,研钵,离心管,容量瓶,微孔滤膜(0.45 μm),移液管,移液器,移液器头,一次性手套,记号笔,称量纸,玻璃试管(10 mL)。

2. 实验试剂

0.1 mol·L^{-1} 盐酸 – 甲醇溶液,色谱级甲醇,分析纯甲醇,色谱级乙腈,色谱级磷酸,液氮,亚硝酸钠,硝酸铝,氢氧化钠,盐酸,氯仿,蒸馏水。

芍药素 –3–O– 葡糖苷标准溶液:准确称取芍药素 –3–O– 葡糖苷 10 mg 溶于 10 mL 含体积分数 0.1% 盐酸的水溶液中,配成 1.0 mg·mL^{-1} 的标准贮备液。分别吸取 5 μL、50 μL、100 μL、250 μL 和 500 μL 标准贮备液,稀释至 1 mL,得到浓度分别为 5 μg·mL^{-1}、50 μg·mL^{-1}、100 μg·mL^{-1}、250 μg·mL^{-1} 和 500 μg·mL^{-1} 标准品待测液,用微孔滤膜(0.45 μm)过滤,取滤过液备用。

3. 实验材料

草莓果实、葡萄果实。

[实验流程]

1. 花色素的提取

(1)取草莓果实或葡萄果实 0.1 ~ 0.2 g,置于研钵中,用液氮速冻后研磨至粉末状。加

0.1 mol·L⁻¹ 盐酸 – 甲醇溶液 1 mL 溶解, 混匀, 超声处理 60 min (25 kHz)。

（2）加入 800 μL 蒸馏水, 混匀后离心 (12 000 r/min, 5 min), 上清液移入离心管中。

（3）加入等体积氯仿, 颠倒混匀后稍静置。离心 (12 000 r/min, 5 min), 使水相与氯仿相分离。此时花色素溶于水相中, 将水相与氯仿相分离, 收集水相溶液备用。

2. 紫外 – 可见分光光度法测定花色素含量

用 0.1 mol·L⁻¹ 盐酸 – 甲醇溶液作为空白对照。取上述水相提取液于 530 nm、620 nm 和 650 nm 波长下分别测定光密度值。根据 Greey 公式计算花色素含量:

$$花色素光密度值 (OD_\lambda) = (OD_{530} - OD_{620}) - 0.1 \times (OD_{650} - OD_{620}) \tag{1}$$

$$花色素含量 (nmol \cdot g^{-1}) = \frac{OD_\lambda}{\varepsilon} \times \frac{V}{m} \times 10^6 \tag{2}$$

式中, ε 为花青素摩尔消光系数 4.62×10^6; V 为提取液总体积 (mL); m 为取样质量 (g)。

3. HPLC 法测定花色素含量

高效液相色谱方法参考实验 5–2。

（1）液相色谱条件

依利特 –E3022860–C_{18} 色谱柱; 以甲醇 –0.1% 磷酸水溶液为流动相 (B–A), 流速为 1 mL·min⁻¹, 进样量 10 μL, 柱温 30℃, 检测波长 530 nm。洗脱条件如表 9–1。

表 9–1 梯度洗脱条件

洗脱时间 /min	w_A/%	w_B/%
0 ~ 5	95	5
5.01 ~ 15	65	35
15.01 ~ 30	60	40
30.01 ~ 40	52	48
40.01 ~ 60	35	65

（2）样品花色素含量测定

以芍药素 –3–O– 葡糖苷为测定的标准品, 在 "（1）" 项色谱条件下进样测定, 测得峰面积 A。以峰面积为纵坐标, 浓度为横坐标, 绘制标准曲线。

$$Y = kX + b$$

式中, Y 为各标准溶液的吸光度值, X 为各标准溶液浓度, k 为标准曲线斜率, b 为标准曲线截距。

$$花色素质量浓度 (mg \cdot mL^{-1}) = \frac{A - b}{k} \tag{3}$$

$$花色素质量含量 (mg \cdot g^{-1}) = \frac{\rho \times V}{m} \tag{4}$$

式中, ρ 为花色素质量浓度 (mg·mL⁻¹), V 为提取液体积 (mL), m 为样品质量。

取上述提取花色素水相 1 mL, 用 0.1 mol·L⁻¹ 盐酸甲醇定容至 5 mL, 溶液经微孔滤膜

（0.45 μm）过滤。取续滤液 10 μL，在"①"项色谱条件下进样测定，记录色谱图，测得峰面积。并根据标准曲线按公式（3）和（4）计算花色素含量。

[注意事项]

1. 为防堵塞色谱柱，所有流动相试剂和样品溶液都需经微孔滤膜过滤。
2. 水相流动相应避免使用缓冲盐溶液，以防液相仪管道堵塞。

[实验作业]

1. 计算草莓果实或葡萄果实中总花色素含量。
2. 写出 HPLC 法测定花色素成分的原理及实验操作流程。

[思考题]

花色素与原花色素的区别？

[实验拓展]

查阅资料，除了 HPLC 法与紫外 - 可见分光光度计法以外，还有什么方法可用于花色素含量的测定？

[参考文献]

1. 李甘. 紫洋葱及黑豆种皮中花青素的定性定量分析和生物活性的研究[D]. 太原：山西大学，2019.

2. 王仙萍，李敏，张敏琴，等. 贵州紫苏资源收集以及叶色多样性分析[J]. 中国农学通报，2013，29（10）：132-136.

数字课程资源

📥 教学课件　　✍ 自测题

（沈　奇　谢观雯）

9-5　可溶性蛋白质含量测定

[实验目的]

1. 掌握用酚抽提法提取蛋白质的操作过程，提高实验操作水平。
2. 学习用考马斯亮蓝法测定蛋白质含量的方法。

[实验原理]

蛋白质的提取方法之一的酚抽提法（BPP），其名称来自提取过程所需要 3 种重要化学成分四硼酸钠、聚乙烯聚吡咯烷酮（PVP）和酚（phenol）英文名称的首字母。利用蛋白质溶于 Tris 饱和酚的特性,通过加入提取液反复抽提,可以有效去除不溶于有机溶剂的杂质。

1976 年,Bradford 根据蛋白质与染料相结合的原理,建立了考马斯亮蓝法(Bradford 法),用于测定蛋白质含量。这种蛋白质测定法是目前灵敏度最高的蛋白质测定法,得到广泛的应用。这个方法是根据考马斯亮蓝 G–250 染料,在酸性溶液中与蛋白质结合,使染料的最大吸收峰的位置由 465 nm 变为 595 nm,溶液的颜色也由棕黑色变为蓝色。在 595 nm 下测定的光密度值与蛋白质浓度成正比。

[器材与试剂]

1. 实验器材

冷冻离心机,研钵,涡旋振荡仪,天平,离心管,VIS–7220 型可见分光光度计。

2. 实验试剂

Tris 饱和酚(pH=8.0),PVP,丙酮,甲醇,过饱和硫酸铵 – 甲醇溶液(AM 沉淀剂),双蒸水(dd H_2O),考马斯亮蓝 G–250,95% 乙醇溶液,85% H_3PO_4 溶液,牛血清白蛋白(BSA),尿素,3–[(3–胆酰胺基丙基)二甲基铵]–1–丙磺酸(CHAPS),二硫苏糖醇(DTT)。

BPP 提取缓冲液:各物质浓度为 100 mmol·L^{-1} Tris(pH=8.0),100 mmol·L^{-1} EDTA,50 mmol·L^{-1} 硼砂,50 mmol·L^{-1} 维生素 C,1% Triton X–100(体积分数),2% β– 巯基乙醇(体积分数),300 g/L 蔗糖溶液。

考马斯亮蓝试剂(Bradford 试剂):称取 100 mg 考马斯亮蓝 G–250 溶于 50 mL 95% 乙醇溶液,加入 100 mL 85% H_3PO_4 溶液,用蒸馏水稀释至 1 000 mL,滤纸过滤。最终试剂中含 0.1 g/L 考马斯亮蓝 G–250 溶液,4.7% 乙醇,8.5% H_3PO_4。

标准蛋白质溶液:使用牛血清白蛋白,根据其纯度,同 0.15 mol·L^{-1} NaCl 溶液配制成 100 µg·mL^{-1} 蛋白质溶液。

蛋白裂解缓冲液(lysis buffer):9 mol·L^{-1} 尿素,2% CHAPS,13 mmol·L^{-1} DTT,1% IPG 缓冲液。

3. 实验材料

新鲜草莓果实。

[实验流程]

1. 提取蛋白质

(1)将草莓果实用液氮速冻,置于预冷研钵中,并加入 1 g PVP 粉末防止氧化,充分研磨成干粉后,–80℃保存备用。

(2)称取 3 g 左右植物组织粉末,加入盛有 10 mL 预冷 BPP 提取缓冲液的 50 mL 离心管中,室温涡旋振荡 10 min。

(3)加入等体积 Tris 饱和酚,室温涡旋振荡 10 min。

(4)使用 BPP 提取缓冲液配平,于 4℃,16 000 r/min 离心 15 min。转移上清液(绿色的酚相)于新的 50 mL 离心管中,加入等体积 BPP 提取缓冲液,室温下涡旋 5 min。

(5)使用 BPP 提取缓冲液配平,于 4℃,16 000 r/min 离心 15 min。重复 1 次。

(6)取 10 mL 离心管,每管加入预冷的 5 mL AM 沉淀剂,加入离心后的上清液 1 mL,于 –20℃沉淀过夜,可保存数月。

（7）使用 AM 沉淀剂处理过夜的上清液（可见白色沉淀物），用 AM 沉淀剂配平后于 4℃，16 000 r/min 离心 15 min，弃上清液。

（8）每管加入 2 mL 预冷甲醇（加入的量视蛋白量而定），用枪头充分搅碎后合管。用甲醇配平后于 4℃，16 000 g 离心 5 min，弃上清液。重复 1 次。

（9）每管加入 0.5 ~ 1 mL 冰冷丙酮（视蛋白量而定），用枪头充分搅碎蛋白块。丙酮配平后于 4℃，16 000 r/min 离心 5 min，弃上清液。重复 1 次。

（10）蛋白质沉淀在室温下自然风干，加入适量蛋白裂解缓冲液，于 22℃ 恒温溶解 2 h 以上。将溶解完全的蛋白液于 20℃，20 000 r/min 离心 30 min，转移上清液至 1.5 mL 离心管中，4℃ 或 -20℃ 保存备用。

2. 蛋白质标准曲线制作

（1）打开分光光度计，预热 20 min，选择"光度测量"，调节 $\lambda = 595$。

（2）用空白对照（2 μL 蛋白裂解缓冲液 +18 μL 双蒸水 +1 mL Bradford 试剂）进行调零 3 次。第一次按"Zero"键即可，观察第二、三次的 OD 值，如果都很小且相差不大即可完成调零。

（3）取 4 个比色皿，编号为 B1、B2、B3 和 B4。各比色皿组分如下：B1（2 μL BSA+18 μL dd H_2O）、B2（4 μL BSA+16 μL dd H_2O）、B3（6 μL BSA+14 μL dd H_2O）和 B4（8 μL BSA+12 μL dd H_2O）。按照次序，在 B_1 比色皿中加入 1 mL Bradford 试剂，1 s 后读 OD_{595} 值，此后对剩下的比色皿执行重复操作。制作标准蛋白的标准曲线。

3. 样品蛋白质浓度测定

取 2 μL 样品蛋白质提取液，加入 18 μL dd H_2O 和 1 mL Bradford 试剂，测定 OD_{595} 值。根据标准曲线，查出样品的蛋白的浓度；结合样品的鲜重，计算出每毫克样品的蛋白质含量。

[注意事项]

1. 干燥蛋白质沉淀时，风干程度为蛋白质块开始出现小裂缝为好；蛋白裂解缓冲液不要加太多，否则蛋白质浓度太低；溶解过程要时不时手动摇晃以保证充分溶解蛋白质。

2. BPP 提取液的量要根据材料而定，一般采用样品：提取液 =1：3 的比例。

3. 由于 BPP 提取液及 Tris 饱和酚都是有异味的试剂，操作过程应在通风橱中进行。

4. 样品要置于冰上保持低温，操作要戴手套和口罩。

5. 在标准曲线制作中，以比色皿中加入 Bradford 试剂 1 s 以后的读数为准。如读数不稳定或有异常变动，可重复测定。

[实验作业]

计算草莓果实中可溶性蛋白质含量。

[思考题]

1. 在提取蛋白质过程的步骤 3 中加入等体积 Tris 饱和酚起什么作用？分析重复操作的原因。

2. 与测定蛋白质浓度的双缩脲法（Biuret 法）和 Folin- 酚试剂法（Lowry 法）比较，考马斯亮蓝法有哪些优点？

[参考文献]

1. Wang X, Li X, Li Y. A modified Coomassie Brilliant Blue staining method at nanogram sensitivity compatible with proteomic analysis[J]. Biotechnology Letters, 2007, 29 (10): 1599-1603.

2. Wang X, Wang D, Wang D, et al. Systematic comparison of technical details in CBB methods and development of a sensitive GAP stain for comparative proteomic analysis[J]. Electrophoresis, 2012, 33 (2): 296-308.

数字课程资源

📥 教学课件   📝 自测题

(张雪妍)

9-6　可溶性糖含量测定

I　蒽酮比色法

[实验目的]

学习蒽酮比色法测定植物组织可溶性糖含量的原理和方法。

[实验原理]

在高温作用下,糖与浓硫酸可经脱水反应生成糠醛或羟甲基糠醛,生成的糠醛或羟甲基糠醛可再与蒽酮(即: 9, 10-二氢蒽-9-酮, $C_{14}H_{10}O$)反应生成蓝绿色的糠醛衍生物。在一定范围内,生成物的颜色深浅与糖的含量成正比。此外,反应生成的有色物质在 625 nm 波长处有最大的光密度值,故可在此波长下进行糖的比色测定。该方法几乎可以测定所有的糖类,比如寡糖、多糖类等,所以用蒽酮比色法测出的糖类含量,实际上是溶液中全部可溶性糖类总量。

[器材与试剂]

1. 实验器材

分光光度计,电子天平,10 mL 刻度离心管,离心机,恒温水浴锅,10 mL 试管,移液管,剪刀,漏斗,滤纸。

2. 实验试剂

80% 乙醇溶液,98% 浓硫酸溶液,活性炭蒸馏水。

标准葡萄糖溶液($100\ \mu g \cdot mL^{-1}$):准确称取 100 mg 分析纯的葡萄糖(置于 80℃ 烘箱烘至恒重,去除吸湿的水),溶于蒸馏水并定容至 100 mL,使用时再稀释 10 倍($100\ \mu g \cdot mL^{-1}$)。

蒽酮试剂:称取 1.0 g 蒽酮,溶于 1 000 mL 80% 浓硫酸(98% 浓硫酸用蒸馏水稀释),冷却至室温,贮于具塞棕色瓶内,冰箱保存。

3. 实验材料

草莓果实新鲜样品或干样品。

[**实验流程**]

1. 葡萄糖标准曲线的制作

取 6 支 10 mL 干燥洁净的试管,编号为 0—5,并依次加入标准葡萄糖溶液（100 μg·mL^{-1})0、0.2 mL、0.4 mL、0.6 mL、0.8 mL 和 1.0 mL。再依次加入蒸馏水 1.0 mL、0.8 mL、0.6 mL、0.4 mL、0.2 mL 和 0 mL,然后按顺序分别向试管中加入 5 mL 蒽酮试剂（详见表 9-2）。

表 9-2　蒽酮法测可溶性糖制作标准曲线的试剂量

试剂	试管号					
	0	1	2	3	4	5
100 μg·mL^{-1} 标准葡萄糖溶液 /mL	0	0.2	0.4	0.6	0.8	1.0
蒸馏水 /mL	1.0	0.8	0.6	0.4	0.2	0
蒽酮试剂 /mL	5.0	5.0	5.0	5.0	5.0	5.0
相当于葡萄糖的质量 /μg	0	20.0	40.0	60.0	80.0	100.0

将各试管快速摇动混匀后,立即在沸水浴中煮 10 min。取出冷却后,在 625 nm 波长下,用空白管作参比测定光密度,以光密度值为横坐标,葡萄糖质量（μg）为纵坐标绘制标准曲线。

2. 样品中可溶性糖的提取

（1）称取剪碎混匀的新鲜草莓样品 1.0 g,或者取干样品 0.1 g,放入 10 mL 离心管中。

（2）加入 4 mL 80% 乙醇溶液,置于 80℃ 水浴中 30 min,其间不断振荡,3 000 r/min 离心 10 min。

（3）收集上清液置于 10 mL 试管中,其残渣加 2 mL 80% 乙醇溶液重复提取 2 次,合并上清液。

（4）在上清液中加入少许活性炭,80℃ 脱色 30 min,用蒸馏水补充至 10 mL。

（5）过滤后取滤液测定。

3. 样品测定

取上述待测滤液 1.0 mL 加蒽酮试剂 5 mL,混匀后同以上标准曲线制作的操作,显色测定光密度。根据标准曲线求出提取液中糖的含量。计算公式如下:

$$可溶性糖含量（mg·g^{-1}）= \frac{m_1 \times V_2}{m_2 \times V_1 \times 1\,000}$$

式中:m_1 为从标准曲线上查得的显色待测液中的葡萄糖质量（μg）,V_2 为样品待测液的总体积（mL）,V_1 为显色时待测液体积（mL）,m_2 为植物组织样品质量（g）。

[注意事项]

1. 由于蒽酮试剂与糖反应的显色强度随时间变化,故必须在反应后立即在同一时间内比色。该实验方法简便,但没有专一性,绝大部分的糖类都能与蒽酮试剂反应,产生颜色。

2. 稀释浓硫酸时应缓慢并且沿着烧杯内壁加入,以免产生大量热量而使液体溅出,灼伤皮肤。如出现这种状况,应迅速用自来水冲洗。

[实验作业]

用柱形图呈现草莓果实新鲜样品或干样品的可溶性糖含量。

[思考题]

1. 在可溶性糖的提取中,为什么残渣要用 80% 乙醇溶液提取 2 次?
2. 哪些因素会影响可溶性糖含量的测定结果?
3. 应用蒽酮法测得的糖包括哪些类型?

[参考文献]

1. 杨志敏,谢彦杰. 生物化学实验[M]. 2 版. 北京:高等教育出版社,2019.
2. 中国科学院上海植物生理研究所,上海市植物生理学会. 现代植物生理学实验指南[M]. 北京:科学出版社,1999:127.

II 苯酚-硫酸法

[实验目的]

学习苯酚 – 硫酸法测定植物组织可溶性糖含量的原理和方法。

[实验原理]

植物体内的可溶性糖主要是指能溶于水及乙醇的单糖和寡聚糖。糖在浓硫酸作用下,脱水生成的糠醛或羟甲基糠醛能与苯酚缩合成一种橙红色化合物,在 10 ~ 100 mg 范围内其颜色深浅与糖的含量成正比;除此之外,该化合物在 485 nm 波长下有最大吸收峰,故可用比色法在此波长下测定。本实验方法简单,灵敏度高,实验时基本不受蛋白质存在的影响,并且产生的橙红色化合物颜色非常稳定。

[器材与试剂]

1. 实验器材

分光光度计,电子天平,水浴锅,25 mL 试管,100 mL 容量瓶,刻度吸管,记号笔,剪刀,漏斗,滤纸,吸水纸,塑料封口膜。

2. 实验试剂

900 g·L⁻¹ 苯酚溶液:称取 90 g 苯酚(分析纯),加蒸馏水溶解并定容至 100 mL,在室温下可保存数月。

90 g·L^{-1} 苯酚溶液:取 3 mL 900 g·L^{-1} 苯酚溶液,加蒸馏水至 30 mL,现配现用。

浓硫酸(相对密度 1.84)。

10 g·L^{-1} 标准蔗糖溶液:将蔗糖(分析纯)在 80℃下烘至恒重,精确称取 1.000 g。加少量水溶解,移入 100 mL 容量瓶中,加入 0.5 mL 浓硫酸,用蒸馏水定容至刻度。

100 μg·mL^{-1} 标准蔗糖溶液:精确吸取 10 g·L^{-1} 蔗糖标准液 1 mL 加入 100 mL 容量瓶中,加蒸馏水定容至刻度。

3. 实验材料

新鲜的草莓果实或叶片。

[实验流程]

1. 标准曲线的制作

取 25 mL 刻度试管 7 支,编号,按表 9-3 加入试剂。按顺序向试管内加入 1 mL 90 g·L^{-1} 苯酚溶液,摇匀,再从管液正面加入 5 mL 浓硫酸(加浓硫酸的持续时间以 5～20 s 为宜),摇匀。比色液总体积为 8 mL,在室温下放置 30 min,显色。以空白试管(0 号试管)为参比,在 485 mm 波长下测定各管的光密度值,以光密度值为横坐标,蔗糖质量为纵坐标,绘制标准曲线,求出标准线性方程。

表 9-3 苯酚法测可溶性糖绘制标准曲线的试剂量

试剂	试管号						
	0	1	2	4	5	6	7
100 μg·mL^{-1} 标准蔗糖液 /mL	0	0.2	0.4	0.6	0.8	1.0	1.2
蒸馏水 /mL	2.0	1.8	1.6	1.4	1.2	1.0	0.8
90 g·L^{-1} 苯酚溶液 /mL	1.0	1.0	1.0	1.0	1.0	1.0	1.0
浓硫酸 /mL	5.0	5.0	5.0	5.0	5.0	5.0	5.0
相当于蔗糖质量 /μg	0	20.0	40.0	60.0	80.0	100.0	120.0

2. 可溶性糖的提取

(1)取新鲜草莓果实或叶片,擦净表面污物,剪碎混匀,称取 0.1～0.3 g,放入试管中。

(2)向试管中加入 5～10 mL 蒸馏水,并用塑料封口膜封口。

(3)将试管置于沸水中提取 30 min,提取液过滤入 25 mL 容量瓶中,再重复上述操作提取 1 次。

(4)反复冲洗试管及残渣,取冲洗液过滤,加入 25 mL 容量瓶中,最后用蒸馏水定容至刻度。

3. 测定

吸取 0.5 mL 样品液于试管中,加蒸馏水 1.5 mL,同制作标准曲线的步骤,按顺序分别加入苯酚溶液、浓硫酸,显色并测定光密度值。由标准曲线求出糖的量,计算被测样品中糖含量。

$$可溶性糖含量(mg \cdot g^{-1}) = \frac{m_1 \times V_2}{m_2 \times V_1 \times 1\,000}$$

式中,m_1 为由标准曲线求得的糖含量(μg);V_2 为提取液体积(mL);V_1 为吸取样品液体积(mL);m_2 为样品质量(g)。

[注意事项]

塑料封口膜应选用含有透气口的组织培养用的封口膜,以免恒温水浴过程中因温度过高,导致管内压强过大,样液沸出。

[实验作业]

计算草莓果实或叶片中的可溶性糖含量,用柱形图表示结果,并分析比较。

[思考题]

通过查阅资料,总结测定糖类含量还有哪些方法?

[参考文献]

徐秀兰. 生物化学实验与学习指导[M]. 西安:第四军医大学出版社,2015:219-224.

数字课程资源

⬇ 教学课件　　📝 自测题

（曹世江　廖文海）

9-7 淀粉含量测定

[实验目的]

掌握植物组织中淀粉含量的测定原理和主要测定方法。

[实验原理]

淀粉是由葡萄糖残基组成的多糖,在酸性条件下加热可使其水解成葡萄糖。在浓硫酸的作用下,葡萄糖脱水生成糖醛类化合物,利用苯酚或蒽酮试剂与糖醛化合物的显色反应,即可进行比色测定。淀粉测定可先除去样品中的脂肪及其中的可溶性糖,再在一定酸度下,将淀粉水解为具有还原性的葡萄糖。通过对还原糖含量的测定,乘以换算系数 0.9,即为淀粉含量。

$$(C_6H_{10}O_5)n + nH_2O \longrightarrow n(C_6H_{12}O_6)$$

[器材与试剂]

1. 实验器材

分光光度计,电子天平,15 mL 刻度离心管,50 mL 容量瓶,恒温水浴锅,离心机,移液管,漏斗,试管,100 目筛。

2. 实验试剂

浓硫酸(相对密度 1.84),9.2 mol·L^{-1} 和 4.6 mol·L^{-1} 高氯酸

蒽酮试剂:称取 1.0 g 蒽酮,溶于 1 000 mL 80% 浓硫酸(把 98% 浓硫酸缓缓加入到蒸馏水中稀释至 80%,冷却)中,冷却至室温,贮于具塞棕色瓶内,冰箱保存,可保存 2~3 周。

3. 实验材料

新鲜草莓果实。

[实验流程]

1. 标准曲线的制作

取 6 支大试管,按 0~5 分别编号,按表 9-4 加入各试剂。

将各管快速摇动混匀后,立即在沸水浴中煮 10 min,取出冷却,在 625 nm 波长下,用空白管(即 0 号试管)作参比测定光密度值,以光密度值为横坐标,葡萄糖质量(μg)为纵坐标绘制标准曲线。

表 9-4 蒽酮比色法测淀粉制作标准曲线的试剂量

试剂	试管号					
	0	1	2	3	4	5
100 μg·mL^{-1} 标准葡萄糖溶液 /mL	0	0.2	0.4	0.6	0.8	1.0
蒸馏水 /mL	1.0	0.8	0.6	0.4	0.2	0
蒽酮试剂 /mL	5.0	5.0	5.0	5.0	5.0	5.0
相当于葡萄糖的质量 /μg	0	20.0	40.0	60.0	80.0	100.0

2. 样品提取

(1)称取 50~100 mg 粉碎过 100 目筛的烘干样品,置于 15 mL 刻度离心管中,同实验 9-6 中的蒽酮比色法操作,用 80% 乙醇溶液提取可溶性糖。

(2)在提取可溶性糖后的沉淀中加蒸馏水 3 mL,搅拌均匀,放入沸水浴中糊化 15 min。冷却后,加入 2 mL 9.2 mol·L^{-1} 高氯酸,不时搅拌,提取 15 min 后加蒸馏水至 10 mL,混匀,3 000 r/min 离心 10 min,上清液移入 50 mL 容量瓶。再向沉淀中加 2 mL 4.6 mL·L^{-1} 高氯酸,搅拌提取 15 min 后加水至 10 mL,混匀,3 000 r/min 离心 10 min,收集上清液移入容量瓶。然后用水洗沉淀 1~2 次,离心,合并离心液于 50 mL 容量瓶,用蒸馏水定容。

3. 样品测定

取待测样品溶液 1.0 mL 于试管中,混匀后同实验 9-6 中的蒽酮比色法的操作,显色测定光密度。根据标准曲线求出提取液中葡萄糖的质量浓度。

$$淀粉含量(\mathrm{mg \cdot g^{-1}}) = \frac{m_1 \times V_\mathrm{T} \times 0.9}{m_2 \times V_1 \times 1\,000}$$

式中,m_1 为由标准曲线求得的糖含量(μg);V_T 为提取液的体积(mL);m_2 为样品质量(mg);V_1 为显色时提取液体积(mL);0.9 为由葡萄糖换算成淀粉的系数。

[注意事项]

1. 测定淀粉含量过程中,要保证淀粉水解完全。可用 $\mathrm{I_2}$-KI 染色,在显微镜下检测水解完全度。

2. 淀粉水解成葡萄糖时,在单糖残基上加了 1 个水分子,因此在计算淀粉含量时,应将所得的糖含量乘以 0.9,作为扣除水量后的实际淀粉含量。

3. 样品中含有可溶性糖时,可先用乙醇溶解除去可溶性糖,再测淀粉含量。

[实验作业]

计算草莓果实中淀粉的含量,分析结果。

[思考题]

1. 在淀粉含量测定过程中,如何保证淀粉水解的完全?
2. 哪些因素会影响淀粉含量的测定结果?
3. 测定植物组织中的淀粉含量有什么意义?

[参考文献]

1. 李小方,张志良. 植物生理学实验指导[M]. 5 版. 北京:高等教育出版社,2016:99

2. 王娟,王帆,张鸽,等. 烤烟烟叶淀粉含量 5 种测定方法的比较[J]. 分子植物育种,2019,17(5):1673-1678.

3. 冯朋博,王月宁,慕宇,等. 马铃薯块茎形成期增温对其淀粉含量、淀粉酶活性及产量的影响[J]. 西南农业学报,2019,32(6):1253-1258.

4. 张婷,杨慧仙,杨秀丽,等. 3 种马铃薯淀粉、蛋白质、花青素含量的测定及比较[J]. 山西农业科学,2019,47(4):560-562,576.

数字课程资源

📥 教学课件　　📝 自测题

(曹世江　胡安琪)

9-8　挥发性化合物测定

[实验目的]

1. 学习用固相微萃取技术提取柑橘果汁中挥发性化合物的方法。

2. 学习用气相色谱 – 质谱联用仪检测柑橘果汁中挥发性化合物的方法。

[实验原理]

固相微萃取(solid phase microextraction,SPME)技术,是目前研究挥发性化合物组分应用最广的一项提取技术,也是萃取并吸附样品中,微量挥发性化合物的一种有效提取手段,常分为萃取、吸附、解吸附三个阶段。①萃取阶段,也称为温浴阶段,温浴温度和温浴时间随样品不同而改变,通常设置温浴温度 40℃,温浴时间 30 min;该阶段的主要作用是激发样品中的挥发性化合物,使其尽可能富集于顶空瓶顶部。②吸附阶段,当纤维针进入顶空瓶上方,挥发性化合物以相互竞争关系争相吸附于纤维针上,首先吸附样品中挥发性物质含量较多、吸附能力较强的化合物;在一定吸附能力内,吸附时间越长,吸附的挥发性化合物数量和含量越多。③解吸附阶段,该阶段主要作用是将吸附于纤维针上的挥发性化合物不断解吸下来;完成吸附作用的纤维针注入气相色谱 – 质谱联用仪注入器端口,完全暴露于气化室内的高温载气中后,短则 1 ~ 3 min,长则 5 min,便能在 250℃高温下将挥发性化合物从纤维针上全部解吸下来。

气相色谱 – 质谱联用(gas chromatography-mass spectrometer,GC-MS),是一种分离和检测复杂挥发性化合物最有力的工具之一。其中,气相色谱是以惰性气体为流动相,以吸附剂为固定相的一种挥发物分离方法。当混合挥发性化合物跟随流动相进入色谱柱后,吸附剂可根据对挥发性化合物的吸附能力大小不同从而对其进行分离。吸附能力较弱的挥发性化合物先出色谱柱,吸附能力较强的挥发性化合物后出色谱柱,从而使各组分彼此分离。质谱是根据挥发性化合物荷质比不同而对其进行鉴别的一种方法,当分离后的挥发性化合物经电离生成不同荷质比的离子后,在加速电场的作用下形成的离子束便可进入质量检测仪中进行分析,最终得到质谱图,确定其质量。

[器材与试剂]

1. 实验器材

Crystal 9000 系列气相色谱 – 质谱联用仪,顶空瓶,磁性螺纹盖,蓝色硅胶透明隔膜,聚四氟乙烯隔膜,SPME 专用三相纤维针。

2. 实验试剂

正己烷,超纯水。

0.163 $g \cdot L^{-1}$ 3– 己酮溶液:取 61.35 μL 母液,加入 50 mL 超纯水,稀释 1 000 倍后得 50 mL 0.815 $g \cdot L^{-1}$ 的稀释液。再取稀释液(0.815 $g \cdot L^{-1}$)200 μL,加入 800 μL 超纯水,稀释 5 倍后得 1 mL 0.163 $g \cdot L^{-1}$ 的溶液。

10 mg·L^{-1} C_8–C_{20} 链烷烃混合物溶液:取 250 μL 母液,加入 750 μL 正己烷,稀释 4 倍后得 1 mL 10 mg·L^{-1} 的溶液,–80℃存放。

饱和氯化钠溶液:取 112 g 氯化钠(色谱纯)粉末,加入 300 mL 超纯水,至液体底部有过饱和晶体析出为止,此时上清液即为饱和氯化钠溶液。

3. 实验材料

柑橘果汁。

[实验流程]

1. 取 6 mL 柑橘果汁样品、1.5 g 氯化钠粉末、6 μL 3- 己酮置于 20 mL 顶空瓶中,轻轻振荡直至氯化钠粉末完全溶解,混匀。设 3 个生物学重复,编号。

2. 将顶空瓶置于 GC–MS 托盘,40℃下温浴 30 min,40℃下吸附 60 min,250℃下解吸附 5 min。上样时,第一针为 6 mL 饱和氯化钠溶液空样,第二针为 10 μL C_8–C_{20} 链烷烃混合物溶液与 6 mL 饱和氯化钠溶液混标,其后依次为样品。

3. 挥发性化合物的识别:根据 C_8–C_{20} 链烷烃混合物溶液所得保留时间值,绘制标准曲线。依照标准曲线所得公式计算各样品保留指数值。所得样品保留指数值与公开发表的保留指数进行比对,以两者保留指数最接近的化合物为准。

[注意事项]

1. 3- 己酮易挥发,加样时应加至液面以下,以减少操作误差。

2. C_8–C_{20} 链烷烃混合物溶液保留指数值依次分别为 800 ~ 2 000。

[实验作业]

1. 绘制 C_8–C_{20} 链烷烃混合物溶液与饱和氯化钠溶液混标标准曲线,根据各挥发性化合物保留时间计算其保留指数值。

2. 用表格呈现 5 个柑橘果汁中包含的挥发性化合物含量。

[参考文献]

Adams R P. Identification of essential oil components by gas chromatography/mass spectrometry[M]. Carol Stream:Allured Publishing Corporation,2007.

数字课程资源

📥教学课件　　📝自测题

（于　远　张鑫鑫）

模块 10 植物的成熟与衰老

植物衰老是导致植物自然死亡的生命活动衰退过程,衰老器官在死亡前会将其贮藏物质甚至解体的原生质运往新生器官或其他器官,有利于植物个体的生存乃至物种的延续。植物叶片衰老是植物细胞的程序性死亡过程,伴随着叶绿素的降解、代谢途径的改变、活性氧的积累、细胞的死亡以及细胞自噬的发生等,这一过程可以被多种环境因素和内源信号调节,其中包括植物年龄、发育信号和植物生长调节因子。目前发现引起植物叶片衰老的因素主要有饥饿、黑暗、生长、糖损耗、植物激素等。与叶片衰老相关的植物激素主要有乙烯、脱落酸(ABA)、茉莉酸(JA)、水杨酸(SA)等,涉及不同的衰老类型。叶片衰老过程中还有不同类型的衰老相关基因,包括细胞自噬相关基因被诱导表达;而叶绿素合成及光合作用相关基因的表达则下降。本模块实验在于了解和观察植物叶片衰老过程中所发生的各种细胞与生化过程。

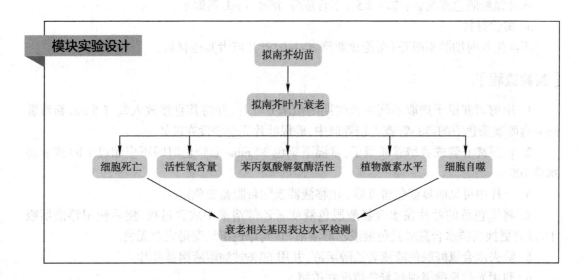

10-1 衰老叶片中细胞死亡的检测

[实验目的]

学习用台盼蓝染色法检测植物叶片衰老过程中死亡细胞的原理和方法。

[实验原理]

台盼蓝(trypan blue)是细胞活性染料,分子式为 $C_{34}H_{24}N_6Na_4O_{14}S_4$,可溶于水(溶解度

10 mg·mL^{-1}),常用于检测细胞膜的完整性,还常用于检测细胞是否存活。正常的活细胞,细胞膜结构完整,能够排斥台盼蓝,使之不能够进入细胞内,活细胞不会被染成蓝色;而丧失活性或细胞膜不完整的细胞,细胞膜的通透性增加,可被台盼蓝染成蓝色。通常认为细胞膜完整性丧失,即可认为细胞已经死亡。因此,通过台盼蓝染色可以非常简便且在短时间内快速地区分活细胞和死细胞。台盼蓝染色法是组织和细胞培养中最常用的死细胞鉴定方法之一。台盼蓝染色后,通过显微镜下直接计数或显微镜下拍照后计数,就可以对细胞存活率进行比较精确的定量。

[器材与试剂]

1. 实验器材

剪刀,镊子,移液器,天平,带有 CCD 相机的体式显微镜或者光学显微镜,离心管(50 mL)或者带有透明盖的培养皿,标签纸,纸巾。

2. 实验试剂

85% 乳酸,苯酚溶液(TE 缓冲液平衡,pH = 7.5 ~ 8.0),甘油(≥99%),60% 甘油溶液,无菌蒸馏水,台盼蓝,水合氯醛脱色液或者乙醇溶液(> 95%)。

台盼蓝染色液配制:10 mL 85% 乳酸,10 mL 苯酚溶液,10 mL 甘油(≥99%),10 mL 蒸馏水,40 mg 台盼蓝(最终质量浓度 10 mg·mL^{-1}),充分混匀后即得。

水合氯醛脱色液配制:称取 2.5 g 水合氯醛,溶于 1 mL 蒸馏水。

3. 实验材料

不同生长时期的拟南芥(哥伦比亚型,Col-0)叶片或者其他材料。

[实验流程]

1. 用剪刀和镊子选取不同生长时期的拟南芥叶片,并将其直接放入装有 5 mL 新鲜乳酸 - 台盼蓝染色液的离心管或者培养皿中,确保叶片完全浸没在液体中。

2. 盖好离心管或者培养皿盖子,常温下染色 30 min(总染色时间不应超过 1 h)或者沸水煮 100 s。

3. 叶片中可见明显蓝色斑点后,用移液器吸除台盼蓝染色液。

4. 将染色后的叶片在水合氯醛脱色液或者乙醇溶液中放置过夜,然后使用移液器吸干;反复更换新鲜水合氯醛脱色液或乙醇溶液,直到绿色组织变得完全无色。

5. 除去水合氯醛脱色液或者乙醇溶液,并用 60% 甘油溶液覆盖叶片。

6. 利用光学显微镜观察着色情况并拍照。

7. 如果有需要,可利用 ImageJ 图形分析软件统计着色细胞的数量,并统计细胞死亡率。

[注意事项]

1. 将配制好的台盼蓝染色液存放在室温下的通风橱中,现配现用。

2. 水合氯醛脱色液的脱色、透明效果较好,但是有一定的毒性,建议使用乙醇溶液进行脱色;沸水处理可能会导致脱色效果变差。

3. 每个时期至少要取 5 片来自不同植物相同叶位的叶片进行染色。

4. 比较细胞死亡数目时,要观察不同叶片、同一位置的细胞。

[实验作业]

根据观察结果,利用图片或者细胞死亡率比较不同发育时期拟南芥叶片细胞衰老死亡的情况。

[思考题]

1. 能否利用除台盼蓝以外的其他染料进行植物死细胞染色?
2. 在配制台盼蓝染色液时为什么要添加乳酸和苯酚?

[参考文献]

Kim J H,Woo H R,Kim J,et al. Trifurcate feed-forward regulation of age-dependent cell death involving miR164 in Arabidopsis[J]. Science,2009,323(5917):1053–1057.

数字课程资源

📥教学课件　　✍自测题

(张盛春)

10-2　植物细胞自噬的观察

[实验目的]

学习用 LTG 染色法观察植物叶片成熟与衰老过程中细胞自噬的方法。

[实验原理]

细胞自噬在植物发育过程中,尤其在衰老过程中起着重要作用。溶酶体绿色荧光探针(LysoTracker Green DND–26,LTG)是一种向酸性的绿色荧光染料,能够对活细胞的酸性细胞器进行染色。植物细胞如果发生了细胞自噬则能够被 LTG 染色,在 405 nm 荧光的激发光下散发出绿色荧光,而没有发生自噬的细胞则不能被 LTG 染色。因此,借助 LTG 染色可以非常简便、快速地观察植物细胞中的细胞自噬情况。LTG 染色后,通过显微镜下直接计数或显微镜下拍照后进行计数,就可以对不同植物中发生细胞自噬的情况进行定性或者定量检测。

[器材与试剂]

1. 实验器材

恒温水浴锅,离心机,剪刀,镊子,移液器,天平,激光共聚焦显微镜(Zeiss LSM710,图 10-1),离心管,塑料培养皿,滤网,标签纸,纸巾。

2. 实验试剂

$CaCl_2$,小牛血清白蛋白(BSA),二甲基亚砜(DMSO),绿色荧光染料(LTG)。

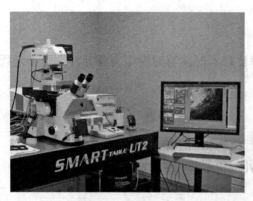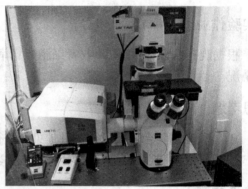

图 10-1 激光共聚焦显微镜(Zeiss LSM710)系统

原生质体提取试剂的配制:酶解溶液见表 10-1,W5 溶液见表 10-2。

3. 实验材料

拟南芥叶片或其他材料。

[实验流程]

1. 原生质体的提取

(1) 调恒温水浴锅,使水浴温度达 55℃,将配制的酶解溶液于 55℃ 水浴 10 min。

(2) 酶解溶液冷却至室温,每 10 mL 酶解溶液体系中加入 100 μL 1 mol·L⁻¹ CaCl₂ 及 0.01 g

表 10-1 酶解溶液

试剂	质量或体积	最终含量
纤维素 R10	0.15 g	1.5%
离析酶	0.03 g	0.3%
0.8 mol·L⁻¹ 甘露醇	5 mL	0.4 mol·L⁻¹
0.2 mol·L⁻¹ KCl	1 mL	20 mmol·L⁻¹
0.1 mol·L⁻¹ MES, pH=5.7	2 mL	20 mmol·L⁻¹
dd H₂O	1.9 mL	

表 10-2 W5 溶液

试剂	体积 /mL
3 mol·L⁻¹ NaCl	5.15
1 mol·L⁻¹ CaCl₂	12.5
0.2 mol·L⁻¹ KCl	2.5
0.1 mol·L⁻¹ MES, pH=5.7	2
0.1 mol·L⁻¹ 葡萄糖	5
dd H₂O	72.85

BSA,过滤除菌,分装。

（3）取 28 d 苗龄的叶片,用刀片快速切成细丝,无损放入含上述酶解溶液的培养皿中,室温避光 50 r/min 离心 3 h 进行消化,消化比较彻底的溶液为墨绿色。

（4）滤网过滤收集原生质体,用移液器吸取原生质体并将其分装移入 2 mL 圆底的离心管,100 g 离心 3 min,用滴管小心去除上清液。

（5）用 W5 溶液清洗收集到的细胞（溶液最好沿着管壁流下去）,轻轻晃动离心管,100 g 离心 3 min。

2. LTG 染色

用二甲基亚砜（DMSO）溶解 LTG, 配制成 100 μmol·L^{-1} 的母液;LTG 工作浓度为 0.6 μmol·L^{-1},染色细胞 20 min。

3. 自噬小体观察

（1）将染色好的原生质体用凹槽载玻片制片,使用激光共聚焦显微镜在 405 nm 和 488 nm 两个波长的激发光下检测荧光信号。使用 20 倍显微镜,在激光共聚焦显微镜下对原生质体的荧光信号进行图片拍摄,扫描时同时获取 LTG 荧光（激发 405 nm,接收光 470～600 nm）和叶绿素荧光（激发光 488 nm,接收光 580～695 nm）。

（2）利用 ImageJ 图形分析软件统计有 LTG 荧光细胞的数量,并统计细胞自噬发生率。

[注意事项]

1. 原生质体提取的各种溶液必须现配现用。
2. 对不同材料的原生质体进行染色时,必须保证各种条件一致。
3. 进行 LTG 荧光观察时,每种材料必须观察 5 个视野以上,否则会有明显误差。

[实验作业]

利用图片或者细胞自噬率比较不同发育时期拟南芥叶片细胞自噬的情况。

[思考题]

1. 还有哪些方法可以简便地观察植物叶片中的细胞自噬情况?
2. 利用 LTG 染色法观察植物细胞中的细胞自噬有哪些不足?

[参考文献]

Zhang S C, Li C, Wang R, et al. The Arabidopsis mitochondrial protease FtSH4 is involved in leaf senescence via regulation of WRKY-dependent salicylic acid accumulation and signaling[J]. Plant Physiology, 2017, 173(4): 2294-2307.

数字课程资源

📥 教学课件　　✍ 自测题

（张盛春）

10-3　过氧化氢含量测定

[实验目的]

学习植物组织中过氧化氢含量的测定原理和方法。

[实验原理]

植物组织内积累的过氧化氢(H_2O_2)是由一些氧化酶[主要是超氧化物歧化酶(SOD),此外如氨基酸氧化酶、葡萄糖氧化酶、乙二醇氧化酶]催化超氧阴离子氧化还原反应而形成,H_2O_2 与超氧阴离子相比性质较稳定,但仍是一种氧化剂,它的存在可以直接或间接地导致细胞膜脂质过氧化损害,加速细胞的衰老和解体。H_2O_2 也有其积极的一面,如参与植物抗病性和抗逆性启动和诱导过程。因此,了解植物组织中 H_2O_2 的代谢具有重要的意义。

H_2O_2 与四氯化钛(或硫酸钛)反应生成的过氧化物 – 钛复合物黄色沉淀,溶解于硫酸后,可在波长 412 nm 处比色测定。在一定范围内,其颜色深浅与 H_2O_2 浓度呈线性关系。

[器材与试剂]

1. 实验器材

高速冷冻离心机,分光光度计,通风橱,移液器,离心管,试管,容量瓶(100 mL),研钵。

2. 实验试剂

-20℃预冷丙酮,浓氨水。

2 mol·L^{-1} 硫酸:取 10 mL 浓硫酸,稀释到 90 mL。

10% 四氯化钛 – 盐酸溶液:在通风橱中,将 10 mL 四氯化钛缓慢加入到 90 mL 浓盐酸中,轻轻地在操作台上平摇,使四氯化钛充分溶解。将试剂转入到棕色瓶中,密封,4℃保存。

100 μmol·L^{-1} H_2O_2 – 丙酮试剂:取 57 μL 30% H_2O_2 溶液(分析纯),溶于双蒸水中,定容至 100 mL,得 10 mmol·$L^{-1}$$H_2O_2$ 溶液。取 1 mL 该溶液,溶于丙酮中,并用丙酮定容至 100 mL,即为 100 μmol·$L^{-1}$$H_2O_2$– 丙酮试剂。$H_2O_2$ 试剂要保证新鲜,不能使用库存多年的。

3. 实验材料

拟南芥、玉米、水稻的叶片。

[实验流程]

1. 标准曲线的制作

取 6 支试管并编号,在通风橱中,按照表 10-3 向各试管加入所列各试剂(注意:在加入四氯化钛和浓氨水时,要直接加入到溶液中,以减少挥发损失和管壁附着损失),混匀。反应 5 min 后,于 4℃、12 000 r/min 离心 15 min。弃上清液,留沉淀,并向各试管沉淀中加入 2 mol·L^{-1} 硫酸 3.0 mL,摇动使沉淀完全溶解。以 0 号管为参比调零,于波长 412 nm 处测定溶液的光密度。以光密度值为纵坐标,H_2O_2 物质的量(nmol)为横坐标,绘制标准曲线。

表 10-3 H₂O₂ 浓度标准曲线各试剂加入量

试剂	试管号					
	0	1	2	3	4	5
100 μmol·L⁻¹ H₂O₂– 丙酮试剂 /mL	0	0.2	0.4	0.6	0.8	1.0
–20℃预冷丙酮 /mL	1.0	0.8	0.6	0.4	0.2	0
10% 四氯化钛 – 盐酸溶液 /mL	0.1	0.1	0.1	0.1	0.1	0.1
浓氨水 /mL	0.2	0.2	0.2	0.2	0.2	0.2
相当于 H₂O₂ 物质的量 /nmol	0	20	40	60	80	100

2. 提取

取开始衰老的叶片,以未发生衰老的叶片作为对照,分别剪碎后混匀。分别称取 5.0 g 样品,加入 5.0 mL 预冷的丙酮,在通风橱中冰浴条件下研磨成匀浆后,于 4℃、12 000 r/min 离心 20 min,收集上清液,测量提取液总体积,此液即为植物中的 H₂O₂ 提取液。

3. 测定

吸取上清液 1 mL,加入表 10-3 所列各试剂(以 5 号管为准),按绘制标准曲线相同的程序进行操作,但需用 –20℃预冷丙酮将离心得到的沉淀物反复洗涤 2、3 次,直到除去色素。再向沉淀中加入 3.0 mL 2 mol·L⁻¹ 硫酸,待沉淀完全溶解后进行比色测定。重复 3 次。

根据溶液的光密度值,从标准曲线上查出相应的过氧化氢的物质的量,计算每克植物组织(鲜重)中过氧化氢的含量,计算公式如下:

$$过氧化氢含量\left(nmol·g^{-1}\right)=\frac{n \times V}{V_s \times m}$$

式中:n 为标准曲线查得的溶液中过氧化氢物质的量(nmol),V 为样品提取液总体积(mL),V_s 为吸取样品液总体积(mL),m 为样品质量(g)。

[注意事项]

1. 可用 5% 硫酸钛溶液代替 10% 四氯化钛溶液进行实验。在配制四氯化钛溶液时,一定要在通风橱中小心仔细地进行操作。

2. 过氧化物 – 钛复合物黄色沉淀溶解于硫酸需一定时间,必须等待沉淀完全溶解,否则会影响测定的结果。

[实验作业]

计算衰老叶片中过氧化氢的含量,分析过氧化氢在叶片衰老中的功能。

[思考题]

1. 加入的四氯化钛和浓氨水的量对测定结果有什么影响?
2. 过氧化氢试剂能溶解于水,本实验能否用蒸馏水提取植物组织中的过氧化氢?为什么?

[参考文献]

1. 宗学凤,王三根. 植物生理研究技术[M]. 重庆:西南师范大学出版社,2011:182-184.

2. 李玲. 植物生理学模块实验指导[M]. 北京:科学出版社,2008:84-86.

数字课程资源

📥 教学课件　　📝 自测题

（李桂双）

10-4　苯丙氨酸解氨酶活性测定

[实验目的]

学习测定苯丙氨酸解氨酶活性的方法,了解该酶在植物成熟衰老过程中的作用。

[实验原理]

植物在成熟衰老过程中,其代谢会发生显著变化,其中苯丙氨酸解氨酶(phenylalanine ammonia lyase,PAL)是植物次生代谢物质合成的一个关键酶,其催化苯丙氨酸的脱氨反应,形成反式肉桂酸。本实验根据其产物反式肉桂酸在 290 nm 处光密度的变化可以测定该酶的活性,为植物成熟衰老过程中代谢变化提供依据。

[器材与试剂]

1. 实验器材

紫外分光光度计,离心机,研钵,恒温水浴锅。

2. 实验试剂

0.1 mol·L^{-1} 硼酸缓冲液(pH=8.8),5 mmol·L^{-1} 巯基乙醇硼酸缓冲液。

0.02 mmol·L^{-1} 苯丙氨酸溶液:用 0.1 mol·L^{-1} pH=8.8 的硼酸缓冲液配制。

3. 实验材料

同实验 10-2。

[实验流程]

1. 称取 1 g 样品,加入 pH=8.8 的 5 mmol·L^{-1} 巯基乙醇硼酸缓冲液[含 0.1 g·L^{-1} 聚乙烯吡咯烷酮(PVP)]5 mL,冰浴条件下充分研磨,4℃,11 000 r/min 离心 20 min,上清液即为粗酶液。

2. 1 mL 酶液加 2 mL 0.1 mol·L^{-1} 硼酸缓冲液(pH=8.8),1 mL 0.02 mol·L^{-1} 苯丙氨酸溶液,总体积为 4 mL。空白对照不加酶液。立即用紫外分光光度计测定光密度值 OD$_{290}$。

3. 将反应液置恒温水浴 37℃中保温,1 h 后再测定光密度值 OD$_{290}$,前后两次测得的

OD_{290} 之差表示该酶在 1 h 内反应的实际活性。

4. Folin– 酚法测定蛋白质含量(见实验 6–3)。

[实验作业]

计算拟南芥叶片衰老过程中苯丙氨酸解氨酶活性的变化(表示单位为 $U \cdot mg^{-1}$),分析原因。

[思考题]

1. 在酶粗提的制备过程中,加 PVP 起什么作用?

2. 如何理解以每小时 OD_{290} 变化 0.01 所需酶量为一个苯丙氨酸解氨酶活性单位,相当于每毫升反应混合物形成 1 μg 反式肉桂酸?

3. 哪些外界条件可以诱导植物叶片中苯丙氨酸解氨酶活性增加?

[参考文献]

1. Engelsma G. On the mechanism of the changes in phenylalanine ammonia-lyase activity induced by ultraviolet and blue light in gherk hypocotyls[J]. Plant Physiology,1974,54(5): 702–705.

2. 许传俊,李玲. 蝴蝶兰外植体褐变发生与总酚含量、PPO、POD 和 PAL 的关系[J]. 园艺学报,2006,33(3):671–674.

3. 王学奎,黄见良. 植物生理生化实验原理和技术[M]. 3 版. 北京:高等教育出版社, 2015:288.

数字课程资源

📥教学课件　　📝自测题

(张盛春)

10–5　乙烯含量测定

[实验目的]

掌握气相色谱法测定植物组织内乙烯含量的原理与方法。

[实验原理]

乙烯是一种调节植物生长发育和逆境响应的气体激素,是启动植物叶片衰老的重要信号。从植物组织中收集到样品,就能直接采用气相色谱方法进行测定,不需要特别的处理。气相色谱方法测定乙烯具有灵敏度高、稳定性好等优点。由于样品各组分在固定相(GD×502)和流动相(通常为氮气或氢气)中的分配系数不同,在层析柱内向前移动的速度也不同。当待测样进入固体相后,不断通以流动相,待测物不断地再分配,按照分配系数大小顺次被分离,进入检测系统得到检测。通过定性和定量测定出峰时间和峰面积,样品中与标准乙烯保留时间相同的峰即为样品中乙烯峰。本实验介绍气相色谱法测定植物组织中乙烯含量。

[器材与试剂]

1. 实验器材

气相色谱仪(GC-14C),氢火焰离子检测器,注射器,密封装置为带有空心橡皮塞的三角瓶(青霉素瓶、果酱瓶等)以及封口透明胶。

2. 实验试剂

标准乙烯,氢气,氮气和空气。

3. 实验材料

拟南芥衰老叶片。

[实验流程]

1. 收集气体样品

将拟南芥衰老叶片置于密封装置中,密封,记录时间。常温下放置 3 h。

2. 仪器系统的启动

(1) 打开氮气阀 10 min 以上,然后开启空气阀和氢气阀,最后按 SYSTEM 键,系统启动并开始自检。

(2) 手动设定柱温、注射室和检测室温度。

(3) 达到设定温度后,仪器面板 READY 灯会亮。用肥皂水检查色谱连接部分,确认是否漏气。

3. 测定乙烯系统设定

(1) 设置气体流速及压力。空气:49 kPa;氢气:70~80 kPa;氮气:110 kPa。

(2) 设置温度:柱温 70℃,进样室温度为 150℃,检测器温度为 250℃。

在仪器控制面板上按 DET#,调节量程 RNG 为 1(数字越小越灵敏),POL 调为 2。还可以进行零点值设定,按 ZERO 键可上下调节 ZERO 值,可在 -2 000 到 +2 000 间调节。

(3) 在线工作站打开通道 1,通道 2 是不可用的。

(4) 待基线稳定一段时间后,仪器稳定就可以开始测定。需要注意的是,第 1 个样品测定完后,要隔 20~30 min 才可测第 2 个样。

4. 乙烯标准曲线的绘制

配制一系列浓度的乙烯标准气体,重复测定 3 次以上,根据峰面积对乙烯浓度作图,得到乙烯的标准曲线。

5. 测定

用注射器穿刺橡皮塞,从密封装置中抽取待测样品 1 mL,测定样品峰高和峰面积。从标准乙烯的保留时间,可以确定样品气体中乙烯峰的位置。

$$乙烯浓度(\mu L \cdot L^{-1}) = \frac{样品峰高 \times 标准乙烯的体积}{标准样品峰高}$$

$$样品乙烯生成速率(\mu L \cdot g^{-1} \cdot h^{-1}) = \frac{\rho \times (V - V_{t})}{m \times t \times 1\,000}$$

式中,ρ 为由标准曲线查得的乙烯浓度($\mu L \cdot g^{-1} h^{-1}$);$V$ 为容器体积(mL);V_{t} 为样品体积(mL);t 为密封时间(h);m 为样品质量(g)。

[注意事项]

1. 启动仪器前,必须先通入载气(氮气)10 min 以上,因为刚开始通入氮气时,流路中有空气,如果柱温较高,则会损害色谱柱。

2. 乙烯与乙炔、乙烷难以分离,检测中用固定相($GD \times 502$)使待测物分离的效果好。

3. 实验结束后,先关掉氢气阀,然后关掉空气阀;当箱体温度降至室温后,关掉氮气阀;最后关主机。

[实验作业]

计算不同衰老时期拟南芥叶片的乙烯浓度。

[思考题]

气相色谱法测定乙烯含量的过程中应注意什么?

[参考文献]

1. Pan R C, Wang J X, Tian X S. Influence of ethylene on adventitious root formation in mung bean hypocotyl cuttings[J]. Plant Growth Regulation, 2002, 36(2):135–139.

2. 吴友根,陈金印,庞会忠,等. 气相色谱法速测翠冠梨中乙烯含量[J]. 现代化农业, 2003(3):9–10.

数字课程资源

📥教学课件　　📝自测题

(张盛春)

10-6　植物衰老相关基因表达的检测

[实验目的]

掌握植物实时荧光定量 PCR(quantitative real-time PCR, qPCR)检测植物衰老基因表达的原理与方法。

[实验原理]

植物在衰老过程中,有一些特定基因的表达受衰老信号的诱导上调,这些基因被定义为衰老相关基因(senescence-associated gene),简称 *SAG* 或者 *SEN* 基因。可以作为植物叶片

衰老分子标记的 *SAG* 基因有 *SAG12*、*SAG18*、*SEN4* 等,这些基因的表达随着叶片衰老进程发展,其表达均有明显上调;另外,在开始衰老的叶片中,细胞自噬相关基因 *ATG5*、*ATG8* 和 *ATG12* 的表达也受到衰老信号的诱导,表达量会明显增加。除了这些衰老诱导的基因外,植物叶绿素合成以及光合作用相关基因的表达则受到明显的抑制。qPCR 是一种在 DNA 扩增反应过程中用检测特异的荧光染料嵌合到 DNA 双链中的荧光量来反映 PCR 产物总量的方法,是通过内参对检测基因表达进行定量分析的方法。本实验利用 qPCR 检测衰老叶片中衰老及自噬相关基因 *SEN4*、*SAG12*、*ATG5* 和 *ATG8a* 的表达。

[**器材与试剂**]

1. 实验器材

核酸测定仪,移液器,离心机,−20℃冰箱,qPCR 仪,Real-time PCR 96 孔板,离心管。

2. 实验试剂

SYBR 荧光染料,TRIzol® 试剂,氯仿,异丙醇,无水乙醇,Oligo dT18,DEPC,逆转录酶 ReverTraAce®(OYOBO),SYBR® *Premix Ex Taq*TM 酶。

3. 实验材料

生长 14 d、21 d、28 d 和 35 d 的拟南芥植株。

[**实验流程**]

1. 取材

采集穴盘中培养 14 d、21 d、28 d 和 35 d 的植株地上部分 100 mg 于 1.5 mL 离心管中,用液氮速冻后存于 −80℃,用于总 RNA 提取及 qPCR 检测。

2. 总 RNA 提取

同 8–3 中的操作方法。

3. 总 RNA 的浓度及纯度测定

同 8–3 中的操作方法。

4. qPCR 反应

(1)cDNA 链的合成

同 8–3 中的操作方法。

(2)引物设计

所需检测基因 *SEN4*、*SAG12*、*ATG5*、*ATG8a* 以及内参基因 *UBQ10* 的引物见表 10–4:

表 10–4 检测基因相关 qPCR 引物

引物名称	序列(5′→3′)	用途
SEN4 F	GACTCTTCTCGTGGCGGCGT	qPCR
SEN4 R	CCCACGGCCATTTCCCCAAGC	qPCR
SAG12 F	GGCGTTTTCAGCGGTTGCGG	qPCR
SAG12 R	CCGCCTTCGCAGCCAAAATCG	qPCR
ATG5 F	TGCAGAACCCGAAAGACCAT	qPCR

续表

引物名称	序列 (5′ → 3′)	用途
ATG5 R	TCACCGTTCATGACAGAGGTC	qPCR
ATG8a F	TCGATTCTTCTTCTCCAGTTTCAATCA	qPCR
ATG8a R	CCATTGCGATTCGATTAGTCTCCGAAG	qPCR
UBQ10 F	AGCCAAGATCCAGGACAAAGAGG	qPCR
UBQ10 R	CAGACGCAAGACCAAGTGAAGTG	qPCR

注: *UBQ10* 表示内参基因 *Ubiquitin 10*; F (forward) 表示正向引物; R (reversed) 表示反向引物。

（3）qPCR 单次样品的反应体系:见表 10–5。

表 10–5　qPCR 反应液配制体系

试剂	使用量 /μL	终含量
SYBR®*Premix Ex Taq*™（2 ×）	10.0	1 ×
PCR 正向引物 /10 μmol·L^{-1}	0.5	0.4 μmol·L^{-1}
PCR 反向引物 /10 μmol·L^{-1}	0.5	0.4 μmol·L^{-1}
cDNA 模板	1.0	200 ng
无菌水	8	–
总体积	20.0	–

（4）qPCR 反应程序:见表 10–6。

（5）数据分析

qPCR 反应结束以后,通过分析扩增曲线、溶解曲线以及 C_q 值判定当次实验是否可信。qPCR 实验的所有实验样品均重复 3 次,每次实验都进行 3 个生物学重复检测。所有的 qPCR 实验均采用 *UBQ10* 为内参基因。按照 qPCR 仪自带系统软件计算出检测基因的相对表达量。

表 10–6　qPCR 反应程序

温度 /℃	时间	循环
95	2 min	
95	5 s	
60	30 s	40
95	5 s	
65	5 s	

[注意事项]

1. 引物的设计必须严格遵循以下原则：引物长度以 18～26 bp 为宜，T_m 温度为 58～60℃，GC 含量介于在 40%～60% 之间，上下游引物应避免产生发夹结构或者引物二聚体。

2. qPCR 反应对 RNA 及 cDNA 的质量要求较高。

3. 反转录过程中 RNA 的量不能超过 500 ng。

4. qPCR 要保证内参基因的 C_q 值在 18～20 之间，低于 18 表示模板浓度较高，需要稀释；高于 20 表示模板浓度较低。

[实验作业]

分析不同生长时期植物中衰老或者自噬相关基因的表达水平及其变化的原因。

[思考题]

1. 利用 qPCR 法检测基因表达，为什么要用 *UBQ10* 作为内参基因？
2. qPCR 反应中基因表达量是如何计算的？
3. 哪些外界条件可以影响植物衰老及自噬相关基因的表达水平？

[参考文献]

1. Zhang S C, Li C, Wang R, et al. The Arabidopsis mitochondrial protease FtSH4 is involved in leaf senescence via regulation of WRKY-dependent salicylic acid accumulation and signaling[J]. Plant Physiology, 2017, 173(4): 2294-2307.

2. Udvardi M K, Czechowski T, ScheibLe W R. Eleven golden rules of quantitative RT-PCR[J]. The Plant Cell, 2008, 20(7): 1736-1737.

3. Czechowski T, Bari R P, Stitt M, et al. Real-time RT-PCR profiling of over 1 400 Arabidopsis transcription factors: unprecedented sensitivity reveals novel root-and shoot-specific genes[J]. The Plant Journal, 2004, 38(2): 366-379.

数字课程资源

📥 教学课件　　✎ 自测题

（张盛春）

模块 11 植物对逆境的响应

在复杂多变的自然环境中,植物经常会受到冷害、干旱、水涝和污染等不良环境的影响。逆境影响或伤害植物的生长发育过程,植物通过各种机制适应环境以维持生存与繁衍。因此,了解植物对逆境的生理响应既可减缓植物受害,也可帮助选育植物的抗逆品种。

活性氧(reactive oxygen species,ROS)是植物有氧代谢过程产生的,包括超氧自由基($\cdot O_2^-$)、单线态氧($^1O_2$)、羟自由基($\cdot OH$)和过氧化氢(H_2O_2)等。当遭遇逆境时,植物体内 ROS 和过氧化产物(如丙二醛等)发生积累,引发植物受害。在植物体内,也同时存在着 ROS 清除系统,包括抗氧化酶类和非酶抗氧化剂两部分,二者协同作用减轻或缓解逆境的伤害。因此,$\cdot O_2^-$、$\cdot OH^-$、H_2O_2 和丙二醛等常作为衡量逆境对植物伤害程度的生理指标;抗氧化酶活性和抗氧化剂含量常作为衡量植物对逆境条件适应能力的生理指标。若发生渗透胁迫,植物体内会累积大量游离脯氨酸,因此脯氨酸含量也常作为衡量植物对逆境抗性强弱的生理指标。

本模块介绍在逆境条件下植物细胞质膜透性和过氧化产物丙二醛的测定,活性氧产生(超氧阴离子自由基)与清除(羟自由基清除率)的测定,抗氧化保护酶(超氧化物歧化酶、过氧化物酶和过氧化氢酶)活性及抗氧化剂(还原型谷胱甘肽)含量测定和脯氨酸含量测定等基础性实验,帮助学生理解逆境对植物的伤害以及植物体内发生的生理生化适应机理。

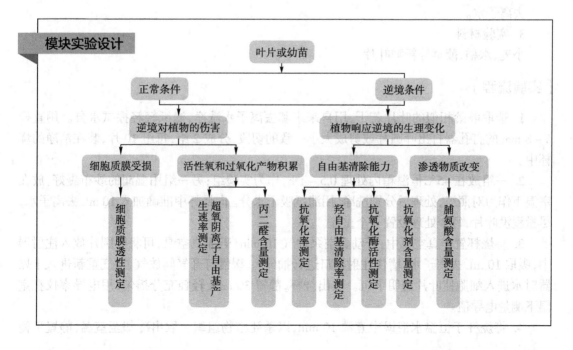

11-1　植物细胞质膜透性的检测

[实验目的]

1. 了解逆境对植物细胞的伤害作用。
2. 学习电导仪方法测定细胞膜透性。

[实验原理]

　　质膜是植物细胞与外界环境发生物质交换的主要通道,对物质进出细胞具有选择透过性。植物组织受到逆境伤害时,由于膜的结构破坏或功能受损,使膜的选择透性改变或丧失,细胞内的物质(尤其是电解质)不同程度发生外渗,引起组织浸泡液的电导率发生变化。因此,通过测定组织外渗液电导率的变化,可反映植物细胞的质膜受害程度和所测植物的抗逆性强弱。

I　离体叶片的质膜透性检测

[器材与试剂]

1. 实验器材

DDS-307 型数显电导率仪,恒温箱,真空泵(或注射器),烧杯,打孔器,恒温水浴锅,滤纸。

2. 实验试剂

去离子水。

3. 实验材料

小麦、水稻、菠菜等新鲜叶片。

[实验流程]

　　1. 选取叶龄相似的叶片若干,用自来水和去离子水洗净,滤纸轻轻擦拭水分。用直径 6 ~ 8 mm 的打孔器打出叶圆片或剪成大小一致的切段,分成 2 组,每组 10 片,装在洁净的烧杯中。

　　2. 一组放在 45℃恒温箱内处理 0.5 ~ 1 h,作为实验组;另一组用湿润的纱布裹好,放在室温下作为对照组,处理后分别洗净,用滤纸吸干水分。向烧杯中准确加入 10 mL 去离子水,尽量浸没叶片,每个处理设置 3 个重复。

　　3. 将烧杯置于真空泵中,开动真空泵抽气 10 min(若无真空泵,可将叶圆片放入注射器中,吸取 10 mL 去离子水,堵住注射器口进行抽气)。缓慢打开气阀放气,空气重新进入干燥器时水进入细胞使叶片透明下沉。取出烧杯,静置 30 min,轻轻充分摇匀,用电导率仪在室温下测量电导值。

　　4. 将烧杯于恒温水浴锅中煮沸 10 min,以杀死植物组织。取出冷却至室温,静置平衡

10 min，充分摇匀，再次测定室温下的电导值。

5. 细胞膜受伤程度可由相对电导率表示，计算公式如下：

$$相对电导率(\%) = \frac{浸泡液的电导值}{煮沸液的电导值} \times 100\%$$

Ⅱ　活体根系的质膜透性检测

[器材与试剂]

1. 实验器材

DDS-307 型数显电导率仪，恒温箱，恒温水浴锅，烧杯，量筒，镊子，吸水纸。

2. 实验试剂

去离子水。

3. 实验材料

3、4 叶龄的玉米、水稻等幼苗。

[实验流程]

1. 取玉米、水稻等种子，用水吸胀 5 h，萌动后将种子种植于湿沙中或者垫有吸水纸的瓷盘中，幼苗长至 3、4 叶龄时用。

2. 取出幼苗，不要伤害根系，除去幼苗上残留的胚乳，用蒸馏水漂洗数次，以减少伤口物质外渗的影响。用吸水纸吸干，以 10 株幼苗的根系为一组，分别放在盛有 20 mL 蒸馏水的 2 个烧杯中，将一杯放在 45℃恒温箱中，另一杯放在室温（20 ~ 30℃）条件下。1 ~ 3 h 后，取出幼苗，待烧杯冷却至室温，用电导率仪测量每一烧杯中溶液的电导率。

3. 将装有植物材料的烧杯置于沸水浴中 10 min，取出冷却至室温后再次测定电导率。

4. 结果计算参照"Ⅰ　离体叶片的质膜透性检测"。

[注意事项]

1. 电导法对水和容器的洁净度要求非常严格，所用容器需彻底清洗，并用去离子水冲净。

2. CO_2 在水中的溶解度较高，测定电导率时要防止高 CO_2 气源和口中呼出的 CO_2 进入烧杯，以免影响结果的准确性。避免用手直接接触叶片或根系。

3. 温度对溶液的电导率影响较大，故待测溶液必须在相同温度下进行测定。对于大多数离子来说，每增加 1℃电导率约增加 2%，而实际测定中往往不是在恒温（25℃）下进行。为了便于比较不同温度条件下测定结果，应换算成某标准温度下（如 25℃）的电导率。温度校正可按下式进行：

$$X_{25} = A_t \times [1 + 0.02(T-25)]$$

式中，X_{25} 为校正成 25℃时电导率；A_t 为在 t℃下实测电导率，T 为测定时溶液的温度；0.02 为溶液每增加 1℃电导率增加的值。

[实验作业]

通过测量电导率,试比较玉米和水稻幼苗根系在高温条件下的受害程度。

[思考题]

1. 测定的实验材料电解质外渗时,为什么要真空渗入?
2. 测定细胞膜透性的结果可以用于分析哪些生产实践的问题?

[实验拓展]

在电导率测定中需要应用去离子水,若制备困难可用普通蒸馏水代替,但需要设置一空白对照(蒸馏水),测定样品时同时测定空白对照组电导率,按照以下公式计算:

$$相对电导率(\%) = \frac{浸泡液的电导率 - 空白对照组电导率}{煮沸液的电导率 - 空白对照组电导率} \times 100$$

[参考文献]

1. 李小方,张志良. 植物生理学实验指导[M]. 5 版. 北京:高等教育出版社,2016:208.

2. 苍晶,赵会杰. 植物生理学实验教程[M]. 北京:高等教育出版社,2013:141–142.

数字课程资源

📥教学课件　　　📝自测题　　　📼实验操作视频(视频 12　电导率仪的使用方法)

(李桂双)

11-2　超氧自由基产生速率测定

[实验目的]

理解超氧自由基对植物造成的氧化损伤,学习测定植物组织中超氧自由基产生速率的方法。

[实验原理]

通过呼吸作用进入植物体内的氧分子只接受一个电子后转变为超氧自由基($\cdot O_2^-$)。$\cdot O_2^-$使羟胺氧化生成亚硝酸根(NO_2^-),NO_2^- 能与对氨基苯磺酸和 α- 萘胺反应生成对苯磺酸 – 偶氮 –α- 萘胺(粉红色),该粉红色偶氮化合物在 530 nm 波长处有最大光吸收。因此,可用此方法测定 $\cdot O_2^-$产生速率。

$\cdot O_2^-$ 与羟胺反应如下:

$$NH_2OH + 2 \cdot O_2^- + H^+ \longrightarrow NO_2^- + H_2O_2 + H_2O$$

NO_2^- 与对氨基苯磺酸和 α- 萘胺反应如下:

$$\text{HOO}_2\text{S–C}_6\text{H}_4\text{–NH}_3\cdot\text{CH}_3\text{COOH}+\text{HNO}_2 \longrightarrow \text{HOO}_2\text{S–C}_6\text{H}_4\text{–N}_2(\text{CH}_3\text{COO})+\text{H}_2\text{O}$$

   对氨基苯磺酸   亚硝酸

$$\text{HOO}_2\text{S–C}_6\text{H}_4\text{–N}_2(\text{CH}_3\text{COO})+\text{C}_{10}\text{H}_7\text{NH}_2 \longrightarrow \text{HOO}_2\text{S–C}_6\text{H}_4\text{–N}_2\text{C}_{10}\text{H}_6\cdot\text{NH}_2+\text{CH}_3\text{COOH}$$

      α- 萘胺   粉红色偶氮化合物

可用 KNO_2 制作标准曲线,根据测得的 OD_{530},查 NO_2^- 标准曲线,将 OD_{530} 换算成 NO_2^- 浓度,然后根据上述 $\cdot O_2^-$ 与羟胺反应的物质的量之比进行换算,以 NO_2^- 浓度乘以 2 作为 $\cdot O_2^-$ 浓度,计算出样品中 $\cdot O_2^-$ 的产生速率。

[器材与试剂]

1. 实验器材

分光光度计,高速冷冻离心机,水浴锅,移液器,离心管,试管,容量瓶,研钵。

2. 实验试剂

三氯甲烷。

65 mmol·L^{-1} 磷酸钾缓冲液(pH=7.8):59.02 mL 1 mol·L^{-1} 磷酸氢二钾溶液和 5.98 mL 磷酸二氢钾溶液混合,加水定容至 100 mL。调 pH 至 7.8。

10 mmol·L^{-1} 盐酸羟胺溶液:称取 70.0 mg 盐酸羟胺,蒸馏水溶解后定容至 100 mL。

58 mmol·L^{-1} 对氨基苯磺酸溶液:称取 1.004 g 对氨基苯磺酸,用醋酸(冰醋酸:水 = 3:1,体积比)溶解,定容至 100 mL。

7 mmol·L^{-1} α- 萘胺溶液:称取 100.2 mg α- 萘胺用醋酸(冰醋酸:水 =3:1,体积比)溶解,定容至 100 mL。

100 μmol·L^{-1} KNO_2 标准溶液:称取 85.1 mg KNO_2,用蒸馏水溶解,定容至 100 mL,即为 10 mmol·L^{-1} KNO_2 溶液。取 1 mL 该溶液,稀释至 100 mL,即为 100 μmol·L^{-1} KNO_2 标准溶液。根据 $\cdot O_2^-$ 与羟胺反应式,可计算出此溶液相当于 200 μmol·L^{-1} $\cdot O_2^-$。

3. 实验材料

小麦、玉米、水稻等植物的新鲜叶片。

[实验流程]

1. 标准曲线制作

取 7 支试管依次编号,按表 11-1 分别加入各种试剂,摇匀。置于 25℃水浴锅加热 20 min。分别加入 1 mL 的 58 mmol·L^{-1} 对氨基苯磺酸溶液和 1 mL 的 7 mmol·L^{-1} α- 萘胺溶液,混匀,25℃水浴 20 min。以 0 号管为参比调零,立即在 530 nm 波长处测定光密度。以光密度值为纵坐标,超氧自由基物质的量(μmol)为横坐标,绘制标准曲线。

2. $\cdot O_2^-$ 提取液的制备

取新鲜叶片,洗净擦干剪碎,称取 1.0 g 叶片,加入 3.0 mL 65 mmol·L^{-1} 磷酸钾缓冲液(pH=7.8)和少许石英砂,冰浴下研磨成匀浆,转入离心管,于 4℃、12 000 r/min 离心 20 min,收集上清液,测量提取液总体积,此液为 $\cdot O_2^-$ 提取液。

3. $\cdot O_2^-$ 产生速率的测定

取 0.5 mL 上述提取液,加入 0.5 mL 65 mmol·L^{-1} 磷酸钾缓冲液(pH=7.8)和 0.1 mL 10 mmol·L^{-1} 盐酸羟胺溶液,摇匀,25℃水浴 20 min。取出后加入 1 mL 58 mmol·L^{-1} 对氨基苯

表 11-1　制作 KNO_2 标准曲线各试管试剂加入量

试剂	试管编号						
	0	1	2	3	4	5	6
100 μmol·L^{-1} KNO_2 标准溶液 /mL	0	0.1	0.2	0.3	0.4	0.5	0.6
蒸馏水 /mL	1.0	0.9	0.8	0.7	0.6	0.5	0.4
65 mmol·L^{-1} 磷酸钾缓冲液 /mL	1.0	1.0	1.0	1.0	1.0	1.0	1.0
1 mmol·L^{-1} 盐酸羟胺溶液 /mL	1.0	1.0	1.0	1.0	1.0	1.0	1.0
相当于超氧阴离子自由基物质的量 /μmol	0	0.02	0.04	0.06	0.08	0.10	0.12

磺酸溶液和 1 mL 7 mmol·L^{-1} α-萘胺溶液,混匀,25℃水浴 20 min。加入等体积(3 mL)三氯甲烷萃取色素,10 000 r/min 离心 3 min,取上层粉红色水相,测定 530 nm 处的光密度值。

根据计算公式,计算超氧阴离子自由基的产生速率:

$$\text{超氧自由基}(\cdot O_2^-)\text{产生速率}(nmol\cdot min^{-1}\cdot g^{-1}) = \frac{n \times V \times 1\,000}{V_s \times t \times m}$$

式中,n 为由标准曲线查得的溶液中超氧自由基的量(μmol);V 为样品提取液总体积(mL);V_s 为吸取样品液体积(mL);t 为样品与羟胺反应的时间(min);m 为样品质量(g)。

测得样品中蛋白质含量(mg)后,也可以用 $nmol\cdot min^{-1}\cdot mg^{-1}$ 表示 $\cdot O_2^-$ 的产生速率。

[注意事项]

1. 叶绿素会干扰测定,可在样品与羟胺反应后,用等体积乙醚萃取叶绿素,再进行显色反应。

2. 显色剂 α-萘胺不能改为 β-萘胺,否则出现橙黄色产物,其最大吸收峰在 460 nm 波长处。

[实验作业]

根据实验组和对照组的光密度值,从标准曲线上查出相应的超氧自由基的量(μmol),以每分钟每克鲜重植物组织产生的超氧自由基的量作为超氧自由基的产生速率,表示为 $nmol\cdot min^{-1}\cdot g^{-1}$。分析结果。

[思考题]

1. 本试验设置参比对照有什么作用?可以消除哪些影响因素?
2. 超氧自由基和过氧化氢的产生对植物的危害有何不同?

[参考文献]

1. 王爱国,罗广华. 植物的超氧物自由基与羟胺反应的定量关系[J]. 植物生理学通讯,1990,39(6):55-57.

2. 李忠光,龚明. 植物中超氧阴离子自由基测定方法的改进[J]. 云南植物研究,2005,

27(2):211-216.

3. 苍晶,赵会杰. 植物生理学实验教程[M]. 北京:高等教育出版社,2013:158-160.

数字课程资源

📥教学课件   📝自测题

（李桂双）

11-3 丙二醛含量测定

[实验目的]

学习硫代巴比妥酸法测定植物组织内丙二醛含量的原理和方法。

[实验原理]

植物器官在逆境条件下往往发生膜脂过氧化作用,丙二醛(malondialdehyde,MDA)是膜脂过氧化作用的终产物之一,其含量反映细胞膜脂过氧化程度及植物受伤害程度。因此,可以通过测定 MDA 含量来判断植物的抗逆性。

在酸性和高温的条件下,MDA 可与硫代巴比妥酸(2-thiobarbituric acid,TBA)反应生成红棕色的三甲川(3,5,5-三甲基恶唑-2,4-二酮),其最大吸收峰在 532 nm 处(图 11-1)。可溶性糖能与 TBA 反应,其产物在 532 nm 处也有吸收(最大吸收波长在 450 nm)。因此,测定植物组织中 MDA-TBA 反应物质含量时,一定要排除可溶性糖的干扰。

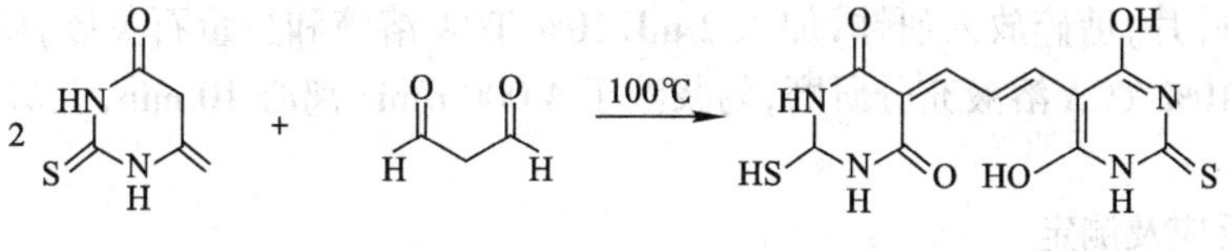

硫代巴比妥酸   丙二醛   3,5,5′-三甲基恶唑-2,4-二酮
                                                （三甲川）

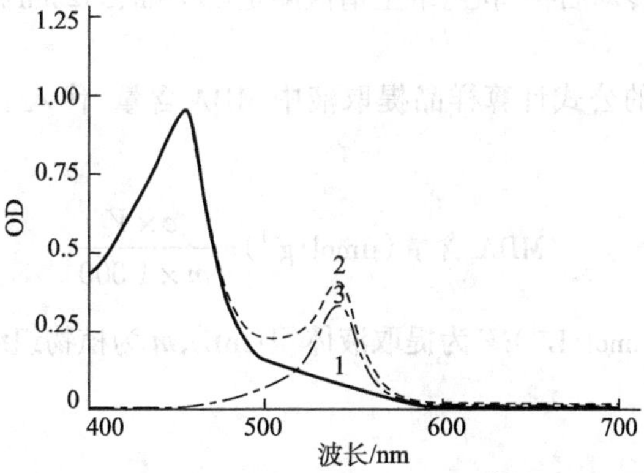

图 11-1 MDA、蔗糖及其混合物与 TBA 反应产物的吸收光谱图

1. 10 mol·L^{-1} 蔗糖；2. 10 mol·L^{-1} 蔗糖 +1.84 μmol·L^{-1} MDA；3. 1.84 μmol·L^{-1} MDA

采用双组分分光光度法可分别求出 MDA 和可溶性糖的含量。该方法使混合液中的两个组分的光谱吸收峰出现明显差异,但吸收曲线有重叠。根据朗伯-比尔定律,通过代数方法,计算出一种组分由于另一种组分存在时对光密度的影响,最后分别得到两种组分的含量。已知蔗糖与 TBA 反应产物在 450 nm 和 532 nm 的摩尔吸收系数分别为 85.40 和 7.40。MDA 在 450 nm 波长下无吸收,故该波长下的比吸收系数为 0,于 532 nm 波长下的比吸收系数为 155,根据双组分分光光度计法建立方程组,求解方程得计算公式:

$$c_1 = 11.71 \, OD_{450}$$

$$c_2 = 6.45 \, (OD_{532} - OD_{600}) - 0.56 \, OD_{450}$$

式中,c_1 为可溶性糖的浓度($mmol \cdot L^{-1}$);c_2 为 MDA 的浓度($\mu mol \cdot L^{-1}$);OD_{450}、OD_{532} 和 OD_{600} 分别代表 450 nm、532 nm 和 600 nm 波长下的光密度值。

[器材与试剂]

1. 实验器材

分光光度计,离心机,电子天平,研钵,试管,移液管,剪刀,恒温水浴锅。

2. 实验试剂

10% 三氯乙酸(TCA)溶液。

0.6% TBA 溶液:用少量 NaOH 溶液($1 \, mol \cdot L^{-1}$)溶解,再用 10% TCA 溶液定容至 10 mL。

3. 实验材料

经过逆境胁迫的玉米、水稻等植物叶片。

[实验流程]

1. MDA 的提取

称取 1 g 叶片,剪碎放入研钵,加入 2 mL 10% TCA 溶液和少量石英砂,研磨成匀浆,继续加入 8 mL 10% TCA 溶液充分研磨,匀浆液于 4 000 r/min 离心 10 min,上清液即为样品提取液。

2. 显色反应及测定

吸取 2 mL 样品提取液(对照加 2 mL 蒸馏水),加入 2 mL 0.6% TBA 溶液,混匀,置于沸水浴中反应 15 min,迅速冷却后再离心。取上清液测定 450 nm、532 nm 和 600 nm 下的光密度值。

3. 结果计算

根据实验原理中的公式计算样品提取液中 MDA 含量,代入下列公式,计算样品中的 MDA 含量。

$$MDA \, 含量 \, (\mu mol \cdot g^{-1}) = \frac{c \times V}{m \times 1\,000}$$

式中,c 为 MDA 浓度($\mu mol \cdot L^{-1}$);V 为提取液体积(mL);m 为植物组织鲜重(g)。

[注意事项]

1. MDA-TBA 显色反应的加热时间,沸水浴控制在 10 ~ 15 min 之间。时间太短或太长均会引起 532 nm 下的光密度值下降。

2. 在有糖类物质干扰条件下(如深度衰老时),光密度的增大不再是由于脂质过氧化产物 MDA 含量的升高,而是水溶性糖的增加改变了提取液成分,因此不能再用 532 nm、600 nm 两处光密度值计算 MDA 含量。可测定 510 nm、532 nm、560 nm 处的光密度值,需要用 $OD_{532}-(OD_{510}-OD_{560})/2$ 的值来代表 MDA 与 TBA 反应液的光密度。

[实验作业]

比较在不同逆境条件下生长的不同植物叶片组织中的 MDA 含量,并分析原因。

[思考题]

1. 样品中可溶性糖含量影响 MDA 含量的测定,有什么办法消除其影响?

2. 不同植物在同一逆境条件下,MDA 含量变化不同,能说明什么问题?

3. 植物响应逆境胁迫时,除了产生 MDA 外,也常常伴随 H_2O_2 的累积,H_2O_2 含量与植物抗性密切相关。分析植物对逆境胁迫的应答和适应时,是否会出现植物组织内 H_2O_2 含量的改变?

[参考文献]

1. 赵世杰,许长成,邹琦,等. 植物组织中丙二醛测定方法的改进[J]. 植物生理学通讯,1994(3):207-210.

2. 陈贵,胡文玉,谢甫绨,等. 提取植物体内 MDA 的溶剂及 MDA 作为衰老指标的探讨[J]. 植物生理学通讯,1991(1):44-46.

3. 苍晶,赵会杰. 植物生理学实验教程[M]. 北京:高等教育出版社,2013:145-147.

数字课程资源

📥教学课件　　📝自测题

(李桂双)

11-4　脯氨酸含量测定

[实验目的]

掌握磺基水杨酸法测定脯氨酸的原理及方法,了解水分亏缺与脯氨酸含量的关系。

[实验原理]

植物体内游离脯氨酸含量为 $200 \sim 690\ \mu g \cdot g^{-1}$(干重)。当植物遭遇逆境时,植物体中游离脯氨酸含量显著增加,且脯氨酸积累指数与植物抗逆性相关。因此,测定脯氨酸含量一定程度上反映了植物的抗逆性,抗旱性强的品种往往积累较多的脯氨酸。脯氨酸亲水性强,能稳定原生质胶体及组织内的代谢过程,因而能降低凝固点,有防止细胞脱水的作用。低温条件下,植物组织中脯氨酸增加,可提高植物的抗寒性。

　　酸性条件下,脯氨酸和茚三酮反应产生稳定的红色络合物,用甲苯萃取后,该物质在 520 nm 波长下有最大吸收峰,且脯氨酸浓度在一定范围内与其光密度值成正比。在 520 nm 处测定其光密度值,即可从标准曲线上查得脯氨酸含量。

[器材与试剂]

1. 实验器材

分光光度计,离心机,恒温水浴锅,旋转振荡器,研钵,烧杯,移液管,容量瓶,具塞试管,滤纸,尼龙架。

2. 实验试剂

冰醋酸,甲苯,人造沸石。

25 g·L⁻¹ 酸性茚三酮试剂:称取 2.5 g 茚三酮放入烧杯,加入 60 mL 冰醋酸和 40 mL 6 mol·L⁻¹ 磷酸,于 70℃ 下加热溶解。冷却后贮于棕色瓶中,24 h 内稳定,4℃ 条件下 2～3 d 有效。

100 μg·mL⁻¹ 标准脯氨酸溶液:称取 10 mg 脯氨酸溶于 100 mL 80% 乙醇溶液中。

30 g·L⁻¹ 磺基水杨酸溶液:称取 3 g 磺基水杨酸加入蒸馏水中溶解,定容至 100 mL。

0.3 mol·L⁻¹ 甘露醇溶液:称取 54.65 g 甘露醇溶于 1 000 mL 蒸馏水中。

3. 实验材料

小麦、水稻等植物叶片。

[实验流程]

1. 材料培养与处理

小麦种子在 25℃ 室温下暗中浸泡 6 h,播种于铺有湿滤纸的培养皿中,并黑暗中培养。种子露白后于尼龙架上用水培养 24 h,一组移至 0.3 mol·L⁻¹ 的甘露醇中培养 3～4 d,另一组仍在水中继续培养。取地上部分作为实验材料。

2. 游离脯氨酸的提取

称取地上部分(胚芽鞘和叶子)0.5 g,加 5 mL 30 g·L⁻¹ 磺基水杨酸溶液研磨成匀浆。匀浆移至离心管中,在沸水浴中提取 10 min,冷却后以 3 000 r/min 离心 10 min,取上清液待测。另取未经甘露醇处理的材料同样制得提取液待测。

3. 制作标准曲线

用 100 μg·mL⁻¹ 标准脯氨酸配制成 0 μg·mL⁻¹、1 μg·mL⁻¹、2 μg·mL⁻¹、3 μg·mL⁻¹、4 μg·mL⁻¹、5 μg·mL⁻¹、6 μg·mL⁻¹、7 μg·mL⁻¹、8 μg·mL⁻¹、9 μg·mL⁻¹ 和 10 μg·mL⁻¹ 的标准溶液。分别取各浓度脯氨酸溶液 2 mL 于具塞试管中,各加入 2 mL 3% 磺基水杨酸溶液,2 mL 冰醋酸和 4 mL 酸性茚三酮试剂,摇匀。在沸水浴中加热显色 60 min,冷却至室温,加入 4 mL 甲苯,充分振荡,以萃取红色产物。静置分层,使红色物质全部转入甲苯相。吸取甲苯相于比色皿中,使用分光光度计在 520 nm 波长处测定光密度值,以光密度值为纵坐标,脯氨酸含量(μg·mL⁻¹)为横坐标,绘制标准曲线。

4. 游离脯氨酸的测定

取上述提取液 2 mL 于具塞试管中,加入 2 mL 蒸馏水、2 mL 冰醋酸和 4 mL 25 g·L⁻¹ 酸性茚三酮试剂,摇匀。在沸水浴中加热 60 min,冷却至室温,加入 4 mL 甲苯,充分振荡,以萃取红色产物。静置分层,完全分层后,吸取甲苯相,于分光光度计 520 nm 波长处测定光密度

值,最后从标准曲线查得脯氨酸浓度。根据以下公式计算脯氨酸含量:

$$脯氨酸含量(\mu g \cdot g^{-1}) = \frac{\rho \times V_2}{V_1 \times m}$$

式中,ρ 为由标准曲线查得脯氨酸含量($\mu g \cdot mL^{-1}$);V_2 为提取液总体积(mL);V_1 为测定液体积(mL);m 为样品质量(g)。

[注意事项]

1. 茚三酮溶液仅在 24 h 内稳定,现用现配。
2. 脯氨酸与茚三酮试剂在沸水浴中的反应时间要严格控制,不宜过久,否则会引起沉淀。

[实验作业]

比较在甘露醇中生长和正常生长条件下植物叶片脯氨酸含量差异,并分析原因。

[思考题]

1. 脯氨酸在植物胁迫应答中有什么作用?
2. 提取脯氨酸还有哪些方法? 在具体测定时应注意哪些改变?

[参考文献]

1. 张殿忠,王沛洪,赵会贤 . 测定小麦叶片游离氨基酸含量的方法[J]. 植物生理学通讯,1990(4):62−65.

2. 李小方,张志良 . 植物生理学实验指导[M]. 5 版 . 北京:高等教育出版社,2016:192−193.

数字课程资源

⊻ 教学课件   ✍ 自测题

(李桂双)

11-5 羟自由基清除率测定

[实验目的]

学习和掌握测定植物组织内羟自由基清除率的方法。

[实验原理]

羟自由基($\cdot OH$)是植物体内最活泼的活性氧自由基,可介导许多生理变化,如引发脂质过氧化反应,损伤膜结构及功能。因此,羟自由基的检测对于研究自由基的生物作用具有重要意义。

测定羟自由基的方法有分光光度法、化学发光法、荧光法、电子自旋共振法和高效液相色谱法等。分光光度法是利用 Fenton 反应产生的羟自由基,用二甲基亚砜捕集·OH,产生的甲基亚磺酸与有机染料试剂坚牢蓝 BB 盐反应生成偶氮砜,经甲苯 – 正丁醇(3∶1,体积比)混合物萃取后,用比色法测定溶液的光密度。通过分析植物提取液捕获反应液中产生·OH 的量,计算植物自由基清除的百分率。

$$Fe^{2+}+H_2O_2 \longrightarrow Fe^{3+}+OH^-+\cdot OH$$
$$CH_3SOCH_3+\cdot OH \longrightarrow CH_3SOOH+CH_3$$

$$CH_3SOOH+Ar-N=N^+ \longrightarrow Ar-NN-\overset{\displaystyle O}{\underset{\displaystyle O}{\overset{\|}{\underset{\|}{S}}}}-CH_3+H^+$$

[器材与试剂]

1. 实验器材

分光光度计,离心机,研钵,具塞试管,吸管,比色皿。

2. 实验试剂

200 mmol·L^{-1} 二甲基亚砜,0.1 mol·L^{-1} HCl 溶液,18 mmol·L^{-1} FeSO$_4$ 溶液,80 mmol·L^{-1} H$_2$O$_2$ 溶液,15 mmol·L^{-1} 坚牢蓝 BB 盐溶液,正丁醇饱和水溶液,正丁醇,甲苯,吡啶,去离子水。

反应液:取 2 mL 200 mmol·L^{-1} 二甲基亚砜加入 10 mL 具塞试管中,继续加 1 mL 0.1 mol·L^{-1} HCl 溶液、2.5 mL 18 mmol·L^{-1} FeSO$_4$ 溶液和 3 mL 80 mmol·L^{-1} H$_2$O$_2$ 溶液,用去离子水定容至 10 mL,混匀,即反应液。

3. 实验材料

绿豆等植物幼苗。

[实验流程]

1. 称取植物材料 5 g,加入 5 mL 去离子水研磨至匀浆,加入 15 mL 去离子水,浸泡 4 h,在 3 000 r/min 下离心 30 min,取上清液即为植物提取液,待测。

2. 取 1 mL 反应液,加入 1 mL 植物提取液,与 2 mL 15 mmol·L^{-1} 坚牢蓝 BB 盐溶液混合,室温黑暗中反应 10 min。再加入 1 mL 吡啶使颜色稳定,然后加 3 mL 甲苯 – 正丁醇(3∶1,体积比)混合液,充分混合。静置分层,移走下层相(含有未反应的偶氮盐)弃掉;上层为甲苯 – 正丁醇相,用 5 mL 正丁醇饱和水溶液冲洗,静置分层,将上清液移到比色皿中,于 420 nm 测定光密度 OD$_x$。

3. 另取 1 支试管,不加植物的提取液,其他同步骤 2 进行,于 420 nm 测定光密度 OD$_0$。

4. 计算植物组织内羟自由基清除率

$$清除率(\%)=(OD_0-OD_x/OD_0) \times 100$$

式中,OD$_0$ 和 OD$_x$ 分别表示空白溶液和被测液的光密度值。

[注意事项]

萃取过程中混匀时不用剧烈振荡,以免发生乳化,若出现轻微乳化现象,可离心去除。

[**实验作业**]

　　比较逆境胁迫条件下,植物叶片的羟自由基清除率的差异,并分析原因。

[**思考题**]

　　1. 在本实验中为什么要加入有机染料试剂?

　　2. 如果测定不同植物材料,植物提取液的加样量是否一致? 如何确定不同植物材料的适宜加样量?

[**参考文献**]

　　1. 徐向荣,王文华,李华斌. 比色法测定 Fenton 反应产生的羟自由基及其应用[J]. 生物化学与生物物理进展,1999(1):67–68.

　　2. 李玲. 植物生理学模块实验指导[M]. 北京:科学出版社,2008:92–94.

数字课程资源

🔽 教学课件　　✏️ 自测题

(李桂双)

11–6　抗氧化率测定

[**实验目的**]

　　学习利用 β– 胡萝卜素 – 亚油酸乳化液氧化法测定组织的抗氧化率。

[**实验原理**]

　　β– 胡萝卜素是一种多烯色素,易被氧化而褪去黄色。在反应介质溶液中,由亚油酸氧化产生的过氧化物等能使 β– 胡萝卜素被漂白,随时间的延长,光密度变小,当以光密度对时间作图时可得到一条下降曲线。不同果实或种子抗氧化活性的差异使 β– 胡萝卜素被漂白的速度各异,抗氧化能力越强,光密度下降越慢。

[**器材与试剂**]

　　1. 实验器材

锥形瓶,研钵,漏斗,烧杯,试管。

　　2. 实验试剂

80% 乙醇溶液,0.2 mol·L^{-1} 磷酸缓冲液(pH=6.86)。

亚油酸氯仿溶液:称取亚油酸 5 g,溶于 50 mL 氯仿中。使用前现配。

吐温 –40 氯仿溶液:称取吐温 –40 10 g,溶于 50 mL 氯仿中,使用前现配。

β– 胡萝卜素氯仿溶液:称取 β– 胡萝卜素 50 mg,溶于 50 mL 氯仿中。使用前现配。

β- 胡萝卜素溶液：取 0.5 mL β- 胡萝卜素氯仿溶液，加入 0.2 mL 亚油酸氯仿溶液和 1 mL 吐温 -40 氯仿溶液，置于 50℃水浴中除去氯仿后，再加入 100 mL 蒸馏水摇匀。

标准 BHT 液：取 1 mg 二丁基羟基甲苯（BHT）溶于 80% 乙醇溶液中，制成 10 mg·L^{-1} 的 BHT 溶液。

反应介质溶液：45 mL β- 胡萝卜素溶液和 4 mL 0.2 mol·L^{-1} 的磷酸缓冲液，玻璃棒搅拌后静置。

3. 实验材料

小麦、绿豆等幼苗。

[实验流程]

1. 称取 1 g 植物材料，加入 5 mL 80% 乙醇溶液，研磨成匀浆后过滤。滤渣用 5 mL 80% 的乙醇溶液洗涤，过滤，合并滤液于 100 mL 锥形瓶中，即为提取液。加塞，静置 20 min 后测定。

2. 取 4 支试管，进行编号，按照表 11–2 加入试剂。

表 11–2 各试管中的加入试剂及剂量

试管号	加入试剂及剂量
1	4 mL 反应介质溶液 +0.5 mL 提取液
2	4 mL 反应介质溶液 +0.5 mL 80% 乙醇溶液
3	4.5 mL 标准 BHT 液
4	除了不加 β- 胡萝卜素溶液外，其他同 2 号试管

3. 测定所有试管 470 nm 波长下的光密度并记录，然后置于 50℃恒温水浴中 15 min，再次测定 470 nm 光密度。求出各个试管光密度的减少量，分别算出与标准 BHT 溶液的光密度减少量的比值。

$$抗氧化率（\%）=(B_s/B_0) \times 100$$

$$B_s=\Delta OD_{提取液}/\Delta OD_{BHT}$$

$$B_0=\Delta OD_{对照}/\Delta OD_{BHT}$$

式中，B_s 为在提取液存在下 β- 胡萝卜素褪色速率；B_0 为不加提取液时 β- 胡萝卜素的褪色速率。

[注意事项]

若植物材料抗氧化能力强，可适当延长恒温水浴时间。

[实验作业]

计算不同植物不同部位的抗氧化活性（mg BHT/100 g 鲜重）和抗氧化率，分析差异原因。

[思考题]

为什么 100 g 样品中所含有的抗氧化活性成分相当于 BHT 的量?

[实验拓展]

用水或有机物质有效提取植物,可以分析提取液的抗氧化活性后,根据需要进一步对提取物中抗氧化活性成分的分离、纯化与鉴定。

[参考文献]

1. 宗学凤,王三根. 植物生理研究技术[M]. 重庆:西南师范大学出版社,2011:188-189.

2. 洪庆慈,吴敏,吴月民等. 几种粮食皮壳提取物的抗氧化活性的测定[J]. 粮食储藏,1998,27(5):36-37.

数字课程资源

📥 教学课件   📝 自测题

(李桂双)

11-7 过氧化氢酶活性测定

[实验目的]

掌握分光光度计法测定植物组织中过氧化氢酶活性的原理与方法。

[实验原理]

过氧化氢酶(catalase,CAT)属于血红蛋白酶,含有铁,位于微体中。CAT 可除去植物体内因光呼吸或逆境胁迫产生的 H_2O_2,催化体内积累的 H_2O_2 分解为 H_2O 和 O_2,从而减少 H_2O_2 对植物组织可能造成的氧化伤害。在过氧化氢酶催化 H_2O_2 分解为水和分子氧的过程中,该酶起电子传递作用,而 H_2O_2 既是氧化剂又是还原剂。

$$2H_2O_2 \xrightarrow{CAT} 2H_2O + O_2$$

可根据反应过程中 H_2O_2 的消耗量来测定该酶的活性。H_2O_2 在 240 nm 波长处具有吸收峰,因此反应溶液光密度随反应时间的延长而降低。可以根据光密度的变化速度检测过氧化氢酶的活性。

[器材与试剂]

1. 实验器材

高速冷冻离心机,分光光度计,移液器,研钵,计时器,离心管,容量瓶,比色杯。

2. 实验试剂

0.1 mol·L^{-1} 磷酸钠缓冲液(pH=7.5),0.5 mol·L^{-1} 磷酸钠缓冲液(pH=7.5)。

提取缓冲液(含 5 mmol·L^{-1} DTT 和 5% PVP):称取 77 mg DTT、5 g PVP,用 0.1 mol·L^{-1} 磷酸钠缓冲液(pH=7.5)溶解,定容至 100 mL,即为提取缓冲液,4℃条件下贮藏备用。

20 mmol·L^{-1} H$_2$O$_2$ 溶液:取 0.206 mL 30% H$_2$O$_2$ 溶液,用 50 mmol·L^{-1} 的磷酸钠缓冲液(pH=7.5)稀释至 100 mL,现用现配,低温避光保存。

3. 实验材料

小麦、大豆等植物叶片。

[实验流程]

1. 酶液制备

称取 0.5 g 样品,加入 5.0 mL 提取缓冲液,在冰浴条件下研磨成匀浆,于 4℃下 12 000 r/min 离心 30 min,收集上清液,即为酶提取液。测量提取液总体积,低温保存备用。

2. 活性测定

酶促反应体系由 2.9 mL 20 mmol·L^{-1} H$_2$O$_2$ 溶液和 100 μL 酶提取液组成。以蒸馏水为参比空白,在反应 15 s 时开始记录反应体系在波长 240 nm 处光密度作为初始值(OD$_0$),然后记录 2 min 时的光密度值(OD$_2$)。重复 3 次。

[注意事项]

1. 在 240 nm 下有强烈吸收的物质都对本实验的结果有干扰。

2. 酶促反应中产生的气泡会影响比色结果。

[实验作业]

1. 记录测定的数据

重复次数	样品质量 m/g	提取液体积 V/mL	吸取样品液体积 V_s/mL	240 nm 光密度值		样品中过氧化氢酶活性 (0.01ΔOD$_{240}$·min^{-1}·g^{-1})		
				OD$_0$	OD$_2$	计算值	平均值	± 标准偏差
1								
2								
3								

2. 计算植物叶片的过氧化氢酶活性

记录反应体系在波长 240 nm 处的光密度值,计算每分钟光密度变化值 ΔOD$_{240}$。

$$\Delta OD_{240}=\frac{OD_2-OD_0}{t_2-t_1}$$

式中,ΔOD$_{240}$ 为每分钟反应混合物光密度变化值,OD$_2$ 为 2 min 反应混合液光密度值,OD$_0$ 为反应混合液光密度初始值,t_2 为反应终止时间,t_1 为反应初始时间。

以每克植物组织样品(鲜重)每分钟光密度变化值减少 0.01 为 1 个过氧化氢酶活性单位,单位是 $0.01\ \Delta OD_{240}\cdot min^{-1}\cdot g^{-1}$。计算公式:

$$U=\frac{OD_{240}\times V}{0.01\times V_s\times m}$$

式中:V 为样品提取液总体积(mL);V_S 为测定的样品提取液体积(mL);m 为样品质量(g)。

另外,用不同浓度的 H_2O_2 溶液制作标准曲线。根据光密度值变化,参照标准曲线,可以反映底物 H_2O_2 溶液的消耗量来表示过氧化氢酶活性,单位为 $\mu mol\cdot min^{-1}\cdot mg^{-1}$。

[思考题]

1. 底物浓度(H_2O_2)过高会对过氧化氢酶活性结果产生什么影响?
2. 本实验酶促反应体系底物浓度或酶量能否作调整?
3. 过氧化氢酶活性变化与哪些生化过程有关?

[实验拓展]

为了测定得更精确,可以每隔 30 s 测定一次,记录 3 min 内的变化,获得 6 个记录点。制作 OD_{240} 值随时间变化的曲线,根据曲线的初始线性部分,计算每分钟光密度变化值 ΔOD_{240}。

[参考文献]

李忠光,龚明. 抗氧化系统在热激诱导的玉米幼苗耐热性形成中的作用[J].云南植物研究,2007,29(2):231-236.

数字课程资源

📥教学课件　　📝自测题

(李桂双)

11-8　过氧化物酶活性测定

[实验目的]

学习和掌握植物组织中过氧化物酶活性的测定方法。

[实验原理]

过氧化物酶(peroxidase,POD)广泛存在于植物体中,该酶催化 H_2O_2 氧化,以清除 H_2O_2 对细胞生物功能分子的破坏作用。在有 H_2O_2 存在的条件下,过氧化物酶使愈创木酚氧化,生成茶褐色物质,可用分光光度计在波长 470 nm 处测定光密度值,检测 POD 活性。

$$4HO—C_6H_4—OCH_3+4H_2O_2 \xrightarrow{POD} \begin{array}{c} O—C_6H_3(OCH_3)—C_6H_3(OCH_3)—O \\ O—C_6H_3(OCH_3)—C_6H_3(OCH_3)—O \end{array}+8H_2O$$

邻甲氧基苯酚(愈创木酚)　　　　　　　四邻甲氧基苯酚(棕红色聚合物)

[器材与试剂]

1. 实验器材

分光光度计,电子天平,离心机,磁力搅拌器,研钵,烧杯,移液管,秒表。

2. 实验试剂

愈创木酚,30% H_2O_2 溶液,20 mmol·L^{-1} KH_2PO_4 溶液、100 mmol·L^{-1} 磷酸缓冲液(pH=6.0),反应混合液:100 mmol·L^{-1} 磷酸缓冲液(pH=6.0)5 mL,加入愈创木酚 28 μL,于磁力搅拌器上加热溶解,待溶液冷却后,加入 30% H_2O_2 溶液 19 μL 混合摇匀,保存于冰箱中。

3. 实验材料

逆境处理后的植物幼苗或叶片。

[实验流程]

1. POD 的提取

称取植物材料 1 g,加入 10 mL 20 mmol·$L^{-1}$$KH_2PO_4$ 溶液,于研钵中研磨成匀浆,以 4 000 r/min 离心 15 min,收集上清液,保存在低温下,即为酶液。

2. 活性测定

取比色杯 2 只,向其中一只比色杯中加入 3 mL 反应混合液和 1 mL KH_2PO_4 溶液作为对照;向另一只比色杯中加入 3 mL 反应混合液和 1 mL 上述酶液。立即开启秒表计时,于 470 nm 处测定光密度值,每隔 1 min 读数 1 次。

3. POD 活性计算

POD 活性以 ΔOD_{470}·min^{-1}·mg^{-1}(蛋白质)或 ΔOD_{470}·min^{-1}·g^{-1}(鲜重)为单位表示。蛋白质含量用考马斯亮蓝法测定(参考实验 4-2)。

[实验作业]

分析植物在正常生长条件下和逆境处理后的叶片的过氧化物酶活性变化。

[思考题]

底物浓度(H_2O_2)过高会对过氧化氢酶活性测定的结果产生怎样的影响?

[参考文献]

1. 李小方,张志良.植物生理学实验指导[M].5 版.北京:高等教育出版社,2016:88-90

2. 李忠光,龚明.愈创木酚法测定植物过氧化物酶活性的改进[J].植物生理学通讯,2008,44(2):323-324.

3. Kochba J,Lavee S,Spiegel-Roy P. Difference in peroxidase activity and isoenzymes

in embryogenic and non-embryogenic 'Shanzouti' orange ovular callus Lines[J]. Plant Cell Physiology,1977,18(2):463-467.

数字课程资源

📥 教学课件　　　📝 自测题　　　▶️ 实验操作视频(视频 3　分光光度计的使用方法)

(李桂双)

11-9　超氧化物歧化酶活性测定

I　氮蓝四唑(NBT)光还原法

[实验目的]

学习测定超氧化物歧化酶活性的两种方法。

[实验原理]

超氧化物歧化酶(superoxide dismutase,SOD)是一种金属酶,在高等植物中有三种类型,以 Mn-SOD 和 Cu/Zn-SOD 为主,而 Fe-SOD 相对缺乏,只在少数植物中能够检测到。SOD 是自然界唯一的以超氧自由基为底物的酶,能够专一性地清除超氧自由基($\cdot O_2^-$),它与 CAT、POD 等酶一起防御活性氧或其他过氧化物自由基对细胞膜系统的伤害,从而减少自由基对有机体的损伤。

SOD 通过歧化反应清除生物细胞中 $\cdot O_2^-$,生成 H_2O_2 和 O_2。SOD 起到催化剂的作用:

$$2\cdot O_2^- + 2H^+ \xrightarrow{SOD} H_2O_2 + O_2$$

SOD 活性测定采用氮蓝四唑(NBT)光还原法,即依据 SOD 抑制 NBT 在光下的还原作用确定该酶活性大小。在该反应系统中,核黄素在光照条件下可被还原。被还原的核黄素在有氧条件下极易再氧化而产生 $\cdot O_2^-$。NBT 在光照条件下被 $\cdot O_2^-$ 还原为蓝色的甲𬭩,后者在 560 nm 处有最大光吸收。

当加入 SOD 时,SOD 可通过清除 $\cdot O_2^-$ 而抑制 NBT 的光还原反应,使蓝色的甲𬭩生成速度减慢。因此,进行光还原反应后,反应液蓝色越深,说明酶的活性越低,反之酶的活性越高。抑制 NBT 光还原相对百分率与酶活性在一定范围内呈正相关关系,据此可以计算出酶活性大小。将抑制 50% 的 NBT 发生光还原反应时所需的酶量作为一个酶活性单位(U)。

[器材与试剂]

1. 实验器材

研钵(或研磨仪),高速冷冻离心机,分光光度计,计时器,移液器,离心管,光照培养箱(光照强度约 4 000 lx),试管或指形管,容量瓶。

2. 实验试剂

50 mmol·L^{-1} 磷酸钠缓冲液（pH = 7.8）。

130 mmol·L^{-1} 甲硫氨酸（Met）溶液：准确称取 1.94 g Met，用 50 mmol·L^{-1} 磷酸钠缓冲液溶解，定容至 100 mL，充分混匀，现配现用。

750 μmol·L^{-1} NBT 溶液：准确称取 61.3 mg NBT，用 50 mmol·L^{-1} 磷酸钠缓冲液溶解，定容至 100 mL，充分混匀，现配现用，低温避光保存。

100 μmol·L^{-1} EDTA-Na$_2$ 溶液：准确称取 37.2 mg EDTA-Na$_2$ 粉末，用 50 mmol·L^{-1} 磷酸钠缓冲液溶解，定容至 1 000 mL。低温避光保存，可用 8~10 d。

20 μmol·L^{-1} 核黄素溶液：准确称取 75.3 mg 核黄素粉末，用蒸馏水溶解，定容至 1 000 mL。低温避光保存，现配现用。

3. 实验材料

小麦、水稻叶片。

[实验流程]

1. 酶粗提液

取 0.5 g 新鲜的小麦或水稻叶片，迅速剪碎后置于研钵中，倒入液氮，加少量石英砂研磨成粉末状，加入 5.0 mL 预冷的 50 mmol·L^{-1} 磷酸钠缓冲液，在冰浴条件下研磨成匀浆。于 4℃、12 000 r/min 离心 15 min，收集上清液，上清液即为 SOD 粗提液。

2. 活性测定

用 5 支试管进行测定。按照表 11-3 依次加入各种溶液，注意最后加入核黄素溶液。其中 3 支为测定管，2 支为对照管。混匀后将 1 支对照管置于暗处，其他各管置于光照培养箱中光照反应 20 min。于暗处终止反应，立即测定 560 nm 处各管的光密度值。以不照光对照管做空白参比进行仪器调零，以磷酸钠缓冲液代替酶液做对照。

表 11-3　测定 SOD 活性时各试剂加入量

试剂	用量/mL	终浓度（比色时）
50 mmol·L^{-1} 磷酸钠缓冲液（pH = 7.8）	1.5	
130 mmol·L^{-1} Met 溶液	0.3	13 mmol·L^{-1}
750 μmol·L^{-1} NBT 溶液	0.3	75 μmol·L^{-1}
100 μmol·L^{-1} EDTA-Na$_2$ 溶液	0.3	10 μmol·L^{-1}
20 μmol·L^{-1} 核黄素溶液	0.3	2.0 μmol·L^{-1}
酶液	0.05	2 支对照管中以等体积磷酸钠缓冲液代替
蒸馏水	0.25	
总体积	3.0	

3. 结果计算

显色反应后，分别记录测定管反应混合液的光密度值（OD$_s$）和照光对照管反应混合液的光密度值（OD$_c$）。SOD 活性计算公式如下：

$$SOD\ 活性(U\cdot g^{-1})=\frac{(OD_c-OD_s)\times V}{0.5\times OD_c\times V_s\times m}$$

式中:SOD 活性以每克鲜重样品酶活性单位表示(U·g⁻¹),OD_c 为照光对照管反应混合液的光密度值,OD_s 为样品管反应混合液的光密度值,V 为样品提取液总体积(mL),V_s 为测定时所取样品提取液体积(mL),m 为样品质量(g)。

[注意事项]

1. 要求各试管受光情况一致,所有试管应排列在与日光灯管平行的直线上。反应温度控制在 25℃,视酶活性高低适当调整反应时间。温度较高时,光照时间应缩短;温度较低时,光照时间应延长。

2. 所用试管或指形管要洁净透明,透光性好。用浅底广口的小玻璃皿照光效果更好。

[实验作业]

分析植物在正常生长条件下和逆境条件处理后的叶片的 SOD 活性变化。

[思考题]

1. 在 SOD 测定中为什么设照光和不照光两个对照管?
2. 影响本实验准确性的主要因素是什么?应如何应对?

Ⅱ 肾上腺素自氧化法

[实验原理]

肾上腺素在酸性溶液中很稳定,当 pH 大于 8.5 时,其自动氧化性随 pH 增加而增加、肾上腺素自动氧化产物为肾上腺素红,在 480 nm 波长处有最大吸收峰;但是在较高 pH(如 pH=10.2)下,此过程受到抑制。

[器材与试剂]

1. 实验器材
分光光度计,离心机,恒温水浴锅,研钵,试管。

2. 实验试剂
2 mmol·L⁻¹ 肾上腺素溶液(双蒸水配制),95% 乙醇 – 氯仿溶液(体积比为 1∶1),碳酸缓冲液(pH=10.2)。

3. 实验材料
正常处理和逆境处理的小麦叶片。

[实验流程]

1. 材料准备
剪取 7～10 d 苗龄小麦幼苗的第一片叶子的中段备用(去掉叶尖和叶基)。取正常处理和逆境处理的叶片切段,每份 15 片,用蒸馏水洗净擦干后待用。

2. 酶的提取

分别将叶片剪成小段,称取 0.5 g 叶片,置于预冷的研钵中,加入 5 mL 预冷的乙醇 – 氯仿溶液,研磨成匀浆。在 2 ~ 4℃下,4 000 r/min 离心 15 min,上清液即酶提取液,测量其总体积(若提取液颜色较深,可加少量活性炭脱色,过滤后备用)。

3. 酶活性测定

将各溶液 25℃保温 20 min。取 4 支试管进行编号(1—4),按照表 11–4 加入试剂。各试管混匀后在 25℃水浴中保温 2.5 min(加肾上腺素时,每隔 1 min 加 1 管,以秒表计时)。立即测定 480 nm 的光密度值。

表 11–4 试剂加入量表

试剂	试管号			
	1	2	3	4
碳酸缓冲液 /mL	3	3	3	3
双蒸水 /mL	0	0	3	1
酶提取液 /mL	1	1	0	0
混匀				
2 mmol·L^{-1} 肾上腺素溶液 /mL	2	2	0	2
备注	正常	逆境	空白	对照

以酶活力单位表示 SOD 活性,即每小时每克鲜重的酶活单位数(以 SOD 抑制肾上腺素自动氧化的 50% 所需的酶量定义为一个酶活力单位)。

$$\text{SOD 活性}(\text{U}\cdot\text{g}^{-1}) = \frac{\text{OD}_s \times V}{m \times \text{OD}_0 \times t \times V_1 \times 50\%}$$

式中:m 为样品质量(g),OD_0 为 4 号试管 480 nm 下的 OD 值,t 为反应时间(h),OD_s 为 4 号试管与 1 号(或 2 号)试管 OD 值之差,V_1 为反应液时液体积(mL),V 为酶提取液总量(mL)。

[实验作业]

分析用肾上腺素自氧化法测定植物在逆境处理后的叶片的超氧化物歧化酶活性变化。

[参考文献]

1. 林植芳,李双顺,林桂珠,等. 水稻叶片的衰老与超氧化物歧化酶及脂质过氧化作用的关系[J]. 植物学报,1984,26(6):605–615.

2. 刘鸿先,曾韶西,王以柔,等. 低温对不同耐寒力的黄瓜幼苗子叶各细胞器中超氧物歧化酶的影响[J]. 植物生理学报,1985,11(1):48–57.

3. 孔祥生,易现峰. 植物生理学实验技术[M]. 北京:中国农业出版社,2008:261–263.

数字课程资源

📥教学课件　　✍️自测题

（李桂双）

11-10　还原型谷胱甘肽含量测定

[实验目的]

了解植物组织中抗坏血酸 – 谷胱甘肽循环代谢过程,学习还原型谷胱甘肽含量的测定方法。

[实验原理]

谷胱甘肽是由甘氨酸、谷氨酸和半胱氨酸组成的天然三肽,是一种含巯基的化合物,和 5,5'- 二硫代 – 双 –(2- 硝基苯甲酸)(5,5'-dithiobis–2-nitrobenzoic acid,DTNB)反应产生 2- 硝基 –5- 巯基苯甲酸(2-nitro-5-thiocyanata-benzoicaci,NTCB)和谷胱甘肽二硫化物(glutathione disulfide,GSSG)。NTCB 为一黄色产物,在波长 412 nm 处具有最大光吸收。因此,可利用分光光度法测定样品中该物质产生的量,进而计算谷胱甘肽的含量。

[器材与试剂]

1. 实验器材

分光光度计,高速冷冻离心机,研钵,移液器,离心管,试管,水浴锅,容量瓶。

2. 实验试剂

$0.1 \text{ mol} \cdot \text{L}^{-1}$ 磷酸缓冲液(pH=7.7),$0.1 \text{ mol} \cdot \text{L}^{-1}$(pH=6.8)磷酸缓冲液。

$50 \text{ g} \cdot \text{L}^{-1}$ 三氯乙酸(TCA)溶液(含 $5 \text{ mmol} \cdot \text{L}^{-1}$EDTA-Na$_2$):称取 5.0 g TCA,用蒸馏水溶解,定容至 100 mL。称取 186 mg EDTA–Na$_2 \cdot$2H$_2$O,加入到 100 mL $50 \text{ g} \cdot \text{L}^{-1}$ 三氯乙酸溶液中溶解。

$4 \text{ mmol} \cdot \text{L}^{-1}$ DTNB 溶液:称取 15.8 mg DTNB,用 $0.1 \text{ mol} \cdot \text{L}^{-1}$ pH=6.8 磷酸缓冲液溶解,定容至 10 mL,混匀,4℃保存。现用现配。

$100 \text{ μmol} \cdot \text{L}^{-1}$ 还原型谷胱甘肽标准液:称取 3.1 mg 还原型谷胱甘肽,加入少量无水乙醇溶解,用蒸馏水定容至 100 mL。

3. 实验材料

小麦胚芽或绿豆芽等。

[实验流程]

1. 标准曲线制作

取 6 支试管,编号,按照表 11-5 加入各种试剂,混匀,于 25℃保温反应 10 min。以 0 号试管为参比调零,测定显色液在波长 412 nm 处的光密度。以光密度值为纵坐标,还原型谷胱甘肽物质的量(μmol)为横坐标,绘制标准曲线。

表 11-5 绘制标准曲线时加入的试剂量

试剂	试管号					
	0	1	2	3	4	5
100 μmol·L^{-1} 还原型谷胱甘肽标准液 /mL	0	0.2	0.4	0.6	0.8	1.0
蒸馏水 /mL	1.0	0.8	0.6	0.4	0.2	0
0.1 mol·L^{-1} 磷酸缓冲液 /mL	1.0	1.0	1.0	1.0	1.0	1.0
4 mmol·L^{-1} DTNB 溶液 /mL	0.5	0.5	0.5	0.5	0.5	0.5
相当于还原型谷胱甘肽物质的量 /μmol	0	20	40	60	80	100

2. 提取

材料洗净擦干,称取 2.5 g 样品置于研钵中,加入 5.0 mL 经 4℃ 预冷的 50 g·L^{-1} TCA(含 5 mmol·L^{-1} EDTA-Na$_2$),在冰浴条件下研磨匀浆后,于 4℃ 下 12 000 r/min 离心 20 min。收集上清液用来测定谷胱甘肽含量,测量提取液总体积。

3. 测定

取 1 支试管,依次加入 1 mL 蒸馏水、1.0 mL 0.1 moL·L^{-1} 磷酸缓冲液(pH=7.7)和 0.5 mL 4 mmol·L^{-1} DTNB 溶液,混匀即为绘制标准曲线的 0 号管液。以此溶液作为空白参比在波长 412 nm 处对分光光度计进行调零。

另取 2 支试管,分别加入 1.0 mL 上清液、1.0 mL 0.1 mol·L^{-1} 磷酸缓冲液(pH=7.7)。向其中一支试管加入 0.5 mL 4 mmol·L^{-1} DTNB 溶液,作为样品管;另一支试管中加入 0.5 mL 0.1 mol·L^{-1} 磷酸缓冲液(pH=6.8)作为空白对照管。2 支试管置于 25℃ 保温反应 10 min。按照制作标准曲线的方法,迅速测定显色液在波长 412 nm 处的光密度值,分别记作 OD$_s$(样品管)和 OD$_c$ 空的对照管。重复 3 次记录测定的结果。

重复次数	样品质量 m/g	提取液体积 V/mL	吸取样品液体积 V_s/mL	412 nm 光密度值			由线标准曲线查得GSH物质的量 n/μmol	样品中还原型 GSH 含量 /(μmol·g^{-1})	
				OD$_s$	OD$_c$	OD$_s$−OD$_c$		计算值	平均值 ± 标准偏差

4. 计算结果

根据光密度值差值,从标准曲线上查出相应的还原型谷胱甘肽物质的量,计算还原型谷胱甘肽含量(μmol·g^{-1})。

$$还原型谷胱甘肽含量(\mu mol \cdot g^{-1}) = \frac{n \times V}{V_s \times m}$$

式中,n 为由标准曲线查得溶液中还原型谷胱甘肽物质的量(μmol);V 为样品提取液总体积(mL);V_s 为吸取样品液体积(mL);m 为样品质量(g)。

[**注意事项**]

1. 提取样品时需要沉淀除去蛋白质,以防止蛋白质中所含巯基及相关酶影响测定结果。
2. DTNB 溶液要现用现配。

[**实验作业**]

试分析为什么选择小麦胚芽或绿豆芽为实验材料?

[**思考题**]

1. 能否用该实验方法测定样品中总谷胱甘肽含量?应如何操作?
2. 反应液中 DTNB 对光密度值和测定结果有什么影响?如何确定测定过程中导致误差的因素?

[**参考文献**]

1. 苍晶,赵会杰. 植物生理学实验指导[M]. 北京:高等教育出版社,2013:160-162.
2. 李玲. 植物生理学模块实验指导[M]. 北京:科学出版社,2008:100-102.

数字课程资源

⬇ 教学课件　　　✍ 自测题

(李桂双)

模块 12 植物蛋白质的纯化与活性测定

植物光呼吸是消耗有机物的过程,乙醇酸氧化酶是植物叶片进行光呼吸的关键酶。目前认为乙醇酸氧化酶是个黄素蛋白,需要黄素单核苷酸(FMN)为辅酶。抑制乙醇酸氧化酶的活性降低光呼吸,提高净光合速率,从而提高植物产量。因此,研究乙醇酸氧化酶具有重要的理论意义和实际应用意义。光呼吸与植物抗性密切相关,如植物在病毒侵染等逆境下,乙醇酸氧化酶的活性会大幅改变。

本模块介绍植物叶片乙醇酸氧化酶的纯化(初步纯化和完全纯化)、SDS-PAGE 测定蛋白亚基分子量和测定酶的活性,以学习分析重要植物蛋白的性质的方法。

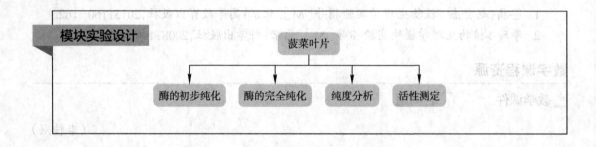

模块实验设计

12-1 乙醇酸氧化酶的初步纯化

[实验目的]

掌握等电点沉淀和分段盐析分离蛋白酶的方法。

[实验原理]

植物乙醇酸氧化酶是叶片光呼吸的关键酶。叶片光合作用的关键酶 1,5- 二磷酸核酮糖羧化酶 / 加氧酶(RubisCO)含量特别丰富,占叶片总蛋白的约 60%,会干扰乙醇酸氧化酶的纯化和活性测定,所以要去除 RubisCO。由于 RubisCO 与叶绿素形成绿色的 RubisCO-叶绿素复合体,等电点(pI)在 4.4~5.3,可以用等电点沉淀法去除,使叶片总蛋白溶液的颜色从绿色变为黄色。另外,乙醇酸氧化酶主要分布在饱和度为 15%~35% 硫酸铵溶液中。

因此,叶片总蛋白经过等电点沉淀(pI=4.4~5.3),以及 15%~35% 硫酸铵饱和度分段盐析,就可以获得初步纯化的乙醇酸氧化酶。

[器材与试剂]

1. 实验器材

高速组织捣碎机(10 000 r/min),冷冻离心机,pH 酸度计,天平,试管等。

2. 实验试剂

100 mmol·L^{-1} 磷酸二氢钠 – 磷酸氢二钠缓冲液(PBS,pH = 8.0),10% 醋酸和 5 mmol·L^{-1} Tris–HCl 缓冲液(pH = 8.3),硫酸铵(分析纯)等。

3. 实验材料

菠菜叶片。

[实验流程]

1. 获得植物叶片总蛋白

称取菠菜叶片 200 g,加入 100 mmol·L^{-1} PBS 200 mL,在高速组织捣碎机中捣碎成匀浆。4 层纱布过滤,得到叶片总蛋白溶液。

2. 等电点沉淀去除 RubisCO– 叶绿素复合体

叶片总蛋白溶液加 10% 醋酸调至 pH = 5.3。4 ℃下 6 000 r/min 离心 10 min。离心后会出现绿色沉淀,而上清液出现不同颜色:如果上清液为黄色,表明 RubisCO– 叶绿素复合体已经沉淀完全;如果上清液仍为绿色,表明仍有 RubisCO– 叶绿素复合体,再加 10% 醋酸调至 pH = 4.9,4 ℃下 6 000 r/min 离心;如果上清液仍为绿色,则继续加入 10% 醋酸调至 pH = 4.4,直至离心后上清液呈现黄色为止。

3. 硫酸铵分段盐析(15% ~ 35%)获得部分纯化的乙醇酸氧化酶

向以上获得的黄色上清液中加入固体硫酸铵直到饱和度达 15%,加入硫酸铵时不要剧烈搅拌,以免蛋白变性。4 ℃下静置 5 min,而后 4 ℃下 6 000 r/min 离心 10 min。去除沉淀中的杂蛋白,保留上清液。

上清液中再加固体硫酸铵达 35% 饱和度,4 ℃下静置 10 min,4 ℃下 6 000 r/min 离心 15 min。去除上清液中的杂蛋白,保留沉淀。用 5 mmol·L^{-1} Tris–HCl 缓冲液 50 mL 溶解该沉淀,其中含有部分纯化的乙醇酸氧化酶。测定每个步骤的酶比活力,部分纯化的乙醇酸氧化酶可作进一步纯化。

[注意事项]

不同批次叶片中的 RubisCO– 叶绿素复合体会呈现一个或多个 pI。因此,需要加 10% 醋酸调 pH 至 5.3、4.9 或 4.4。直至离心后上清液为黄色。

[实验作业]

等电点沉淀和盐析分离蛋白酶的原理分别是什么?

[思考题]

乙醇酸氧化酶和 RubisCO 等,都具有多个等电点,甚至等电点是一个范围。分析这些蛋白酶是否具有多个构象。

[实验拓展]

蛋白酶呈现多个不同构象,会体现在以下两个方面:首先,该酶有多个等电点,甚至等电点是一个范围;第二,该酶有多个不同的疏水性基团,会在一个范围的硫酸铵饱和度下沉淀。这些不同构象甚至会改变,导致其等电点和疏水性也会变化。

[参考文献]

1. Xu J,Du Y,Ma G,et al. BOP:A basic phenylalanine-rich oligo-peptide located on the surface of glycolate oxidase influences its pI values[J]. Electrophoresis,2010,31(12):1925-1933.

2. Xu Y P,Yang J,Cai X Z. Glycolate oxidase gene family in *Nicotianaben thamiana*: genome-wide identification and functional analyses in disease resistance[J]. Scientific Reports, 2018,8(1):1-11.

数字课程资源

⬇ 教学课件　　　✍ 自测题

(徐　杰)

12-2　乙醇酸氧化酶的完全纯化

[实验目的]

掌握分子筛层析和离子交换层析的原理与操作方法。

[实验原理]

植物叶片的乙醇酸氧化酶有多个 pI,甚至 pI 是一个范围,如 7.0、8.4、8.4 ~ 8.7 以及 9.6。本实验纯化 pI 为 9.6 的乙醇酸氧化酶。

植物叶片中绝大多数蛋白 pI 在 5 ~ 7,是中性和偏酸性蛋白。pI=9.6 的蛋白是强碱性蛋白,极为罕见。另外,植物叶片总蛋白经 15% ~ 35% 硫酸铵饱和度分段盐析,也会去除部分杂蛋白,包括强碱性蛋白。

因此,初步纯化的乙醇酸氧化酶虽然含有杂蛋白,但呈现高 pI 的就只有乙醇酸氧化酶。再经 Sephadex G-25 分子筛层析去除盐等小分子,最后经 DEAE- 纤维素阴离子交换层析,采用 pH=8.3 的洗脱缓冲液洗脱,就只有 pI=9.6 的乙醇酸氧化酶带正电荷,不与阴离子交换剂 DEAE 结合。其余杂蛋白均带负电荷,与阴离子交换剂 DEAE 紧密结合,最终导致只有乙醇酸氧化酶被快速洗脱,达到纯化目的。

[器材与试剂]

1. 实验器材

层析柱(3.5 cm × 50 cm),Sephadex G-25,DEAE- 纤维素,蠕动泵,分部收集器,紫外 - 可

见光分光光度计,石英比色杯,试管。

2. 实验试剂

5 mmol·L^{-1} Tris-HCl 缓冲液(pH=8.3),80 mmol·L^{-1} Tris-HCl 缓冲液(pH=8.3)。

3. 实验材料

部分纯化的菠菜叶片乙醇酸氧化酶。

[实验流程]

1. Sephadex G-25 分子筛柱层析去除小分子的盐和色素等

用 5 mmol·L^{-1} Tris-HCl 缓冲液平衡分子筛柱(3.5 cm × 16 cm)。用蠕动泵使部分纯化的菠菜叶片乙醇酸氧化酶 40 mL 上分子筛柱。用 5 mmol·L^{-1} Tris-HCl 缓冲液为洗脱液,流速为 1 mL·min^{-1}。用分部收集器分部收集到试管中(每试管 3 mL)。

测定各试管溶液的 OD$_{280}$,当出现蛋白峰后,合并先洗脱的蛋白溶液 50 mL。

2. DEAE-纤维素阴离子交换层析纯化乙醇酸氧化酶

用 80 mmol·L^{-1} Tris-HCl 缓冲液平衡离子交换柱(3.5 cm × 16 cm)。用蠕动泵使经分子筛脱盐的蛋白溶液 50 mL 上离子交换柱。用 80 mmol·L^{-1} Tris-HCl 缓冲液为洗脱液,流速为 1 mL·min^{-1}。用分部收集器分部收集到试管中(每试管 3 mL)。

测定各试管溶液的 OD$_{280}$,乙醇酸氧化酶会在 1~2 h 内快速洗脱下来。进行 SDS-PAGE 以确定纯度,再测定酶比活力。

[注意事项]

在 DEAE-纤维素阴离子交换层析中,上样后要等大部分(但不是所有)乙醇酸氧化酶进入 DEAE-纤维素填料后,才能加入洗脱液。如果上样后很快就加入洗脱液,会使酶被稀释并导致乙醇酸氧化酶的 pI 下降。这样,酶与阴离子交换剂 DEAE 会紧密结合,而不能被洗脱下来,导致实验失败。

[实验作业]

乙醇酸氧化酶的 pI 多大于 8,分析其纯化方法与经典的离子交换层析的差别。

[思考题]

离子交换层析前要经 Sephadex G-25 分子筛柱层析,目的是什么? 如何用离子交换层析纯化 pI 小于 4 的植物蛋白酶?

[实验拓展]

乙醇酸氧化酶以黄素单核苷酸(FMN)为辅酶,两者通过离子键和疏水作用等非共价键相连。酶纯化过程中如果采用盐析等手段,会破坏酶与辅酶之间的离子键,导致 FMN 与酶相解离,并在离心和分子筛层析时丢失。因此,可在最后一步 DEAE-纤维素阴离子交换层析前人为添加 FMN,使乙醇酸氧化酶在离子交换层析中相互聚集,慢慢形成一条明显的黄色带,有助于提高实验的成功率。

如果 DEAE-纤维素阴离子交换层析前不添加 FMN,那么获得的基本是无 FMN 无色的乙醇酸氧化酶:没有 260 nm、373 nm 和 445 nm 等 FMN 的特征吸收峰,磷元素含量为零。

[参考文献]

1. 尹汉萍,徐杰,曾秋莲,等. 菜心中高等电点高活性的乙醇酸氧化酶同工酶的纯化和特性[J]. 中国生物化学与分子生物学报,2004,20(5):690-695.

2. 徐杰,李明启. 乙醇酸氧化酶纯化方法的改进[J]. 植物生理学通讯,1996,32(4):280-282.

数字课程资源

📥 教学课件　　📝 自测题

(徐　杰)

12-3　乙醇酸氧化酶的纯度测定

[实验目的]

了解 SDS-PAGE 的原理,掌握测定蛋白亚基分子量的方法。

[实验原理]

通过非共价键(如离子键和疏水作用等),蛋白多肽链中的某些氨基酸会相互结合,导致蛋白多肽链叠为特定构象(亚基)。少数蛋白酶如单体酶,仅单一亚基就具有活性;而大多数蛋白酶是寡聚酶,亚基之间要通过非共价键,甚至是共价键(如二硫键)相互聚合,形成寡聚体后才具有活性。蛋白酶(寡聚酶)经聚丙烯酰胺凝胶电泳(PAGE),电泳迁移率与蛋白大小和电荷量均有关。PAGE 测定的是蛋白酶的全酶分子量。

十二烷基硫酸钠(sodium dodecyl sulfate,SDS/$C_{12}-SO_3Na$)是阴离子表面活性剂,带强疏水基团和大量负电荷。蛋白酶在电泳前经 SDS 和巯基乙醇的变性处理,前者可有效破坏蛋白的非共价键,如离子键和疏水作用等;后者可还原蛋白亚基之间可能存在的二硫键,导致蛋白酶解离为亚基并与 SDS 结合,组成蛋白亚基–SDS 复合体。

对于一般蛋白,蛋白亚基会与 SDS 充分结合,两者比例为 1:1.4。由于蛋白亚基的电荷量远低于 SDS 的负电荷量,各种蛋白亚基–SDS 复合体均带负电荷,只会向正极泳动,且负电荷数量基本相同。因此,这些复合体的电泳迁移率和亚基电荷量无关,仅和亚基大小有关,与亚基分子量的对数呈线性关系。SDS-PAGE 测定的是蛋白的亚基分子量。

SDS-PAGE 可用于分析蛋白酶的纯度和进行初步定性。如蛋白酶只由一种亚基所组成,电泳后应该只呈现一条带(即电泳纯),并且该带的大小应该和文献报告的蛋白酶的亚基分子量一致。

[器材与试剂]

1. 实验器材

垂直板电泳槽,电泳仪,微量进样器,脱色摇床,容量瓶。

2. 实验试剂

40%Acr(丙烯酰胺)/Bis(甲叉双丙烯酰胺)溶液:称取 Acr 19.3 g 和 Bis 0.8 g,溶解并定容至 50 mL,过滤后保存。

Tris-HCl/SDS 溶液(pH=8.8):称取 Tris 9.07 g,溶于少量双蒸水中,用 1 mol·L^{-1} HCl 调节 pH 至 8.8,定容至 50 mL,加 SDS 0.2 g。过滤后保存。

Tris-HCl/SDS 溶液(pH=6.8):称取 Tris 3.025 g,溶于少量双蒸水中,用 1 mol·L^{-1} HCl 调节 pH 至 6.8,定容至 50 mL,加 SDS 0.2 g。过滤后保存。

SDS-PAGE 裂解液:Tris-HCl/SDS(pH=6.8)2.5 mL、甘油 2 mL、SDS 0.4 g 和少量溴酚蓝(使溶液显蓝色),混合溶解于双蒸水后定容至 10 mL。

四甲基乙二胺(TEMED):直接使用。

SDS-PAGE 电泳缓冲液:Tris 3.02 g,甘氨酸 14.4 g,SDS 1.0 g,混合溶解于双蒸水后定容至 1 000 mL。过滤后保存。

β- 巯基乙醇。

10% 过硫酸铵溶液:称取过硫酸铵 0.1 g,溶于蒸馏水 10 mL 中。

染色液:称取考马斯亮蓝(R-250)250 mg,加冰醋酸 25 mL 溶解,定容至 250 mL。

脱色液:10% 醋酸。

3. 实验材料

三种蛋白质样品:部分纯化乙醇酸氧化酶、完全纯化的乙醇酸氧化酶和含 6~7 种已知亚基分子量的标准蛋白等。

[实验流程]

1. 灌制 12% 分离胶

取蒸馏水 3.6 mL、40%Acr/Bis 溶液 2.4 mL、Tris-HCl/SDS 溶液(pH=8.8)2.0 mL、10% 过硫酸铵溶液 60 μL 和 TEMED 6 μL。混合后倒入垂直板电泳装置的两块玻璃板的间隙中。在胶上轻轻覆盖一薄层蒸馏水。待分离胶聚合后(约 30 min)倒去蒸馏水。

2. 灌制 4% 浓缩胶

取蒸馏水 1.95 mL、40% Acr/Bis 溶液 0.3 mL、Tris-HCl/SDS 溶液(pH=6.8)0.75 mL、10% 过硫酸铵溶液 30 μL 和 TEMED 3 μL,混合后即为浓缩胶。倒在分离胶上并插入梳子,待浓缩胶聚合后拔出梳子,形成多个样品孔。

3. SDS- 变性蛋白和点样

将蛋白质样品、SDS-PAGE 裂解液和 β- 巯基乙醇按照 1:1:0.1 的体积比混匀,100℃ 加热 5 min。用微量进样器把蛋白点样到样品孔中。标准蛋白则点样在另一样品孔中。

4. 电泳

电泳向正极进行,设置开始电压为 80V。当溴酚蓝进入分离胶时,将电压提高到 120V。当溴酚蓝快到达凝胶底部时关闭电源。轻轻取出玻璃板里面的凝胶。

5. 考马斯亮蓝（R-250）染色和脱色

把凝胶浸泡在染色液中 4 h。染色后的凝胶浸泡于脱色液中，置于摇床上脱色。脱色过程中更换脱色液 3～4 次，直至背景脱至无色。

6. 计算亚基分子量

标准蛋白通常有 6～7 种已知亚基分子量的蛋白，电泳后会呈现 6～7 条带。量出它们的迁移距离并计算迁移率（亚基－SDS 复合体迁移距离／溴酚蓝迁移距离），分别对各个标准蛋白的亚基分子量的对数作图，绘制标准曲线。

测定未知的蛋白亚基－SDS 复合体的迁移距离并计算迁移率，根据标准曲线查出其亚基分子量的对数，求出反对数便是其亚基分子量。

[注意事项]

1. 固体过硫酸铵易吸潮而失效，使用前应少量分装并保存在密闭的小离心管中。

2. 有些蛋白的亚基只需要非共价键，而不需要通过共价键（如二硫键）也能相互聚合。因此，这些蛋白在 SDS- 变性处理时，无论是否加入巯基乙醇，其电泳结果是一样的。

[实验作业]

根据电泳迁移率结果，计算乙醇酸氧化酶的亚基分子量并分析结果。

[思考题]

SDS-PAGE 操作简单，测定准确性高（误差小于 4%），是蛋白研究的重要技术。但 SDS-PAGE 不能准确测定糖蛋白的亚基分子量。为什么？

[实验拓展]

1. 用 SDS-PAGE 准确测定蛋白的亚基分子量要满足两个条件：首先，变性处理时，加入 SDS 的量至少是蛋白的 3 倍以上，即 SDS 要远多于蛋白质，这样才可以保证蛋白亚基与 SDS 的结合比例等于 1 : 1.4。其次，蛋白质的电荷量不能带太多正或负电荷，要远比 SDS 的负电荷量少。

2. SDS-PAGE 中富含碱性组氨酸的组蛋白的迁移速度较慢，导致所测定的亚基分子量会严重偏高；含有特别多碱性精氨酸的鱼精蛋白不迁移，会停在点样处不动；富含苯丙氨酸的碱性蛋白甚至向负极泳动。可测定这些蛋白的氨基酸组成，以及蛋白亚基与 SDS 的结合比例，以解释它们特殊的电泳行为。

[参考文献]

1. 曾秋莲，黄美意，徐杰，等 . 菜心中 SDS-PAGE 向负极泳动的富含苯丙氨酸的蛋白的发现［J］. 中国生物化学与分子生物学报，2006，22（1）：86-90.

2. LaemmLi U K. Cleavage of structural proteins during the assembly of the head of bacteriophage T4［J］. Nature，1970，227（5259）：680-685.

数字课程资源

📥教学课件　　📝自测题

（徐　杰）

12-4　乙醇酸氧化酶的活性测定

[实验目的]

掌握测定乙醇酸氧化酶活性的方法，了解辅酶的生物学意义。

[实验原理]

目前认为乙醇酸氧化酶需要 FMN 为辅酶，两者通过非共价键结合，容易解离。因此，测定乙醇酸氧化酶的活性时都要添加过量的 FMN。

乙醇酸氧化酶催化乙醇酸生成乙醛酸和过氧化氢。由于底物和产物均无颜色，不能用比色法测定酶活性。无色的盐酸苯肼会自身氧化生成黄棕色的盐酸苯腙，吸收峰在 324 nm。生成盐酸苯腙的速度会被乙醇酸氧化酶等所有氧化酶所促进。

因此，在乙醇酸氧化酶的酶促反应中加入盐酸苯肼，就可以采用 OD_{324} 增加变化值来间接代表酶活性。加入底物乙醇酸可以保证酶促反应的专一性。盐酸苯肼可用于所有氧化酶的活性测定，只是测定时加入所测氧化酶的底物，以及提供该氧化酶的最适酶促反应条件（如最适温度和最适 pH 等）不同。

[器材与试剂]

1. 实验器材

紫外 – 可见光分光光度计，石英比色杯，试管。

2. 实验试剂

$100 \text{ mol} \cdot \text{L}^{-1}$ Tris–HCl 缓冲液（pH = 8.0），$100 \text{ mmol} \cdot \text{L}^{-1}$ 盐酸苯肼溶液（现配），$1 \text{ mmol} \cdot \text{L}^{-1}$ FMN 溶液，$100 \text{ mmol} \cdot \text{L}^{-1}$ 乙醇酸钠溶液。

3. 实验材料

不同纯化阶段的乙醇酸氧化酶，如部分纯化和完全纯化的乙醇酸氧化酶。

[实验流程]

1. 有 FMN 的酶活性

加 $100 \text{ mol} \cdot \text{L}^{-1}$ Tris–HCl 缓冲液 2.0 mL，$100 \text{ mmol} \cdot \text{L}^{-1}$ 盐酸苯肼溶液 100 μL，$1 \text{ mmol} \cdot \text{L}^{-1}$ FMN 溶液 5 μL 和乙醇酸氧化酶 100 μL，最后加 $100 \text{ mmol} \cdot \text{L}^{-1}$ 乙醇酸钠 100 μL 以启动酶促反应。每隔 30 s 测定一次 OD_{324}，共测定 6 min，计算 1 min 内 OD_{324} 最大增加变化值（$\Delta OD_{\text{max}324+\text{FMN}}$）。

2. 无 FMN 的酶活性

测定方法同上,只是不加 FMN。计算 1 min 内 OD_{324} 的最大增加变化值($\Delta OD_{max324-FMN}$)。

3. 空白对照

测定方法同上,只是不加酶。计算 1 min 内 OD_{324} 的最大增加变化值($\Delta OD_{max324+FMN}$ 空和 $\Delta OD_{max324-FMN}$ 空)。

4. 采用考马斯亮蓝法测定酶的蛋白浓度(参考实验 4-2)。加入的蛋白酶质量(μg)= 蛋白酶浓度 × 蛋白酶体积。

5. 酶比活力计算

有 FMN 的乙醇酸氧化酶活性

$$U_{+FMN} = \frac{A-B}{m \times t}$$

式中,A 为 $\Delta OD_{max324+FMN}$;B 为 $\Delta OD_{max324+FMN}$ 空;m 为蛋白酶质量(μg);t 为反应时间(min)。

无 FMN 的乙醇酸氧化酶活性

$$U_{-FMN} = \frac{A-B}{m \times t}$$

式中,A 为 $\Delta OD_{max324-FMN}$;B 为 $\Delta OD_{max324-FMN}$ 空;m 为蛋白酶质量(μg);t 为反应时间(min)。

[实验作业]

根据测定结果计算酶的比活力。

[思考题]

乙醇酸氧化酶以 FMN 为辅酶。但乙醇酸氧化酶具有多个 pI,表明有多个构象。这些构象可能都有活性,但性质可能有差异。

[实验拓展]

乙醇酸氧化酶活性与光关系密切,一天之中照射在植物叶片上的光强度和光波长会发生周期性改变。可以在一天之中不同的时间点提取乙醇酸氧化酶,在有或无 FMN 的条件下测定酶活性,以分析乙醇酸氧化酶是否通过 FMN 应答光变化。

[参考文献]

1. 陈雪敏,林琼芬,林子衍,等. 不同数量的 2 kD 富苯丙氨酸碱性短肽(BOP)和乙醇酸氧化酶结合[J]. 中国生物化学与分子生物学报,2013,29(3):276-284.

2. Luo G, Quan G, Gou J, et al. A basic phenylalanine-rich oligo-peptide causes antibody cross-reactivity[J]. Electrophoresis, 2011, 32(6):752-763.

3. Frigerio N A, Harbury H A. Preparation and some properties of crystalline glycolic acid oxidase of spinach[J]. Journal of Biological Chemistry, 1958, 231(1):135-157.

数字课程资源

⬇ 教学课件　　✎ 自测题

（徐　杰）

模块 13 综合设计性实验选题

大学生经过植物生理学实验课程学习,基本了解与掌握了主要的植物生理学实验方法,在此基础上,可进入"综合设计性实验"的学习探究过程,以加强提出问题、分析问题和利用植物生理学知识解决问题能力的训练,提升科学探究的素养。

我们根据植物生理学科的特点和多年的教学实践,提出下列 20 个综合设计实验的题目与研究思路供教学参考。大学生在确定相关题目后,要查阅资料,了解相关研究领域的现状,明确所关注的问题,写出详细的实验计划(设计)后,可开展综合实验。

13-1 植物对不同光强适应性的变化

光强是影响植物生长与分布的重要环境因子,有些植物在强光环境中生长发育良好,而在荫蔽和弱光条件下生长发育不良,这类植物称为阳生植物,如马尾松,山茶等;一些植物能在低光环境或荫蔽的环境下生长良好,而在强光下生长发育不良,这类植物称为阴生植物,如绿萝、海芋等。选择一些常见的生长在开阔无遮挡条件的植物进行遮阴处理(处理时间不少于 1 个月),或者选择在林下或荫蔽条件下生长的植物移至无遮挡的生长光强下生长(不少于 1 个月),分别测定叶片的叶绿素含量(包括叶绿素 a 与叶绿素 b),通过绘制光合作用光响应曲线计算光补偿点、光饱和点、最大光合速率,分析这些指标与光强变化的关系,并总结阳生植物与阴生植物的光合作用特性及可能的应用前景。

13-2 种子储存条件对种子萌发和幼苗生长的影响

收获的种子通常需储存以用于以后的播种与耕种,适当的储存方式和适宜储存条件有利于保持种子的活力,并直接影响其萌发和后期幼苗的营养生长。种子在储存过程中,外界的环境条件(如空气中的气体、温度、湿度等)将影响种子的呼吸作用。当呼吸作用增强,过分消耗储藏物质,往往导致种子产热、霉变等,使种子的活力降低甚至丧失,不利于后期的营养生长。

将新收获的禾谷类作物种子(如水稻、玉米、小麦等)和油类作物种子(如花生、大豆、油菜等),通过几种方式储存(如低温干燥密封储藏、自然干燥储存、干燥密封储存等)。储存一段时间后,取部分不同方法储存的种子,分析其种子的生理状况(如测定种子活力、分析 α-淀粉酶和 β-淀粉酶活性及相关蛋白酶活性等);同时用部分种子播种并培养至幼苗阶段,检测种子的萌发率和发芽势,分析幼苗的生长势(如检测植物的生长速率、器官的伸长或面积变化,分析叶绿素含量、光合速率,测定植株自由水含量、叶绿素含量等)。综合考察和分析不同的储存条件对种子活力及幼苗营养生长的影响。

13-3　稀土元素对植物根系发育的影响

植物根系是植物从其生活环境中获取水分和营养物质的主要器官。稀土元素对根系生长有特殊的效应,它不仅能促进植物生根、加快根的生长,而且能促进不定根的发生,加强根的离子吸收活动和生理机能,并影响植物固氮以及某些酶的活性,对细胞的分裂和根系的形成有极为重要的作用。建议用稀土元素配制成不同浓度的溶液浸泡种子,然后培养植株幼苗;或用不同浓度的稀土元素溶液处理幼苗根系。一定天数后,观察植物根的形态变化,测定根的长度,统计根的数量,分析根系活力等生理变化以及根系对营养元素的吸收能力。

13-4　花芽分化过程中内源植物激素的变化

花芽分化是植物从营养生长转向生殖生长的重要标志,各种植物激素之间动态平衡是植物成花的关键,它通过调节植物开花相关基因,启动植物花芽分化。本综合实验对植物花芽分化过程中的内源植物激素的变化进行研究,了解花芽分化与内源激素动态变化之间的关系。

建议在不同的季节,分别取黄瓜、柑橘等不同发育时期的花芽,观察花芽分化至花开放过程中不同时期花芽的形态变化(如花的鲜重、直径、花色等),并分析相应时期花芽内源乙烯、玉米素和生长素含量的变化;或者对刚形成的花芽进行不同光照条件的处理,处理一段时期后,测定花芽分化过程中,乙烯、玉米素和生长素含量的变化与芽生长的关系。

13-5　重金属对植物生长的不利影响

植物的安全性越来越受到人们的关注,为了认识重金属对植物的伤害,以及植物对重金属污染产生的生理反应,建议采用沙培或溶液培养的方式,选择不同浓度梯度的重金属(如铁、铜)溶液加入培养基中,分别种植植物幼苗;或到工业生产区周边,观察不同植株营养器官出现的病症。统计植株的成活率和植物生长的情况,如分析生长速率、光合速率、呼吸速率等,以及测定植株中重金属含量,了解这些植株对重金属的敏感性以及产生的生理反应,为了解植物抗重金属的能力提供参考。

13-6　C_3 植株和 C_4 植株的光合特性比较

建议在相同的实验条件下,培养 C_3 植物(如水稻、白菜)和 C_4 植物(如玉米、狗尾草),并分析幼苗或植株的气孔导度、光合日变化、CO_2 响应曲线、胞间 CO_2 浓度、蔗糖含量、光合产物含量、乙醇酸氧化酶活性,以及光合作用重要酶的活性等,可认识 C_3 植物和 C_4 植物的光合特性与异同。

13-7　无机离子对鲜切花观赏品质的影响

鲜切花保鲜的目的是延长鲜切花的观赏时效。非洲菊等鲜切花是礼品花束、花篮和艺术插花的较理想材料,非洲菊鲜切花在水养过程中,其肉质花梗常因久插水中而发生折梗的现象,缩短了它的寿命和观赏价值。以非洲菊等鲜切花为材料,以不同浓度的无机离子(如

CoCl₂ 或 K₂SO₄)溶液为瓶插保鲜液,观察其对瓶插不同天数的鲜切花的花色和花形态的影响。统计瓶插寿命、弯颈率,测定其鲜重和花枝鲜重,进一步分析花梗的粗纤维素含量和花瓣的花青素含量,初步评定不同的无机离子在抑制、减弱或延缓鲜切花弯颈的作用。

13-8 植物激素对植物根系生长发育的调控

利用不同浓度的植物激素(如生长素、细胞分裂素、赤霉素、油菜素内酯、茉莉酸、乙烯等)及涉及激素的合成、运输的抑制剂,处理不同植物(如拟南芥、玉米、水稻、大豆、绿豆等),处理不同时间后观察植物根系的发育情况,如主根的长度、侧根的数目、不定根的数目、根毛的数目等;同时利用显微镜观察分析主根分生区的长度、分生区细胞的数目和大小;可继续检测根系发育相关基因在激素处理前后表达水平的变化。在此基础上,分析不同植物激素之间(两种激素同时处理)的相互作用对植物根系发育的影响。通过该实验可以了解植物激素及其相互作用调控植物器官生长发育的机制。

13-9 茉莉酸类对药用植物有效成分含量的影响

药用植物的有效成分主要是植物次生代谢产物。植物激素中的茉莉酸类物质能够诱导植物体内萜类、生物碱和黄酮类等多种药用活性成分的生物合成。建议选择适宜浓度的茉莉酸类物质,对不同生长时期、不同栽培条件下生长的穿心莲、广藿香等药用植物进行适宜处理,通过检测其植物体内药效成分穿心莲总内酯含量、百秋里醇含量,分析茉莉酸类物质对药用植物不同生长时期、不同栽培条件下的药效成分的影响。

13-10 植物响应逆境胁迫的生理变化

建议盆栽大花马齿苋(太阳花)等植物,经过干旱胁迫或强光照射植物数小时;或者用绿豆、花生等种子在光条件下培养,取不同发育时期的叶片,叶面朝上放入培养皿,可进行高温处理(在 42℃培养箱中生长数小时,对照在 25～27℃条件下生长)或盐胁迫处理;或选取校园的树木(如樟树等)叶片,用纱布小心擦干净后置烧杯中,放入冰箱中 30 min 进行低温处理,或 80℃水浴中 10 min 进行高温处理,以带有叶片的小枝条插入蒸馏水中作为对照。

分析逆境处理的植物体内组织的相对含水量、束缚水与自由水含量;观察叶片气孔的开放比率,测定单个气孔的面积和开度、蒸腾速率,观察维管束结构;测定叶片细胞的水势和相对质膜透性;通过 NBT、DAB 染色实验以及测定丙二醛含量的变化,了解细胞内超氧自由基、过氧化氢积累以及细胞膜发生过氧化的情况,进一步分析抗氧化酶活性以及影响水分代谢的相关酶活性变化。通过该实验认识不同植物响应逆境胁迫的能力。

13-11 外界环境对植物根系生长发育的调控

利用不同的外界环境[如高温、低温、干旱、黑暗、光周期、低(高)氮、低(高)磷、水淹等]处理不同植物的幼苗(如拟南芥、玉米、水稻、大豆、绿豆等),处理不同时间后观察植物根系的发育情况,如根冠比、主根的长度、侧根的数目、不定根的数目、根毛的数目等,同时利用显微镜观察主根分生区的长度、分生区细胞的数目和大小。可继续检测根系发育相关基因在不同环境处理前后表达水平的变化,在此基础上分析不同外界环境对植物根系发育的影响。通过该实验可以了解外界环境调控植物器官生长发育的机制。

13-12　植物茎直径变化与水分状况的关系

植物的水分状况直接决定着蒸腾拉力引起的茎中木质部负压力的大小。当植物缺水时，或者在白天当蒸腾速率高而根部水分供应跟不上蒸腾速率时，茎受到负压力的作用引起导管收缩，使茎直径变小。在夜间，负压力导致的导管收缩消失，导管直径变大，茎的直径也随之变大。这种直径变化很微小，用精密的位移传感器可以检测。建议选取校园内直径超过 10 cm 的阔叶树木，用位移传感器连续检测并记录树木直径的日夜变化节律，或浇水后树木直径的变化，同时观察检测期间气候变化（如光照、温度等）及分析枝条和叶片的水势变化。

13-13　植物的蒸腾流在茎中的流速与导管直径的关系

植物的蒸腾作用产生蒸腾拉力，在植物的木质部导管产生蒸腾流（水流）。通过改变光强度（如开关强光源），分析植株蒸腾速率和蒸腾流速的变化。

将离体植物枝条在水下切断（消除气栓塞），切口放入染料溶液中，染料溶液将在导管中很快上升。数分钟后，将枝条从染料溶液中取出，去除所有叶片，从切口往上每间隔一段切断并观察切口是否有染料到达，染料到达的最高位置越高，蒸腾速率越高。可在显微镜下观察不同植物的不同高度茎横切面上被染色导管的分布，分析导管的输水速度。用 ImageJ 软件分析茎的横截面染红面积与茎的总面积的关系，了解参与输水的茎的截面积比例，以及观察基部没有被染红的木质部部分是否失去输水功能。

13-14　茶叶活性成分分析

茶叶的药用价值显著，其中茶多酚占绿茶干物质质量的 20%～30%，具有很强的抗氧化作用和良好的药理作用；茶多糖也是茶叶有重要的生理活性成分。显然，不同的茶叶品种，其茶多酚和茶多糖的含量是不同的。建议首先对茶叶中茶多酚和茶多糖（用蒽酮比色法测定）的提取条件进行优化，然后对不同品种的茶叶、或相同产地生产的不同品种、或在不同季节生产的同一品种茶叶，分析茶多酚、茶多糖、咖啡因等含量，认识茶叶活性成分与生长季节、环境的关系。

13-15　烹饪后蔬菜抗氧化活性的变化

研究报道显示，富含蔬菜的饮食结构有助于防治慢性疾病与心血管疾病，其原因是这些蔬菜含有抗氧化物质，如维生素 C、维生素 E、类胡萝卜素、酚类化合物等。建议选择几种蔬菜，以炒、煮、微波等进行烹饪，测定烹饪前后蔬菜的抗氧化活性，包括维生素 C、维生素 E、类胡萝卜素、总多酚及总类黄酮含量，同时开展蔬菜营养品质的分析，为评价几种蔬菜经过烹饪后抗氧化物质含量提供参考。

13-16　果实呼吸特性与成熟期间分析

呼吸作用是植物物质代谢和能量代谢的中心。不同类型的植物，其果实成熟与呼吸作用相关。建议选择一种植物，分析不同发育阶段的果实，测定其呼吸速率、乙醇酸氧化酶活性、ATPase 活性等变化，同时测定果实的大小与观察其发育状态；利用呼吸代谢抑制剂处理果实，测定呼吸速率、乙烯含量、重要呼吸酶活性等变化，可初步了解呼吸作用在果实的发育成熟中的作用。

13-17　蔬果不可食部分总黄酮和多酚类物质含量分析

目前认为,类胡萝卜素和多酚类物质是重要的抗氧化物质,除了传统水果和蔬菜外,它们大多数存在于果实的皮、核、叶、茎等不可食部分。建议以冬瓜果皮、芹菜老叶、枸杞茎等蔬果不可食部分为材料,分析其类胡萝卜素、总黄酮和总酚类物质含量。开展实验时应考虑植物材料的特殊性,要比较不同的测定方法,并优化测定条件后再进行检测分析。

13-18　冷藏水果在货架期间品质分析

取冷藏天数不同的水果,或在不同低温下贮藏保存的水果,统计好果率,观测果皮颜色,测定果肉的维生素 C 含量、相对含水量、可溶性固形物含量、花色素含量和可溶性糖含量等;同时测定有机酸等营养与风味成分,分析抗氧化活性,检测货架期间密闭状态下水果果皮的乙烯含量和 CO_2 含量,可了解冷藏果实的营养成分与品质变化,以及与乙烯的作用。

13-19　反季节蔬菜的营养成分分析

建议对市场上受欢迎的反季节蔬菜(如菜心、辣椒、番茄、黄瓜、大蒜等),分析其维生素 C、硝酸盐、可溶性糖、可溶性蛋白质、花色素的含量,以正常生长季节的相同品种作为对照,分析其营养成分是否发生变化。

13-20　不同构象的乙醇酸氧化酶和辅酶黄素单核苷酸的关系

前人认为乙醇酸氧化酶(GO)以黄素单核苷酸(FMN)为辅酶。但 GO 具有多个等电点(pI),放置后其 pI 下降,表明 GO 具有不同构象,且构象发生了改变。不同构象的 GO 的功能应该不同,为研究这些不同构象的 GO 与 FMN 之间的关系以及关系是否会改变,可以从植物中纯化 GO,经 SDS-PAGE 方法分析纯度,再测定酶的吸收曲线和磷含量,以确定其中不含 FMN。将 GO 在不同时间和不同温度下放置后,分别在加入 FMN(+FMN)和不加入 FMN(−FMN)的条件下测定酶活性,确定 FMN 是否分别充当 GO 的激活剂、抑制剂、辅酶或无关因子等,以及是否从激活剂等转变为辅酶,以认识不同构象的 GO 和 FMN 的关系。

(李　玲　朱建军　张盛春　李晓云　何国振　徐　杰　李桂双)

附录

附录 1　试剂的配制

一、一般化学试剂的分级

化学试剂根据其质量可分为各种规格（品级）。在配制溶液时，应根据实验要求选择不同规格的试剂，一般化学试剂的分级见下表。

规格标准和用途	一级试剂	二级试剂	三级试剂	四级试剂	生物试剂
中国标准	保证试剂	分析纯	化学纯	化学用	B. R 或 C. R
	C. R.	A. R	C. P.	L. R	
	绿色标签	红色标签	蓝色标签		
国外标准	A. R.	C. P.	L. P.	P	
	G. R.	P. U. S. S.	E. P.		
	A. C. S.	Puriss	ч	Pure	
	P. A.	Ч д А			
	X. ч				
用途	纯度最高，杂质含量最少，适用于最精确的分析和研究工作	纯度较高，杂质含量较低。适用于精确的微量分析工作，分析实验室广泛使用	纯度略低于分析纯，适用于一般的微量分析实验	纯度较低，适用于一般的定性检验	根据说明使用

二、试剂浓度的表示及其配制

1. 百分浓度

百分浓度（%）表示在 100 g 或 100 mL 溶液中含有溶质的数量。由于溶液的量可以用质量计算，也可以用体积计算，所以又分为质量分数和体积分数。

① 质量分数，俗称质量百分浓度，表示在 100 g 溶液中含有溶质的质量（g）。试剂厂生产的液休酸碱，常以质量分数表示。

② 体积分数，俗称体积百分浓度，表示在 100 mL 溶液中含有溶质体积（mL），通常液

体溶质用此方式表示。例如:把 50 mL 无水乙醇用蒸馏水稀释至 100 mL,则乙醇浓度即为 50%。

此外,配制溶质为固体的稀溶液时还常用质量体积百分浓度,表示在 100 mL 溶液中含有溶质的质量(g)。例如:配制 1.0%NaOH 溶液时,称取 1.0 g NaOH,用蒸馏水溶解后,再加蒸馏水稀释至 100 mL。一般以百分浓度表示的溶液都用这种方法配制。

2. 物质的量浓度

物质的量浓度是指单位体积溶液所含溶质的量,通常用 $mol \cdot L^{-1}$ 表示,俗称摩尔浓度,简称浓度。此外,还有一些较小的单位,如 $mmol \cdot L^{-1}$ 和 $\mu mol \cdot L^{-1}$,三者依次缩小 1 000 倍。

三、混合液的配制方法

在有两种溶液(或溶液和试剂)时,为了得到所需溶液的浓度可用下式计算:

$$
\begin{array}{ccc}
c_1 & \cdots\cdots & a_2 \\
 & \searrow \quad \nearrow & \\
 & c & \quad a_1 = c_1 - c \\
 & \swarrow \quad \searrow & \quad a_2 = c - c_2 \\
c_2 & \cdots\cdots & a_1
\end{array}
$$

式中,c 为所求的混合液浓度;c_1 和 a_1 分别为浓度较高的溶液的浓度(c_1)和质量(a_1);c_2 和 a_2 分别为浓度较低的溶液的浓度(c_2)和质量(a_2);在换算成体积 V 时必须计算溶液的密度(d),即不用 a 而用 $V \times d$。

[例 1]有含量为 96% 和 70% 的溶液,需要用它们配制 80% 的溶液。则要将 10 份的 96% 溶液和 16 份的 70% 溶液混合。

$$
\begin{array}{ccc}
96 & \cdots\cdots & 10 \\
 & \searrow \quad \nearrow & \\
 & 80 & \\
 & \swarrow \quad \searrow & \\
70 & \cdots\cdots & 16
\end{array}
$$

[例 2]有 95% 乙醇,需要用它配制成 50% 的浓度。则要将 50 份的 95% 乙醇和 45 份的水混合。

$$
\begin{array}{ccc}
95 & \cdots\cdots & 50 \\
 & \searrow \quad \nearrow & \\
 & 50 & \\
 & \swarrow \quad \searrow & \\
0 & \cdots\cdots & 45
\end{array}
$$

附录 2　调整硫酸铵溶液饱和度计算表

	硫酸铵最终质量浓度 / 饱和度 %																
	10	20	25	30	33	35	40	45	50	55	60	65	70	75	80	90	100
	1 L 溶液中需加入的固体硫酸铵的质量 */g																
0	56	114	114	176	196	209	243	277	313	351	390	430	472	516	561	662	767
10		57	86	118	137	150	183	216	251	288	326	365	406	449	494	592	694
20			29	59	78	91	123	155	189	225	262	300	340	382	424	520	619
25				30	49	61	93	125	158	193	230	267	307	348	390	485	583
30					19	30	62	94	127	162	198	235	273	314	356	449	546
33						12	43	74	107	142	177	214	252	292	333	426	522
35							31	63	94	129	164	200	238	278	319	411	506
40								31	63	97	132	168	205	245	285	375	469
45									32	65	99	134	171	210	250	339	431
50										33	66	101	137	176	214	302	392
55											33	67	103	141	179	264	353
60												34	69	105	143	227	314
65													34	70	107	190	275
70														35	72	153	237
75															36	115	198
80																77	157
95																	79

左侧纵列标题：硫酸铵初始的质量浓度 / 饱和度 %

*表中硫酸铵饱和溶液以 25 ℃，4.1 mol·L^{-1} 计算。由于温度降低时对硫酸铵溶解度影响不显著（0 ℃时为 3.9 mol·L^{-1}），故应用表中数值时可以不考虑温度因素。

附录 3 不同种类的饱和盐溶液和与之平衡的空气相对湿度对照表

温度/℃	氟化铯	溴化锂	氯化锂	乙酸钾	氟化锂	氯化镁	碳酸钾	硝酸镁
0		7.75 ± 0.83	11.23 ± 0.54			33.66 ± 0.33	43.13 ± 0.66	
5	5.52 ± 1.9	7.43 ± 0.76	11.26 ± 0.47			33.60 ± 0.28	43.13 ± 0.50	60.35 ± 0.55
10	4.89 ± 1.6	7.14 ± 0.69	11.29 ± 0.41	23.38 ± 0.53		33.47 ± 0.24	43.14 ± 0.39	58.86 ± 0.43
15	4.33 ± 1.4	6.86 ± 0.63	11.30 ± 0.35	23.40 ± 0.32		33.30 ± 0.21	43.15 ± 0.33	57.36 ± 0.33
20	3.83 ± 1.1	6.61 ± 0.58	11.31 ± 0.31	23.11 ± 0.25		33.07 ± 0.18	43.16 ± 0.33	55.87 ± 0.27
25	3.39 ± 0.94	6.37 ± 0.52	11.30 ± 0.27	22.51 ± 0.32	30.85 ± 1.3	32.78 ± 0.16	43.16 ± 0.39	54.38 ± 0.23
30	3.01 ± 0.77	6.16 ± 0.47	11.28 ± 0.24	21.61 ± 0.52	27.27 ± 1.1	32.44 ± 0.14	43.17 ± 0.50	52.89 ± 0.22
35	2.69 ± 0.63	5.97 ± 0.43	11.25 ± 0.22		24.59 ± 0.64	32.05 ± 0.13		51.40 ± 0.24
40	2.44 ± 0.52	5.80 ± 0.39	11.21 ± 0.21		22.68 ± 0.81	31.60 ± 0.13		49.91 ± 0.29
45	2.24 ± 0.44	5.65 ± 0.35	11.16 ± 0.21		21.46 ± 0.70	31.10 ± 0.13		48.42 ± 0.37
50	2.11 ± 0.40	5.53 ± 0.31	11.10 ± 0.22		20.80 ± 0.62	30.54 ± 0.14		46.93 ± 0.47
55	2.04 ± 0.38	5.42 ± 0.28	11.03 ± 0.23		20.60 ± 0.56	29.93 ± 0.16		45.44 ± 0.60
60	2.03 ± 0.40	5.33 ± 0.25	10.95 ± 0.26		20.77 ± 0.53	29.26 ± 0.18		
65	2.08 ± 0.44	5.27 ± 0.23	10.86 ± 0.29		21.18 ± 0.53	28.54 ± 0.21		
70	2.20 ± 0.52	5.23 ± 0.21	10.75 ± 0.33		21.74 ± 0.61	27.77 ± 0.25		

温度/℃	溴化钠	碘化钾	硝酸钠	氯化钠	溴化钾	氯化钾	硝酸钾	硫酸钾
0				75.51 ± 0.34		88.61 ± 0.53	96.33 ± 2.9	
5	63.51 ± 0.70	73.30 ± 0.34	78.57 ± 0.52	75.65 ± 0.27	85.09 ± 0.26	87.67 ± 0.45	96.27 ± 2.1	
10	62.15 ± 0.60	72.11 ± 0.31	77.53 ± 0.45	75.67 ± 0.22	83.75 ± 0.24	86.77 ± 0.39	95.96 ± 1.4	
15	60.68 ± 0.51	70.98 ± 0.28	76.46 ± 0.39	75.61 ± 0.18	82.62 ± 0.22	85.92 ± 0.33	95.41 ± 0.96	
20	59.14 ± 0.44	69.90 ± 0.26	75.36 ± 0.35	75.47 ± 0.14	81.67 ± 0.21	85.11 ± 0.29	94.62 ± 0.66	
25	57.57 ± 0.40	68.86 ± 0.24	74.25 ± 0.32	75.29 ± 0.13	80.89 ± 0.21	84.34 ± 0.26	93.58 ± 0.55	97.88 ± 0.49
30	56.03 ± 0.38	67.89 ± 0.23	73.14 ± 0.31	75.09 ± 0.11	80.27 ± 0.21	83.62 ± 0.25	92.31 ± 0.60	97.08 ± 0.41
35	54.55 ± 0.38	66.96 ± 0.23	72.06 ± 0.32	74.87 ± 0.12	79.78 ± 0.22	82.95 ± 0.25	90.79 ± 0.83	96.42 ± 0.37
40	53.17 ± 0.37	66.09 ± 0.23	71.00 ± 0.34	74.68 ± 0.13	79.43 ± 0.24	82.32 ± 0.25	89.03 ± 1.2	95.89 ± 0.37
45	51.95 ± 0.36	65.26 ± 0.24	69.99 ± 0.37	74.52 ± 0.16	79.18 ± 0.25	81.74 ± 0.28	87.03 ± 1.8	95.5 ± 0.40
50	50.93 ± 0.35	64.49 ± 0.26	69.04 ± 0.42	74.43 ± 0.19	79.02 ± 0.28	81.20 ± 0.31	84.78 ± 2.5	95.25 ± 0.48

续表

温度/℃	溴化钠	碘化钾	硝酸钠	氯化钠	溴化钾	氯化钾	硝酸钾	硫酸钾
55	50.15 ± 0.28	63.78 ± 0.28	68.15 ± 0.49	74.41 ± 0.24	78.95 ± 0.32	80.70 ± 0.35		
60	49.66 ± 0.26	63.11 ± 0.31	67.35 ± 0.57	74.50 ± 0.30	78.94 ± 0.35	80.25 ± 0.41		
65	49.49 ± 0.20	62.50 ± 0.34	66.64 ± 0.67	74.71 ± 0.37	78.99 ± 0.40	79.85 ± 0.48		
70	49.70 ± 0.30	61.93 ± 0.38	66.04 ± 0.78	75.06 ± 0.45	79.07 ± 0.45	79.49 ± 0.57		

附录 4 常用有机溶剂及其主要性质

名称	化学式	相对分子质量	溶点/℃	沸点/℃	溶解性质	性质
甲醇	CH_3OH	32.04	−97.8	64.7	溶于水、乙醇、乙醚、苯等	有毒
乙醇	CH_3CH_2OH	46.07	−114.10	78.50	与水及许多有机溶剂混溶	易燃
丙醇	$CH_3CH_2CH_2OH$	60.09	−127.0	97.20	与水、乙醇、氯仿等混溶，不溶于盐溶液	对眼有刺激作用
异丙醇	$(CH_3)_2CHOH$	60.09	−88.5	82.5	与水、乙醇、氯仿等混溶，不溶于盐溶液	易燃
丁醇	$CH_3CH_2CH_2CH_2OH$	74.12	−90.0	117~118	与乙醇、乙醚等多种有机溶剂混溶	蒸气有刺激性
戊醇	$CH_3(CH_2)_4OH$	88.15	−79.0	137.5	与乙醇、乙醚混溶	有刺激作用
特丁醇	$(CH_3)_2COH$	74.12	25.6	82.41	溶于水，与乙醇、乙醚混溶	
丙酮	CH_3COCH_3	58.08	−94.0	56.5	与水、乙醇、氯仿、乙醚及多种油类混溶	挥发性强，易燃，有麻醉性
乙醚	$C_2H_5OCH_2CH_3$	74.12	−116.3	34.6	微溶于水，易溶于浓盐酸与苯、氯仿、石油醚及脂肪溶剂	易挥发，易燃，有麻醉性
氯仿	$CHCl_3$	119.39	−63.5 固化	61~62	易溶于水，能与多种有机溶剂及油类混溶	易挥发
乙酸（乙酯）	$CH_3COOCH_2CH_3$	88.1	−83.0	77.0	溶于水，与乙醇、氯仿等有机溶剂及油类混溶	易挥发，易燃烧
苯	C_6H_6	78.11	5.5 固化	80.1	易溶于水，与乙醇、乙醚、氯仿等有机溶剂及油类混溶	极易燃烧，有毒
甲苯	$C_6H_5CH_3$	92.13	−95 固化	110.6	微溶于水，能与多种有机溶剂混溶	易燃，高浓度时有麻醉作用

名称	化学式	相对分子质量	溶点/℃	沸点/℃	溶解性质	性质
二甲苯	$C_6H_4(CH_3)_2$	106.16		137~140	不溶于水，与无水乙醇、乙醚等多种有机溶剂混溶	易燃，高浓度时有麻醉作用
苯酚	C_6H_5OH	94.11	40.85	182.0	能溶于水，易溶于乙醇、乙醚、氯仿、甘油，不溶于石油醚	有毒，有腐蚀性，高浓度时有麻醉作用
己烷	$CH_3(CH_2)_4CH_3$	86.17	−95~100固化	69.0	不溶于水，与乙醇、氯仿、乙醚混溶	易挥发，易燃，高浓度时有麻醉作用
环己烷	C_6H_{12}	84.16	6.47	80.7	不溶于水，与乙醇、乙醚、丙酮、苯等混溶	易燃，刺激皮肤，高浓度时可用于麻醉
甲酰胺	CH_3NO	45.04	2.55	210.5	溶于水，与甲醇、乙醇、己二醇、甘油等混溶，微溶于苯、乙醚	对皮肤有刺激作用
四氯化碳	CCl_4	153.84	−23固化	76.7	易溶于水，与甲醇、苯、氯仿、乙醚、二硫化碳、石油醚等混溶	不燃烧，可用于灭火，有毒
二硫化碳	CS_2	76.14	−116.6	46.5	难溶于水，与无水甲醇、乙醇、乙醚、苯、氯仿等混溶	有毒，有恶臭，极易燃烧
石油醚				35.8	不溶于水，能与多种有机溶剂混溶	有挥发性，极易燃烧
吡啶	C_5H_5N	79.10	−42固化	115~116	能与水、乙醇、石油醚混溶	易燃，有刺激作用
乙腈	C_2H_3N	41.05	−45	81.6	与水、甲醇、乙酯、丙酮乙酸等混溶	有毒，遇火燃烧

附录5　不同蔗糖溶液在不同温度下的密度

蔗糖溶液/%	0℃	10℃	15℃	20℃	25℃	30℃	40℃	50℃	60℃
0	0.999 87	0.999 73	0.999 13	0.998 23	0.997 07	0.995 67	0.992 32	0.988 13	0.983 30
5	1.020 33	1.019 60	1.018 84	1.017 85	1.016 61	1.015 18	1.011 69	1.007 35	1.002 31
10	1.041 35	1.040 16	1.039 25	1.038 14	1.036 79	1.035 30	1.031 65	1.027 20	1.021 98
15	1.063 04	1.061 46	1.060 41	1.059 17	1.057 72	1.056 12	1.052 29	1.047 72	1.042 83
20	1.085 46	1.083 53	1.082 33	1.080 96	1.079 40	1.077 67	1.073 66	1.068 98	1.063 58
25	1.108 69	1.106 42	1.105 07	1.103 56	1.101 88	1.100 05	1.095 85	1.091 06	1.085 63
30	1.132 74	1.130 14	1.128 63	1.126 98	1.125 17	1.123 24	1.118 88	1.113 98	1.108 50
35	1.157 69	1.154 73	1.153 06	1.151 27	1.149 33	1.147 30	1.142 79	1.137 79	1.132 28
40	1.183 49	1.180 20	1.178 37	1.176 45	1.174 39	1.172 14	1.167 59	1.162 48	1.156 93
45	1.210 18	1.206 57	1.204 60	1.202 54	1.200 39	1.198 12	1.193 32	1.188 11	1.182 47
50	1.237 75	1.233 82	1.231 73	1.229 57	1.227 32	1.224 95	1.219 96	1.214 65	1.208 91
55	1.266 21	1.262 03	1.259 81	1.257 53	1.255 16	1.252 71	1.247 56	1.242 11	1.236 29
60	1.295 60	1.291 17	1.288 84	1.286 46	1.283 99	1.281 44	1.276 15	1.270 58	1.264 68
65	1.325 91	1.321 25	1.318 82	1.316 33	1.313 76	1.311 13	1.305 71	1.300 02	1.294 08
70	1.357 19	1.352 30	1.349 76	1.347 17	1.344 52	1.341 81	1.336 25	1.330 47	1.324 47

附录6　蔗糖溶液密度和质量分析与计算

已知原始蔗糖浓度为 65%（650 g/L），浸泡种子前体积为 50 mL，记为 V_0。浸泡种子后蔗糖溶液的总体积变为 V_x，溶液中蔗糖分子的总数不变，记为 n_0，那么浸泡种子前的溶液的浓度 C_0 和浸泡种子后溶液的浓度 C_x 分别为：

$$C_0 = \frac{n_0}{V_0} \qquad (1)$$

$$C_x = \frac{n_0}{V_x} \qquad (2)$$

合并（1）和（2），

$$V_x = \frac{C_0 V_0}{C_x} \qquad (3)$$

设不同浓度的蔗糖溶液的密度为 M，浸泡种子前后溶液的密度（比重）分别为 M_0 和 M_x，那么浸泡种子前的溶液的质量 $G_0 = V_0 \cdot M_0$，浸泡种子后的溶液的质量 $G_x = V_x \cdot M_x$，设蔗糖溶液从种子中吸收的水量为 W_1，那么

$$W_1 = G_x - G_0 = V_x M_x - V_0 M_0 \qquad (4)$$

由于不同浓度蔗糖溶液的密度（比重）不同，因此计算溶液的质量不仅需要知道溶液体

积 V,还要知道溶液的密度 M。附录 5 为不同浓度蔗糖溶液在不同温度下的密度,我们假定实验室温度为 25℃,根据附录 5 中的数据,得到一条蔗糖溶液密度与浓度关系的曲线(图 1)和回归方程:

$$M_x=0.997\ 59+0.003\ 72C_x+1.752\ 36\times 10^{-5}\times C_x^2 \qquad (5)$$

根据式(3)和式(4),

$$W_1=G_x-G_0=V_xM_x-V_0M_0=\frac{C_0V_0}{C_x}M_x-V_0M_0 \qquad (6)$$

将式(5)代入式(6),得到

$$W_1=\frac{C_0V_0}{C_x}\times(0.997\ 59+0.003\ 72C_x+1.752\ 36\times 10^{-5}\times C_x^2)-V_0M_0 \qquad (7)$$

根据式(5)计算出 65% 的蔗糖溶液的密度为 1.313 76,V_0 为 50 mL,质量 $V_0\cdot M_0$ 为 65.688 g,因此式(7)可以写为

$$W_1=\frac{C_0V_0}{C_x}\times(0.997\ 59+0.003\ 72C_x+1.752\ 36\times 10^{-5}\times C_x^2)-65.688$$

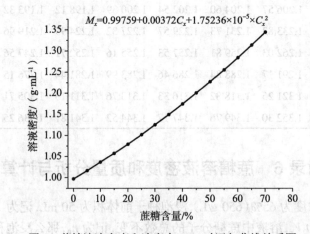

图 1 蔗糖溶液密度和浓度在 25℃时回归曲线关系图

附录 7 蔗糖溶液浓度、密度与折射率换算表

溶液浓度			密度 ρ		折射率
/%	/(g·L⁻¹)	/(mol·L⁻¹)	D_4^{20}	D_{20}^{20}	n
0.5	5.0	0.015	1.000 2	1.001 9	1.333 7
1.00	10.0	0.029	1.002 1	1.003 9	1.334 4
1.50	15.1	0.044	1.004 0	1.005 8	1.335 1
2.00	20.1	0.059	1.006 0	1.007 8	1.335 9
2.50	25.2	0.074	1.007 9	1.009 7	1.336 6
3.00	30.3	0.089	1.009 9	1.011 7	1.337 3

续表

溶液浓度			密度 ρ		折射率
/%	/(g·L⁻¹)	/(mol·L⁻¹)	D_4^{20}	D_{20}^{20}	n
3.50	35.4	0.103	1.011 9	1.013 7	1.338 1
4.00	40.6	0.118	1.013 9	1.015 6	1.338 8
4.50	45.7	0.134	1.015 8	1.017 6	1.339 5
5.00	50.9	0.149	1.017 8	1.019 6	1.340 3
5.50	56.1	0.164	1.019 8	1.021 6	1.341 0
6.00	61.3	0.179	1.021 8	1.023 6	1.341 8
6.50	66.5	0.194	1.023 8	1.025 7	1.342 5
7.00	71.8	0.210	1.025 9	1.027 7	1.343 3
7.50	77.1	0.225	1.027 9	1.029 7	1.344 0
8.00	82.4	0.241	1.029 9	1.031 7	1344 8
8.50	87.7	0.256	1.032 0	1.033 8	1.345 5
9.00	93.1	0.272	1.034 0	1.035 8	1.346 3
9.50	98.4	0.288	1.036 1	1.037 9	1.347 1
10.00	103.8	0.303	1.038 1	1.040 0	1.347 8
11.00	114.7	0.335	1.042 3	1.044 1	1.349 4
12.00	125.6	0.367	1.046 5	1.048 3	1.350 9
13.00	136.6	0.399	1.050 7	1.052 5	1.352 5
14.00	147.7	0.431	1.054 9	1.056 8	1.354 1
15.00	158.9	0.464	1.059 2	1.061 0	1.355 7
16.00	170.2	0.497	1.063 5	1.065 3	1.357 3
17.00	181.5	0.530	1.067 8	1.069 7	1.358 9
18.00	193.0	0.564	1.072 2	1.074 1	1.360 6
19.00	204.5	0.598	1.076 6	1.078 5	1.362 2
20.00	216.2	0.632	1.081 0	1.082 9	1.363 9
22.00	239.8	0.701	1.089 9	1.091 8	1.367 2
24.00	263.8	0.771	1.099 0	1.100 9	1.370 6
26.00	288.1	0.842	1.108 2	1.110 2	1.374 1
28.00	312.9	0.914	1.117 5	1.119 5	1.377 6
30.00	338.1	0.988	1.127 0	1.129 0	1.381 2
32.00	363.7	1.063	1.136 6	1.138 6	1.384 8
34.00	389.8	1.139	1.146 4	1.148 4	1.388 5
36.00	416.2	1.216	1.156 2	1.158 3	1.392 2
38.00	443.2	1.295	1.166 3	1.168 3	1.396 0
40.00	470.6	1.375	1.176 5	1.178 5	1.399 9

附录 8　折光率与可溶性固形物换算表

折光率	可溶性固形物含量 /%	折光率	可溶性固形物含量 /%	折光率	可溶性固形物含量 /%	折光率	可溶性固形物含量 /%
1.333 0	0	1.367 2	22	1.407 6	44	1.455 8	66
1.334 4	1	1.368 9	23	1.409 6	45	1.458 2	67
1.335 9	2	1.370 6	24	1.411 7	46	1.460 6	68
1.337 3	3	1.372 3	25	1.413 7	47	1.463 0	69
1.338 8	4	1.374 0	26	1.415 8	48	1.465 4	70
1.340 3	5	1.375 8	27	1.417 9	49	1.467 9	71
1.341 8	6	1.377 5	28	1.430 1	50	1.470 3	72
1.343 3	7	1.379 3	29	1.422 2	51	1.472 8	73
1.344 8	8	1.381 1	30	1.424 3	52	1.475 3	74
1.346 3	9	1.382 9	31	1.426 5	53	1.477 8	75
1.347 8	10	1.384 7	32	1.428 6	54	1.480 3	76
1.349 4	11	1.386 5	33	1.430 8	55	1.482 9	77
1.350 9	12	1.388 3	34	1.433 0	56	1.485 4	78
1.352 5	13	1.390 2	35	1.435 2	57	1.488 0	79
1.354 1	14	1.392 0	36	1.437 4	58	1.490 6	80
1.355 7	15	1.393 9	37	1.439 7	59	1.493 3	81
1.357 3	16	1.395 8	38	1.441 9	60	1.495 9	82
1.358 9	17	1.397 8	39	1.444 2	61	1.498 5	83
1.360 5	18	1.399 7	40	1.446 5	62	1.501 2	84
1.362 2	19	1.401 6	41	1.448 8	63	1.503 9	85
1.363 8	20	1.403 6	42	1.451 1	64		
1.365 5	21	1.405 6	43	1.453 5	65		

附录 9　可溶性固形物对温度校正表（减校正值）

温度 /℃	可溶性固形物含量读数									
	5	10	15	20	25	30	40	50	60	70
15	0.29	0.31	0.33	0.34	0.34	0.35	0.37	0.38	0.39	0.4
16	0.24	0.025	0.26	0.27	0.28	0.28	0.3	0.3	0.31	0.32
17	0.18	0.19	0.2	0.21	0.21	0.21	0.22	0.23	0.23	0.24

续表

温度 /℃	可溶性固形物含量读数									
	5	10	15	20	25	30	40	50	60	70
18	0.13	0.13	0.14	0.14	1.14	0.14	0.15	0.15	0.16	0.16
19	0.06	0.06	0.07	0.07	0.07	0.07	0.08	0.08	0.08	0.08
21	0.07	0.07	0.07	0.07	0.08	0.08	0.08	0.08	0.08	0.08
22	0.13	0.14	0.14	0.15	0.15	0.15	0.15	0.06	0.16	0.16
23	0.2	0.21	0.22	0.22	0.23	0.23	0.23	0.24	0.24	0.24
24	0.27	0.28	0.29	0.3	0.30	0.31	0.31	0.31	0.32	0.32
25	0.35	0.36	0.37	0.38	0.38	0.39	0.40	0.40	0.40	0.40

附录 10　常用培养基

矿质盐类	MS 培养基	ER 培养基	HE 培养基	SH 培养基	B_5 培养基	N_6 培养基
大量元素 / (mg · L^{-1})						
NH_4NO_3	1 650	1 200				463
KNO_3	1 900	1 900		2 500	2 500	2 830
$CaCl_2 \cdot 2H_2O$	440	440	75	200	150	166
$MgSO_4 \cdot 7H_2O$	370	370	250	400	250	185
KH_2PO_4	170	340				400
$(NH_4)_2SO_4$					134	
$NaNO_3$			600			
$NaH_2PO_4 \cdot H_2O$			125	345	150	
KCl			750			
微量元素 / (mg · L^{-1})						
KI	0.83	0.83	0.01	1.0	0.75	0.8
H_3BO_3	6.2	0.63	1.0	5.0	3.0	1.6
$MnSO_4 \cdot 4H_2O$	22.3	2.23	0.1	10	10	4.4
$ZnSO_4 \cdot 7H_2O$	10.6		1.0	1.0	2.0	1.5
Zn (螯合的)		15				
$Na_2MoO_4 \cdot 2H_2O$	0.25	0.025		0.1	0.25	
$CuSO_4 \cdot 5H_2O$	0.025	0.002 5	0.03	0.2	0.04	
$CoCl_2 \cdot 6H_2O$	0.025	0.002 5		0.1	0.025	
$AlCl_3$			0.03			
$NiCl_2 \cdot 6H_2O$			0.03			

续表

矿质盐类	MS 培养基	ER 培养基	HE 培养基	SH 培养基	B₅ 培养基	N₆ 培养基
$FeCl_3 \cdot 6H_2O$			1.0			
Na_2-EDTA	37.3	37.3		20	37.3	37.3
$FeSO_4 \cdot 7H_2O$	27.8	27.8		15	27.8	27.8
蔗糖/g	30	40	20	30	20	50
pH	5.7	5.8	5.8	5.8	5.5	5.8

附录 11　常见的植物生长调节物质及其主要性质

名称	化学式	相对分子质量	溶解性质
吲哚乙酸（IAA）	$C_{10}H_9NO_2$	175.19	溶于醇、醚、丙酮，在碱性溶液中稳定，遇热酸后失去活性
吲哚丁酸（IBA）	$C_{12}H_{13}NO_2$	203.24	溶于醇、丙酮、醚，不溶于水、氯仿
α- 萘乙酸（NAA）	$C_{12}H_{10}O_2$	186.20	易溶于热水，微溶于冷水，溶于丙酮、醚、乙、酸、苯
2,4- 二氯苯氧乙酸（2,4-D）	$C_8H_6C_{12}O_3$	221.04	难溶于水，溶于醇、丙酮、乙醚等有机溶剂
赤霉酸（GA₃）	$C_{10}H_{22}O_6$	346.4	难溶于水，不溶于石油醚、苯、氯仿而溶于醇类、丙酮、冰醋酸
4- 碘苯氧乙酸（PIPA）（增产灵）	$C_8H_7IO_3$	278	微溶于冷水，易溶于热水、乙醇、氯仿、乙醚、苯
对氯苯氧乙酸（PCPA）（防落素）	$C_8H_7ClO_3$	186.5	溶于乙醇、丙酮和醋酸等有机溶剂和热水
6- 糠氨基嘌呤（KT）（激动素）	$C_{10}H_9N_5O$	215.21	易溶于稀盐酸、稀氢氧化钠，微溶于冷水、乙醇、甲醇
6- 苄基腺嘌呤（6-BA）	$C_{12}H_{11}N_5$	225.25	溶于稀碱、稀酸，不溶于乙醇
脱落酸（ABA）	$C_{15}H_{20}O_4$	264.3	溶于碱性溶液，如 $NaHCO_3$、三氯甲烷、丙酮、乙醇
2- 氯乙基膦酸（CEPA）（乙烯利）	$C_2H_6ClO_3P$	144.5	易溶于水、乙醇、乙醚
2,3,5- 三碘苯甲酸（TIBA）	$C_7H_3I_3O_2$	500.92	微溶于水，微溶于醇，易溶于冰醋酸、二乙醇胺
（MH）（青鲜素）	$C_4H_4N_2O_2$	112.09	难溶于水，微溶于醇，易溶于冰醋酸、二乙醇胺
缩节胺（助壮素）（Pix）	$C_7H_{16}NCl$	149.5	可溶于水
矮壮素（CCC）	$C_5H_{13}Cl_2N$	158.07	易溶于水，溶于乙醇、丙酮，不溶于苯、二甲苯、乙醚

续表

名称	化学式	相对分子质量	溶解性质
B₉	$C_6H_{12}N_2O_3$	160.0	易溶于水、甲醇、丙酮,不溶于二甲苯
PP333（多效唑）	$C_{15}H_{20}ClN_3O$	293.5	易溶于甲醇、丙酮
三十烷醇（TAL）	$CH_3(CH_2)_{28}CH_2OH$	438.38	不溶于水，难溶于冷甲醇、乙醇，可溶于热苯、丙酮、乙醇、氯仿
油菜素内酯（BR）	$C_{28}H_{48}O_6$	480	溶于甲醇、乙醇等

附录 12　常用缓冲溶液的配制

（一）磷酸缓冲液

母液：

A：$0.2\ mol \cdot L^{-1}$ Na_2HPO_4 溶液（$Na_2HPO_4 \cdot 2H_2O$ 35.61 g 或 $Na_2HPO_4 \cdot 7H_2O$ 53.65 g 或 $Na_2HPO_4 \cdot 12H_2O$ 71.7 g，用蒸馏水溶解并定容至 1 000 mL）。

B：$0.2\ mol \cdot L^{-1}$ NaH_2PO_4 溶液（$NaH_2PO_4 \cdot H_2O$ 27.6 g 或 $NaH_2PO_4 \cdot 2H_2O$ 31.2 g，用蒸馏水溶解并定容至 1 000 mL）。

0.1 mol 缓冲液配法：x mL（A）+y mL（B），稀释至 200 mL。

x/mL	y/mL	pH	x/mL	y/mL	pH
6.5	93.5	5.7	55.0	45.0	6.9
8.0	92.0	5.8	61.0	39.0	7.0
10.0	90.0	5.9	67.0	33.0	7.1
12.3	87.7	6.0	72.0	28.0	7.2
15.0	85.0	6.1	77.0	23.0	7.3
18.5	81.5	6.2	81.0	19.0	7.4
22.5	77.5	6.3	84.0	16.0	7.5
26.5	73.5	6.4	87.0	13.0	7.6
31.5	68.5	6.5	89.5	10.5	7.7
37.5	62.5	6.6	91.5	8.5	7.8
43.5	56.5	6.7	93.0	7.0	7.9
49.0	51.0	6.8	94.7	5.3	8.0

（二）Tris 缓冲液

母液：

A：$0.2\ mol \cdot L^{-1}$ 三羟甲基氨基甲烷（$C_4H_{11}NO_3$，Tris）（24.2 g 用蒸馏水溶解并定容至 1 000 mL）。

B：$0.2\ mol \cdot L^{-1}$ 盐酸（浓盐酸 17.1 mL 用蒸馏水稀释并定容至 1 000 mL）。

50 mL（A）+y mL（B），稀释至 200 mL。

y/mL	pH		y/mL	pH
5.0	9.0		26.8	8.0
8.1	8.8		32.5	7.8
12.2	8.6		38.4	7.6
16.5	8.4		41.4	7.4
21.9	8.2		44.2	7.2

（三）醋酸 – 醋酸钠（HAc–NaAc）缓冲液

A：$0.2\ mol \cdot L^{-1}$ HAc（11.55 mL HAc 用蒸馏水稀释并定容至 1 000 mL）。

B：$0.2\ mol \cdot L^{-1}$ NaAc（16.4 g $C_2H_2O_2Na$ 或 27.22 g $C_2H_2O_2Na \cdot 3H_2O$ 用蒸馏水溶解并定容至 1 000 mL）。

x mL（A）+y mL（B），稀释至 100 mL。

x/mL	y/mL	pH		x/mL	y/mL	pH
46.3	3.7	3.6		20.0	30.0	4.8
44.0	6.0	3.8		14.8	35.2	5.0
41.0	9.0	4.0		10.5	39.5	5.2
36.8	13.2	4.2		8.8	41.2	5.4
30.5	19.5	4.4		4.8	45.2	5.6
25.5	24.5	4.6				

（四）柠檬酸 – 磷酸缓冲液

母液：

A：$0.1\ mo \cdot L^{-1}$ 柠檬酸溶液（19.21 g $C_6H_8O_7$ 用蒸馏水溶解并定容至 1 000 mL）

B：$0.2\ mol \cdot L^{-1}$ 磷酸氢二钠溶液（53.65g $Na_2HPO_4 \cdot 7H_2O$ 或 71.7g $Na_2HPO_4 \cdot 12H_2O$，用蒸馏水溶解并定容至 1 000 mL）

x mL（A）+y mL（B），稀释至 100 mL。

x/mL	y/mL	pH		x/mL	y/mL	pH
44.6	5.4	2.6		24.3	25.7	5.0
42.2	7.8	2.8		23.3	26.7	5.2
39.8	10.2	3.0		22.2	27.8	5.4
37.7	12.3	3.2		21.0	29.0	5.6
35.9	14.1	3.4		19.7	30.3	5.8
33.9	16.1	3.6		17.9	32.1	6.0
32.3	17.7	3.8		16.9	33.1	6.2
30.7	19.3	4.0		15.4	34.6	6.4
29.4	20.6	4.2		13.6	36.4	6.6

x/mL	y/mL	pH	x/mL	y/mL	pH
27.8	22.2	4.4	9.1	40.9	6.8
26.7	23.3	4.6	6.5	43.5	7.0
25.2	24.8	4.8			

（五）柠檬酸 – 柠檬酸钠缓冲液

母液：

A：$0.1\ mol \cdot L^{-1}$ 柠檬酸溶液（19.21 g $C_6H_8O_7$ 用蒸馏水溶解并定容至 1 000 mL）。

B：$0.1\ mol \cdot L^{-1}$ 柠檬酸钠溶液（29.41 g $C_6H_5O_7Na_3 \cdot 2H_2O$ 用蒸馏水溶解并定容至 1 000 mL）。

x mL（A）+y mL（B），稀释至 100 mL。

x/mL	y/mL	pH	x/mL	y/mL	pH
46.5	3.5	3.0	23.0	27.0	4.8
43.7	6.3	3.2	20.5	29.5	5.0
40.0	10.0	3.4	18.0	32.0	5.2
37.0	13.0	3.6	16.0	34.0	5.4
35.0	15.0	3.8	13.7	36.3	5.6
33.0	17.0	4.0	11.8	38.2	5.8
31.5	18.5	4.2	9.5	40.5	6.0
28.0	22.0	4.4	7.2	42.8	6.2
25.5	24.5	4.6			

（六）柠檬酸 – 氢氧化钠 – 盐酸缓冲液

pH	钠离子 /$mol \cdot L^{-1}$	柠檬酸 /g	氢氧化钠 /g	盐酸 /mL	最终体积 /L
2.2	0.20	210	84	160	10
3.1	0.20	210	83	116	10
3.3	0.20	210	83	106	10
4.3	0.20	210	83	45	10
5.3	0.35	245	144	68	10
5.8	0.45	285	186	105	10
6.5	0.38	266	156	126	10

注：使用时可以每升中加入 1 g 酚，若最后 pH 值有变化，再用少量质量分数为 50% 的氢氧化钠溶液或浓盐酸调节；缓冲液置于冰箱保存。

（七）甘氨酸 – 盐酸缓冲液（0.05mol·L⁻¹）

母液：

A：0.2 mol·L⁻¹甘氨酸溶液（15.01 g NH₂CH₂COOH 用蒸馏水溶解并定容至 1 000 mL）。

B：0.2 mol·L⁻¹盐酸溶液（浓盐酸 17.1 mL 用蒸馏水稀释并定容至 1 000 mL）。

50 mL（A）+y mL（B），稀释至 200 mL。

y/mL	pH	y/mL	pH
44.0	2.2	11.4	3.0
32.4	2.4	8.2	3.2
24.2	2.6	6.4	3.4
16.8	2.8	5.0	3.6

（八）甘氨酸 – 氢氧化钠缓冲液（0.05mol·L⁻¹）

母液：

A：0.2 mol·L⁻¹甘氨酸溶液（15.01 g NH₂CH₂COOH 用蒸馏水溶解并定容至 1 000 mL）。

B：0.2 mol·L⁻¹氢氧化钠溶液（8.0 g NaOH 用蒸馏水溶解并定容至 1 000 mL）。

50 mL（A）+y mL（B），稀释至 200 mL。

y/mL	pH	y/mL	pH
4.0	8.6	22.4	9.6
6.0	8.8	27.2	9.8
8.8	9.0	32.0	10.0
12.0	9.2	38.6	10.4
16.8	9.4	45.7	10.6

（九）硼砂 – 氢氧化钠缓冲溶液

母液：

A 液：0.05 mol·L⁻¹硼砂溶液（19.05 g Na₂B₄O₇·10H₂O 用蒸馏水溶解并定容至 1 000 mL）。

B 液：0.2 mol·L⁻¹氢氧化钠溶液（8.0 g NaOH 用蒸馏水溶解并定容至 1 000 mL）。

50 mL（A）+y mL（B），稀释至 200 mL。

y/mL	pH	y/mL	pH
0.0	9.28	29.0	9.7
7.0	9.35	34.0	9.8
11.0	9.4	38.6	9.9
17.6	9.5	43.0	10.0
23.0	9.6	46.0	10.1

（十）硼酸 – 硼砂缓冲液

母液：

A 液：$0.05\ mol \cdot L^{-1}$ 硼砂溶液（$19.05\ g\ Na_2B_4O_7 \cdot 10H_2O$ 用蒸馏水溶解并定容至 1 000 mL）。

B 液：$0.2\ mol \cdot L^{-1}$ 硼酸溶液（$12.37\ g\ H_3BO_3$ 用蒸馏水溶解并定容至 1 000 mL）。

x mL（A）+y mL（B），混匀。

x/mL	y/mL	pH	x/mL	y/mL	pH
1.0	9.0	7.4	3.5	6.5	8.2
1.5	8.5	7.6	4.5	5.5	8.4
2.0	8.0	7.8	6.0	4.0	8.7
3.0	7.0	8.0	8.0	2.0	9.0

注：硼砂易失去结晶水，必须在带塞的瓶中保存。

（十一）巴比妥钠 – 盐酸缓冲液（18℃）

母液：

A 液：$0.04\ mol \cdot L^{-1}$ 巴比妥钠（$8.25\ g\ C_8H_{11}N_2NaO_3$ 用蒸馏水溶解并定容至 1 000 mL）。

B 液：$0.2\ mol \cdot L^{-1}$ 盐酸溶液（浓盐酸 17.1 mL 用蒸馏水稀释并定容至 1 000 mL）。

100 mL（A）+y mL（B），混匀。

y/mL	pH	y/mL	pH
18.4	6.8	5.21	8.4
17.8	7.0	3.82	8.6
16.7	7.2	2.52	8.8
15.3	7.4	1.65	9.0
13.4	7.6	1.13	9.2
11.47	7.8	0.70	9.4
8.0	8.0	0.35	9.6
8.2	8.2		

附录 13　常用酸、碱指示剂

中文名	英文名	变色 pH 范围	酸性色	碱性色	质量分数 /%	溶剂	100 mL 指示剂需 $0.1mol \cdot L^{-1}$ NaOH 溶液的量 /mL
间甲酚紫	m–cresol purple	1.2 ~ 2.8	红	黄	0.04	稀碱	1.05
麝香草酚蓝	thymol blue	1.2 ~ 2.8	红	黄	0.04	稀碱	0.86
溴酚蓝	bromphenol blue	3.0 ~ 4.6	黄	紫	0.04	稀碱	0.6
甲基橙	methyl orange	3.1 ~ 4.4	红	黄	0.02	水	—

续表

中文名	英文名	变色 pH 范围	酸性色	碱性色	质量分数 /%	溶剂	100 mL 指示剂需 0.1mol·L⁻¹ NaOH 溶液的量 /mL
溴甲酚绿	bromcresol green	3.8 ~ 5.4	黄	蓝	0.04	稀碱	0.58
甲基红	methyl red	4.2 ~ 6.2	粉红	黄	0.1	50% 乙醇	—
氯酚红	chlorphenol red	4.8 ~ 6.4	黄	红	0.04	稀碱	0.94
溴酚红	bromphenol red	5.2 ~ 6.8	黄	红	0.04	稀碱	0.78
溴甲酚紫	bromcresol purple	5.2 ~ 6.8	黄	紫	0.04	稀碱	0.74
溴麝香草酚蓝	bromotymol blue	6.0 ~ 7.6	黄	蓝	0.04	稀碱	0.64
酚红	phenol red	6.4 ~ 8.2	黄	红	0.02	稀碱	1.13
中性红	neutral red	6.8 ~ 8.0	红	黄	0.01	50% 乙醇	—
甲酚红	cresol red	7.2 ~ 8.8	黄	紫红	0.04	稀碱	1.05
间甲酚紫	m-cresol purple	7.4 ~ 9.0	黄	紫	0.04	稀碱	1.05
麝香草酚蓝	thymol blue	8.0 ~ 9.2	黄	蓝	0.04	稀碱	0.86
酚酞	phenolphthalein	8.2 ~ 10.0	无色	红	0.1	50% 乙醇	—
麝香草酚酞	thymolphthalein	8.8 ~ 10.5	无色	蓝	0.1	50% 乙醇	—
茜素黄 R	alizarin yellow R	10.0 ~ 12.1	淡黄	棕红	0.1	50% 乙醇	—
金链橙 O	tropaeolin O	11.1 ~ 12.7	黄	红棕	0.1	水	—

注：表中乙醇含量均按体积分数计。

附录 14　离心机转数与离心加速度的换算

设离心机的转速为 x（每分钟转数或 r/min），离心加速度为 a（重力加速度 g 的倍数），转子的水平半径为 r（cm），如果已知离心机转子的转速 x 求离心加速度 a，或者已知离心加速度 a 求需要的离心机转速 x，可以分别按式（1）和式（2）计算：

$$a \approx \frac{x^2 r}{90\,000} \qquad (1)$$

例如，已知某一离心机的转子半径为 8 cm，转速为 800 r/min，那么这时转子底部的最高离心加速度 a，根据式（1）计算为 57 g。

反过来，如果已知离心加速度 a，求需要的离心机转速 x，那么可以按下式计算：

$$x \approx \sqrt{\frac{90\,000a}{r}} \qquad (2)$$

例如，已知所需要的离心加速度为 3 000 g，某一离心机的转子半径为 8 cm，那么根据式（2）计算，这时所需要的转速为 5 809 r/min。

郑重声明

高等教育出版社依法对本书享有专有出版权。任何未经许可的复制、销售行为均违反《中华人民共和国著作权法》，其行为人将承担相应的民事责任和行政责任；构成犯罪的，将被依法追究刑事责任。为了维护市场秩序，保护读者的合法权益，避免读者误用盗版书造成不良后果，我社将配合行政执法部门和司法机关对违法犯罪的单位和个人进行严厉打击。社会各界人士如发现上述侵权行为，希望及时举报，本社将奖励举报有功人员。

反盗版举报电话　　（010）58581999　58582371　58582488
反盗版举报传真　　（010）82086060
反盗版举报邮箱　　dd@hep.com.cn
通信地址　　北京市西城区德外大街4号　高等教育出版社法律事务与版权管理部
邮政编码　　100120

防伪查询说明

用户购书后刮开封底防伪涂层，利用手机微信等软件扫描二维码，会跳转至防伪查询网页，获得所购图书详细信息。也可将防伪二维码下的20位密码按从左到右、从上到下的顺序发送短信至106695881280，免费查询所购图书真伪。

反盗版短信举报

编辑短信"JB，图书名称，出版社，购买地点"发送至10669588128

防伪客服电话

（010）58582300